高等院校职业技能实训规划教材

Adobe Dreamweaver CS6 网页设计与制作案例技能实训教程

葛 磊 李鹏飞 主 编

清华大学出版社
北 京

内 容 简 介

本书以实操案例为主线，从Dreamweaver最基本的应用知识讲起，全面细致地介绍网站建设与网页制作的方法和设计技巧。全书共9章，实操案例包括企业站点的创建与管理、网站首页的制作、宣传网页的制作、表单网页的制作、利用模板制作网页以及购物网站页面的制作等；理论知识涉及站点的建立、网页基本元素的编辑、网页中图像的应用、超级链接的使用、表格和框架的应用、使用CSS 美化网页、使用Div+ CSS 布局制作网页、表单的应用、模板和库的应用等内容，并通过制作购物网站页面讲解了后台数据库的基本设置方法；每章最后还安排了针对性的项目练习，以供读者练手。

全书结构合理，语言通俗，图文并茂，易教易学，既适合作为高职高专院校和应用型本科院校计算机、多媒体及网页设计相关专业的教材，又适合广大网页爱好者特别是网页设计初学者阅读使用。

图书在版编目(CIP)数据

Adobe Dreamweaver CS6网页设计与制作案例技能实训教程/ 葛磊，李鹏飞主编.—北京：清华大学出版社，2018
(高等院校职业技能实训规划教材)
ISBN 978-7-302-48190-4

Ⅰ. ①A… Ⅱ. ①葛… ②李… Ⅲ. ①网页制作工具—教材—高等职业教育—教材 Ⅳ. ①TP393.092

中国版本图书馆CIP数据核字(2017)第209657号

责任编辑：陈冬梅
装帧设计：杨玉兰
责任校对：李玉茹
责任印制：杨 艳

出版发行：清华大学出版社
网 址：http://www.tup.com.cn，http://www.wqbook.com
地 址：北京清华大学学研大厦A座 邮 编：100084
社 总 机：010-62770175 邮 购：010-62786544
投稿与读者服务：010-62776969，c-service@tup.tsinghua.edu.cn
质量反馈：010-62772015，zhiliang@tup.tsinghua.edu.cn
印 刷 者：北京富博印刷有限公司
装 订 者：北京市密云县京文制本装订厂
经 销：全国新华书店
开 本：185mm×260mm **印 张**：17 **字 数**：408千字
版 次：2018年1月第1版 **印 次**：2018年1月第1次印刷
印 数：1~3000
定 价：49.00元

产品编号：073564-01

Adobe Dreamweaver 是一款功能强大、所见即所得的网页编辑软件，自推出以来，备受广大网页设计爱好者的追捧。为了满足新形势下的教育需求，我们组织了一批富有经验的设计师和高校教师，共同策划编写了本书，以让读者能够更好地掌握设计技能，更好地提升动手能力，更好地与社会相关行业接轨。

本书以实操案例为主线，介绍各种类型网页作品的设计方法、制作技巧、理论支撑等内容。全书共 9 章，各章内容介绍如下。

章　节	作品名称	知识体系
第 1 章	创建小微企业站点	讲解 Dreamweaver CS6 的操作界面，站点的搭建、管理、上传等
第 2 章	制作一个简单的网页	讲解网页的基本构成元素及其编辑方法
第 3 章	创建网页下载链接	讲解网页中不同类型链接的制作方法
第 4 章	制作产品展示网页	讲解表格的插入与编辑，以及使用表格进行排版等内容
第 5 章	制作公司网站首页	讲解框架的创建与保存、Spry 框架技术的应用等
第 6 章	制作图文混排的网页	讲解 CSS 布局的优势、盒模型、CSS 布局方式等
第 7 章	制作市场调查页面	讲解各种表单对象的创建方法与技巧
第 8 章	利用模板页制作网页	讲解模板的创建、为网页应用模板、库的应用等
第 9 章	制作购物网站页面	讲解购物网站页面的制作，其中涉及前面章节所学内容，以及连接数据库的知识
附　录	认识 HTML 语言	讲解 HTML 语言的基础知识、HTML5 的语法以及各种标记的格式

本书结构合理、讲解细致、特色鲜明，内容着眼于专业性和实用性，符合读者的认知规律，也更侧重于综合职业能力与职业素养的培养，集“教、学、练”于一体。本书适合应用型本科、职业院校、培训机构作为教材使用。

葛磊编写 1 ~ 6 章，李鹏飞编写 7 ~ 9 章，参与本书编写的人员还有伏银恋、任海香、李瑞峰、杨继光、周杰、朱艳秋、刘松云、岳喜龙、吴蓓蕾、王赞赞、李霞丽、周婷婷、张静、张晨晨、张素花、郑菁菁、赵莹琳等。这些老师在长期的工作中积累了大量的经验，在写作的过程中始终坚持严谨细致的态度、力求精益求精，但由于时间有限，书中疏漏之处在所难免，希望读者朋友批评指正。

需要获取教学课件、视频、素材的读者可以发送邮件到：619831182@QQ.com或添加微信公众号DSSF007留言申请，制作者会在第一时间将其发至您的邮箱。在学习过程中，欢迎加入读者交流群（QQ群：281042761）进行学习探讨！

编　者

第1章 设立新站点——网页设计入门操作

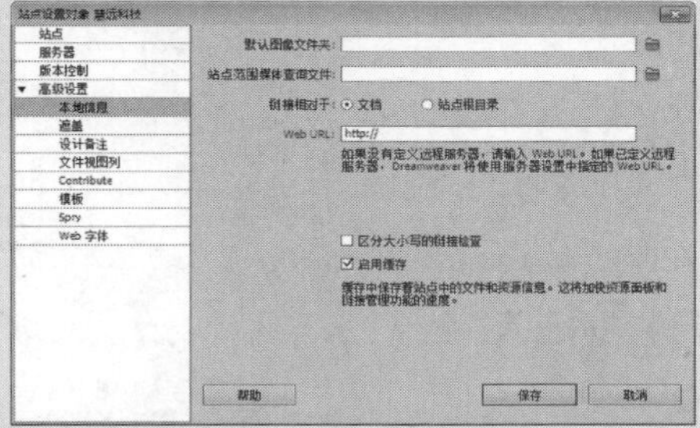

【跟我学】 创建小微企业站点 2
【听我讲】 5
1.1 初识 Dreamweaver CS6 5
1.1.1 菜单栏 5
1.1.2 文档工具栏 8
1.1.3 “属性”面板 8
1.1.4 浮动面板组 9
1.1.5 状态栏 11
1.2 网站建设流程 11
1.3 搭建站点 14
1.4 站点的管理 17
1.4.1 编辑站点 18
1.4.2 删除站点 18
1.4.3 复制站点 18
1.4.4 导出和导入站点 19
1.4.5 访问站点 19
1.5 站点的上传 20
1.5.1 测试站点 20
1.5.2 上传站点 22
【自己练】 24

第2章 制作我的首个网页——网页基本元素编辑详解

【跟我学】 制作一个简单的网页 26
【听我讲】 30

Contents
目录

2.1 网页的基本构成元素 30

2.2 文本内容的创建 31

2.2.1 输入文本 31

2.2.2 设置文本属性 32

2.3 图像的插入与编辑 33

2.3.1 网页图像的格式 33

2.3.2 插入图像 34

2.3.3 图像的属性设置 35

2.3.4 图像的对齐方式 36

2.3.5 图像占位符 37

2.4 多媒体元素的插入 38

2.4.1 SWF 格式文件 38

2.4.2 FLV 格式文件 40

2.5 其他常见元素的插入 42

2.5.1 插入特殊符号 42

2.5.2 插入日期和时间 43

2.5.3 插入注释 43

2.5.4 插入水平线 44

2.5.5 插入 Java Applet 代码 44

2.5.6 插入 ActiveX 控件 44

2.6 页面属性的设置 45

2.6.1 外观（CSS） 45

2.6.2 外观（HTML） 46

2.6.3 链接（CSS） 46

2.6.4 标题（CSS） 47

2.6.5 标题 / 编码 48

2.6.6 跟踪图像 48

【自己练】 50

第3章 制作网页超链接——超级链接应用详解

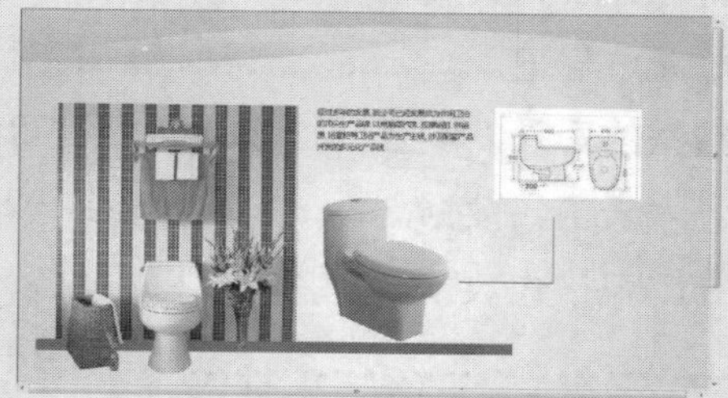

【跟我学】 创建网页下载链接 52

【听我讲】 54

3.1 什么是超级链接 54

3.2 超级链接的创建 55

3.2.1 创建文本链接 55

3.2.2 创建空链接 56

3.2.3 制作锚点链接 56

3.2.4 创建 E-mail 链接 58

3.2.5 创建脚本链接 58

3.3 在图像中应用链接 59

3.3.1 图像链接 59

3.3.2 图像热点链接 60

3.4 管理网页超级链接 62

3.4.1 自动更新链接 62

3.4.2 在站点范围内更改链接 63

3.4.3 检查站点中的链接错误 64

【自己练】 65

第4章 利用表格布局网页——表格应用详解

【跟我学】 制作产品展示网页 68

【听我讲】 79

4.1 表格的创建 79

4.1.1 插入表格 79

4.1.2 表格的基本代码 80

4.1.3 选择表格 81

4.2 表格属性的设置 83

Contents 目录

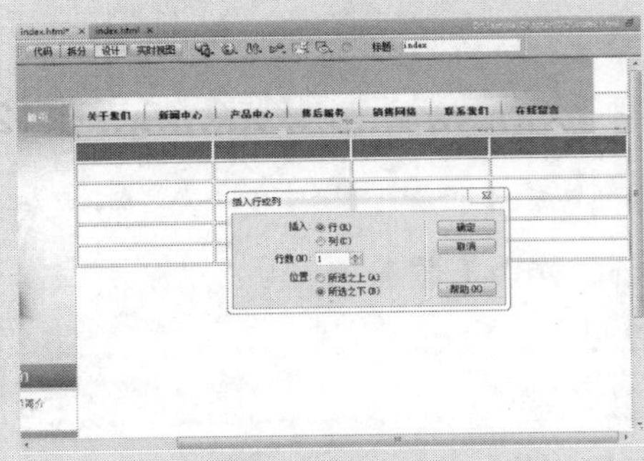

4.2.1 设置表格属性......83

4.2.2 设置单元格属性......84

4.2.3 改变背景颜色......85

4.2.4 表格的属性代码......86

4.3 表格的编辑......87

4.3.1 复制和粘贴表格......87

4.3.2 添加行和列......88

4.3.3 删除行和列......89

4.4 认识表格的相关代码......90

4.4.1 表格标记及相关属性代码......90

4.4.2 行标记及相关属性代码......91

4.4.3 单元格标记......91

4.5 表格式数据的导入 / 导出......91

4.5.1 导入表格式数据......92

4.5.2 导出表格式数据......92

【自己练】......94

第 5 章 制作网站首页——框架技术详解

【跟我学】 制作公司网站首页......98

【听我讲】......108

5.1 框架的创建与保存......108

5.1.1 创建框架......108

5.1.2 保存框架集......111

5.2 设置框架属性......112

5.2.1 框架集属性......112

5.2.2 框架属性......112

5.3 Spry 框架技术......113

5.3.1 Spry 效果......113

5.3.2 Spry 控件......117

5.3.3 Spry 菜单栏的插入与设置 118

【自己练】 121

第 6 章 制作宣传页面 ——Div 与 CSS 技术详解

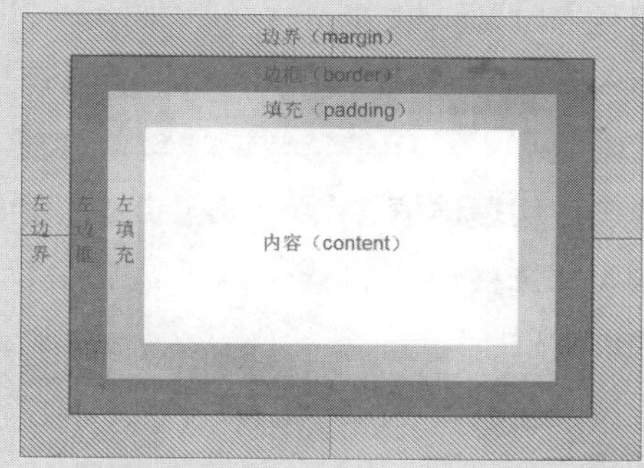

【跟我学】 制作图文混排的网页 124

【听我讲】 135

6.1 认识 CSS 样式表 135

6.2 创建 CSS 样式 136

6.2.1 "CSS 样式"面板 136

6.2.2 创建样式表 138

6.2.3 应用内部样式表 142

6.2.4 链接外部 CSS 样式表 142

6.3 定义 CSS 样式 143

6.3.1 定义 CSS 样式的类型 144

6.3.2 定义 CSS 样式的背景 145

6.3.3 区块、方框、边框等的设置 145

6.3.4 设置 CSS 样式的扩展 150

6.3.5 设置 CSS 样式的过渡 150

6.4 管理 CSS 样式表 151

6.4.1 编辑 CSS 样式 151

6.4.2 删除 CSS 样式 152

6.4.3 复制 CSS 样式 152

6.5 Div+CSS 布局基础 152

6.5.1 Div 简介 153

6.5.2 Div+CSS 布局的优势 156

6.5.3 盒子模型 157

6.6 常见的布局方式 159

6.6.1 居中布局 159

6.6.2 浮动布局 161

6.6.3 高度自适应布局 163

【自己练】 165

第7章 制作表单页面——表单技术详解

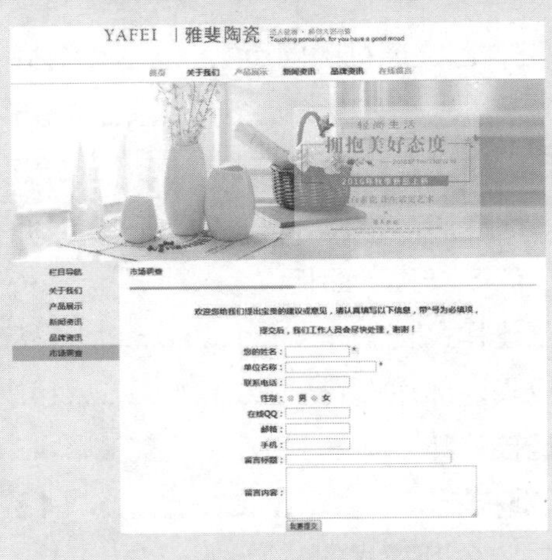

【跟我学】 制作市场调查页面 168

【听我讲】 175

7.1 认识表单 175

7.2 创建表单域 176

7.2.1 表单域的创建............176

7.2.2 表单域的属性设置............176

7.3 插入文本域 177

7.3.1 插入单行文本域............177

7.3.2 插入多行文本域............178

7.3.3 密码域............179

7.4 插入单选按钮和复选框 180

7.4.1 插入单选按钮............180

7.4.2 插入复选框............181

7.5 插入下拉菜单和列表 182

7.6 创建文件域 183

7.7 创建表单按钮 184

7.8 创建跳转菜单 185

7.9 检查表单 186

【自己练】 187

第8章 制作多页面网站——模板与库详解

【跟我学】 利用模板页制作网页 190

【听我讲】 197

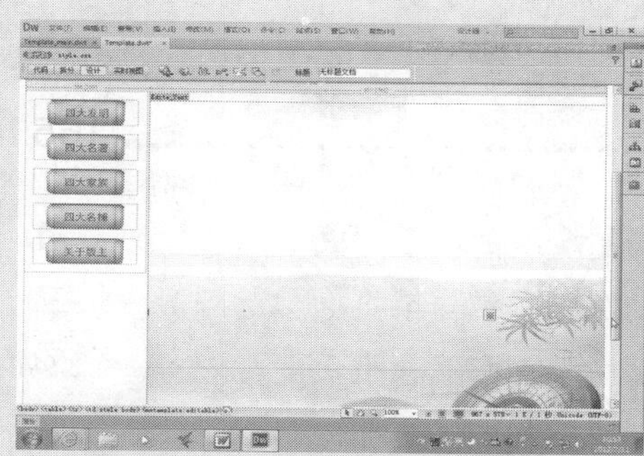

8.1 模板的创建 197

8.1.1 创建新模板 197

8.1.2 将普通网页保存为模板 198

8.2 模板的编辑 199

8.2.1 可编辑区域和锁定区域 199

8.2.2 创建可编辑区域 199

8.2.3 选择可编辑区域 200

8.2.4 删除可编辑区域 201

8.3 模板的实际应用 201

8.3.1 从模板新建文档 202

8.3.2 使用模板面板创建文档 203

8.3.3 页面与模板脱离 205

8.3.4 更新页面 205

8.4 模板的管理操作 206

8.4.1 重命名模板 206

8.4.2 删除模板 207

8.5 库的应用 207

8.5.1 创建和应用库项目 207

8.5.2 修改库项目 209

【自己练】 210

第 9 章 制作购物网站页面

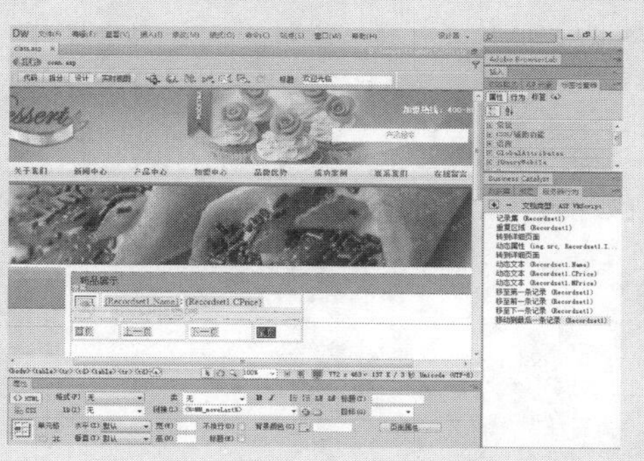

9.1 购物网站概述 212

9.1.1 购物网站的主要分类 212

9.1.2 购物网站的主要特点 212

9.1.3 购物网站流程 214

9.2 创建数据库与数据库链接 215

9.2.1 创建数据库表 215

9.2.2 创建数据库链接 215

9.3 制作系统前台页面 216

9.3.1 制作商品分类展示页面..................216

9.3.2 制作商品详细信息页面..................220

9.4 制作购物系统后台管理页面 221

9.4.1 制作管理员登录页面.......................221

9.4.2 制作添加商品分类页面..................224

9.4.3 制作添加商品页面...........................226

9.4.4 制作修改页面..................................228

9.4.5 设计删除页面..................................230

附录 认识 HTML 语言 233

参考文献 257

第 1 章

设立新站点
——网页设计入门操作

本章概述：

所谓的网站，其实就是一个完整的站点，一个站点实际上就是一个文件夹，用来存放网站相关页面，例如网站图片文件、网页文件、网页样式文件等。在 Dreamweaver 中可以很方便地创建一个站点，通过站点管理功能，可以实现对网站的有效管理，减少各种链接文件的错误。本章将对站点的相关知识进行详细介绍。

要点难点：

Dreamweaver 工作界面　★☆☆

站点的创建　★★☆

站点的管理　★★★

案例预览：

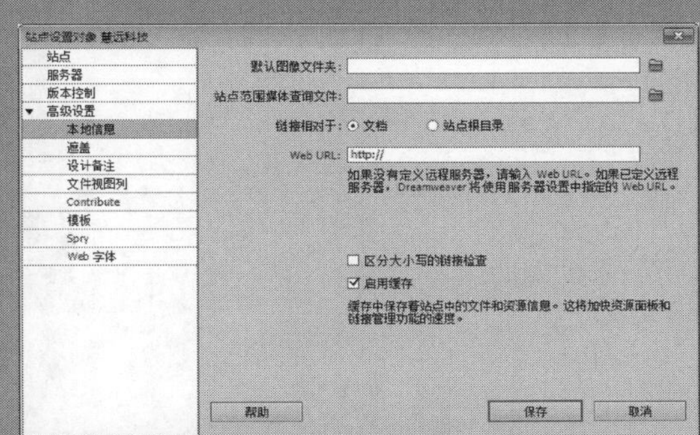

建立站点

Dreamweaver CS6 工作界面

【跟我学】 创建小微企业站点

作品描述

在 Dreamweaver 中建立站点，是进行网站开发的关键步骤。这里所讲的建立站点，其实就是在为了更好地利用“文件”面板对站点文件进行管理和减少一些错误的出现，如路径错误、链接错误等。本例先新建站点，再通过高级选项卡对站点进行详细设置。

制作过程

STEP 01 执行“站点”|“新建站点”命令，如图 1-1 所示，打开站点设置对象对话框。

STEP 02 在站点设置对象对话框中，输入站点名称，并设置本地站点文件夹，如图 1-2 所示。

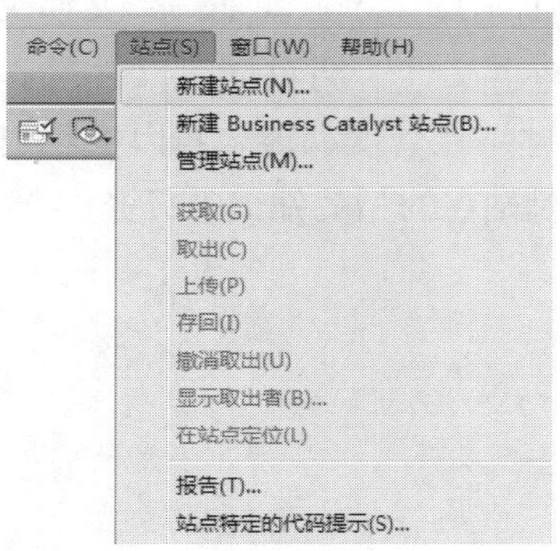

图 1—1

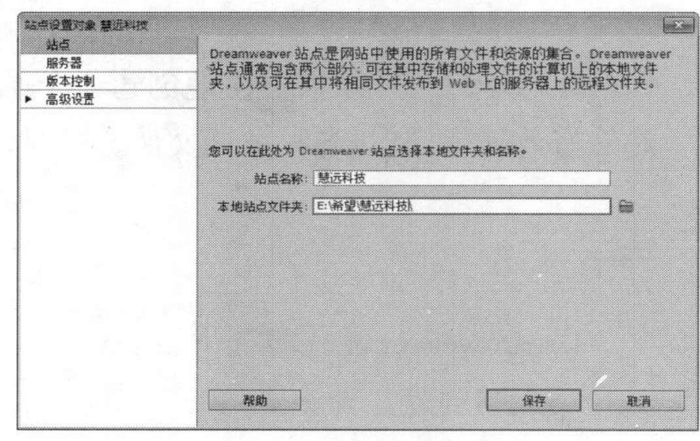

图 1—2

STEP 03 因为只是在站点上工作，而不发布网页，所以这里无须设置服务器，如图 1-3 所示。

STEP 04 “版本控制”选项采用系统默认设置，如图 1-4 所示。

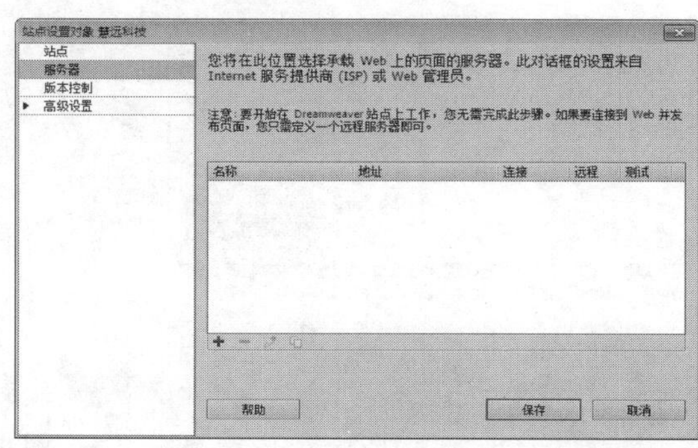

图 1—3

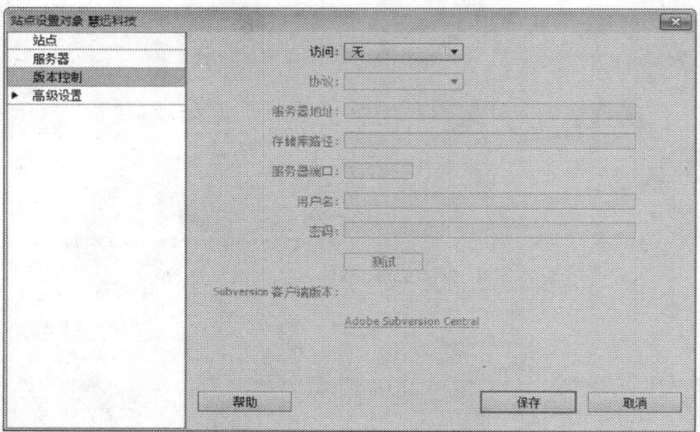

图 1—4

STEP 05 “高级设置”选项也采用系统默认设置，如图 1-5 所示。

STEP 06 单击“保存”按钮。至此，小型公司站点就创建完成了，如图 1-6 所示。

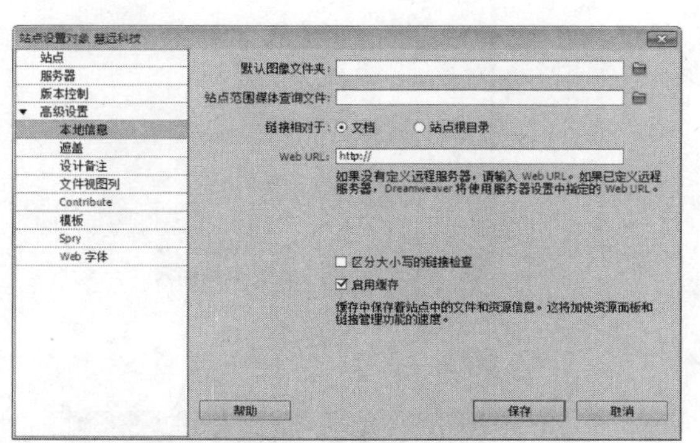

图 1—5

图 1—6

站点创建完成之后，就要创建站点中的文件夹及文件了。如何在新建站点中建立文件夹及文件呢？下面以上述站点的创建为例进行介绍。

STEP 01 选中站点，右键单击并选择“新建文件夹”命令，如图 1-7 所示。

STEP 02 将新建的文件夹重命名为“images”，用来存放站点中的图像，如图 1-8 所示。

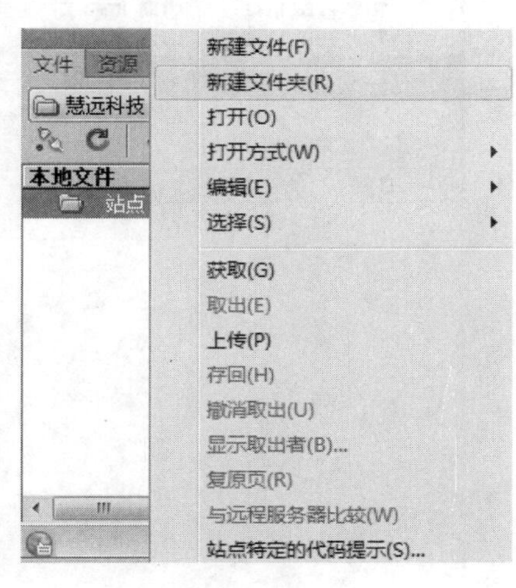

图 1—7

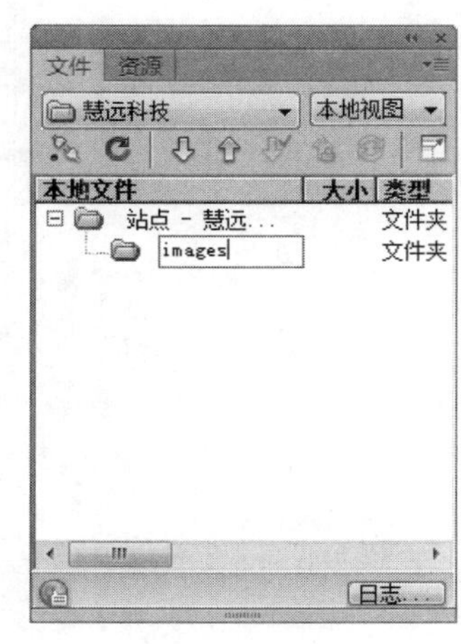

图 1—8

STEP 03 使用同样的方法再创建一个文件夹，命名为“flash”，用来存放 Flash 动画，如图 1-9 所示。

STEP 04 选中站点，右键单击并选择“新建文件”命令，如图 1-10 所示。

STEP 05 将新建的文件命名为“index.html”，如图 1-11 所示。

STEP 06 使用同样的方法创建其他文件，如图 1-12 所示。

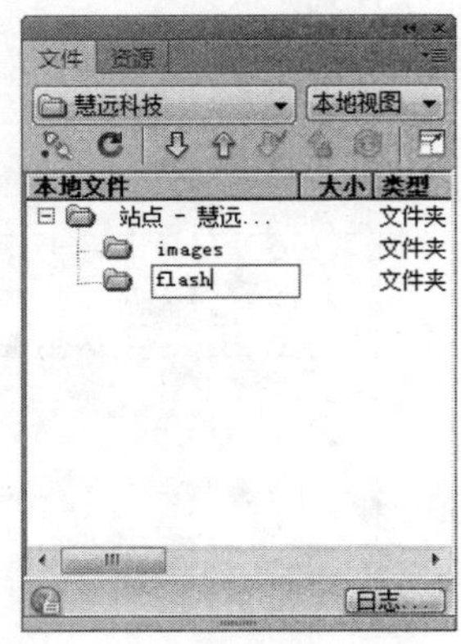

图 1—9

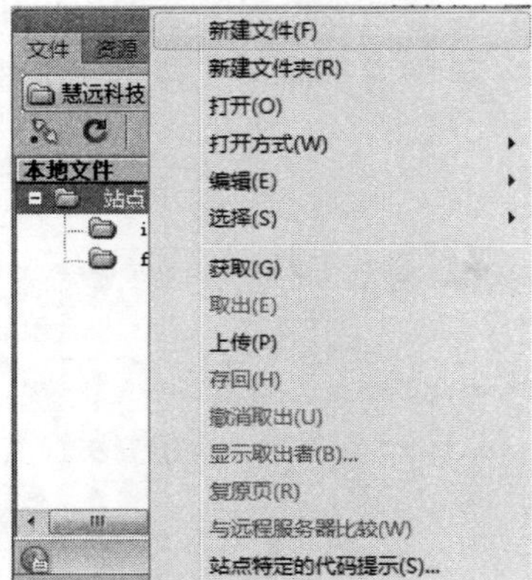

图 1—10

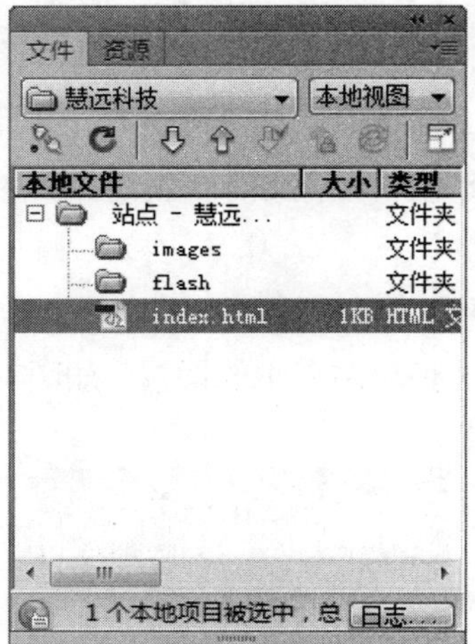

图 1—11

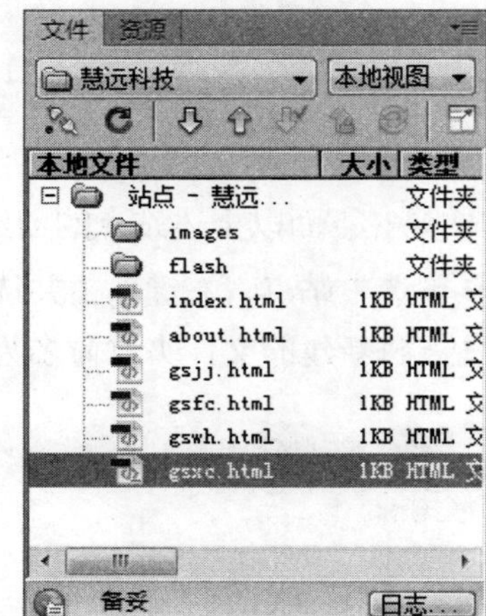

图 1—12

【听我讲】

1.1 初识 Dreamweaver CS6

Dreamweaver CS6 的操作界面集中了多个面板和常用工具，主要包括菜单栏、文档工具栏、编辑窗口、标签选择器、状态栏、“属性”面板和浮动面板组等。如图 1-13 所示为 Dreamweaver CS6 的操作界面。

图 1—13

1.1.1 菜单栏

Dreamweaver CS6 的主菜单包括文件、编辑、查看、插入、修改、格式、命令、站点、窗口和帮助。此外，在主菜单的右侧还增加了布局、扩展、站点和设计器四个图标按钮。如图 1-14 所示。

Dw 文件(F) 编辑(E) 查看(V) 插入(I) 修改(M) 格式(O) 命令(C) 站点(S) 窗口(W) 帮助(H) 设计器

图 1—14

1. “文件”菜单

“文件”菜单包括文件操作的标准菜单命令，以及查看当前文档或对当前文档操作的命令，如图 1-15 所示。

2. “编辑”菜单

“编辑”菜单包含基本编辑操作的标准菜单命令、选择和搜索命令，以及对键盘快捷方式编辑器和标签库编辑器的访问命令，并且允许用户对 Dreamweaver CS6 菜单中的“首选参数”进行访问，如图 1-16 所示。

3.“查看”菜单

在“查看”菜单中可以看到文档的各种视图，并且可以显示和隐藏不同类型的页面元素及不同的 Dreamweaver CS6 工具，如图 1-17 所示。

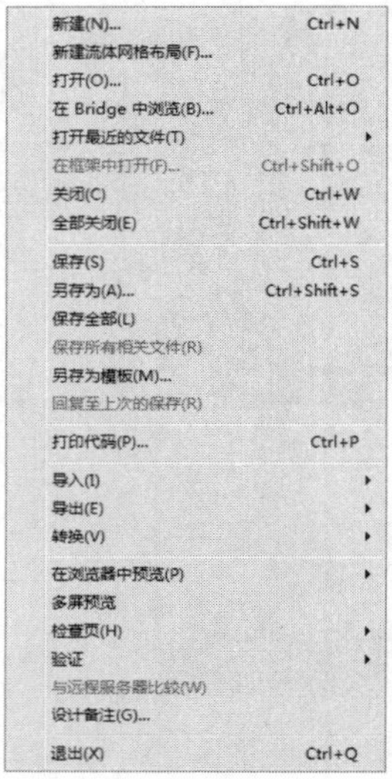

图 1—15

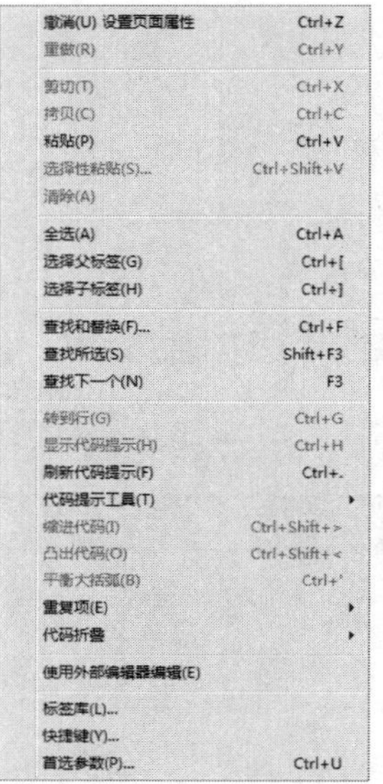

图 1—16

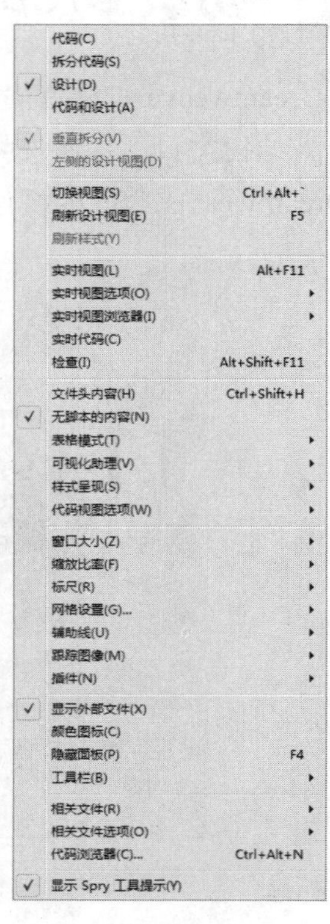

图 1—17

4.“插入”菜单

“插入”菜单提供了插入栏的替代命令，便于将页面元素插入网页中，如图 1-18 所示。

5.“修改”菜单

通过该菜单，可以编辑标签属性以更改表格和表格元素，并且可以为库和模板执行不同的操作，如图 1-19 所示。

6.“格式”菜单

通过“格式”菜单，可以方便地设置文本格式，如图 1-20 所示。

7.“命令”菜单

“命令”菜单提供对各种命令的访问，包括根据格式参数的选择来设置代码格式、创建相册，以及优化图像等命令，如图 1-21 所示。

8. “站点”菜单

“站点”菜单，可以新建和管理站点，还可以检查和改变站点范围的链接等操作。

9. “窗口”菜单

通过“窗口”菜单，可以对 Dreamweaver CS6 中的所有面板、检查器和窗口进行访问，如图 1-22 所示。

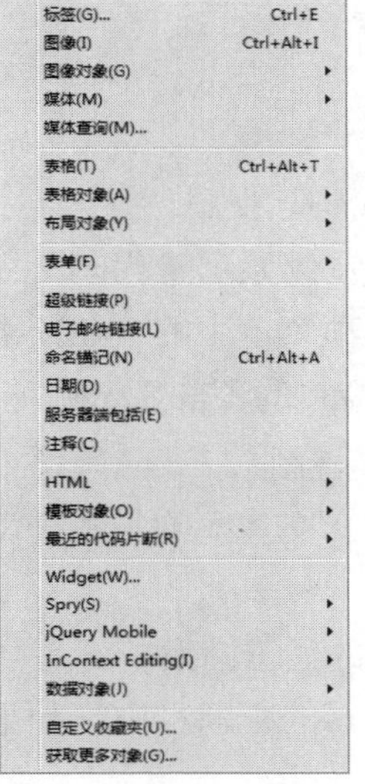

图 1—18

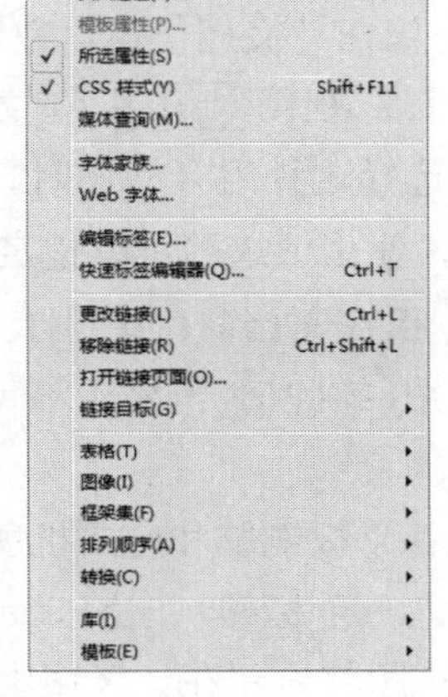

图 1—19

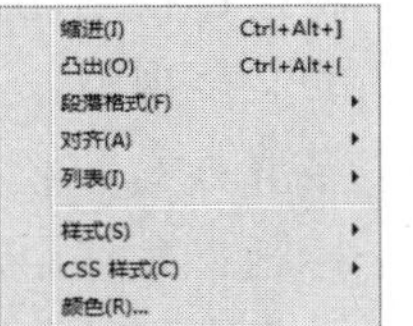

图 1—20

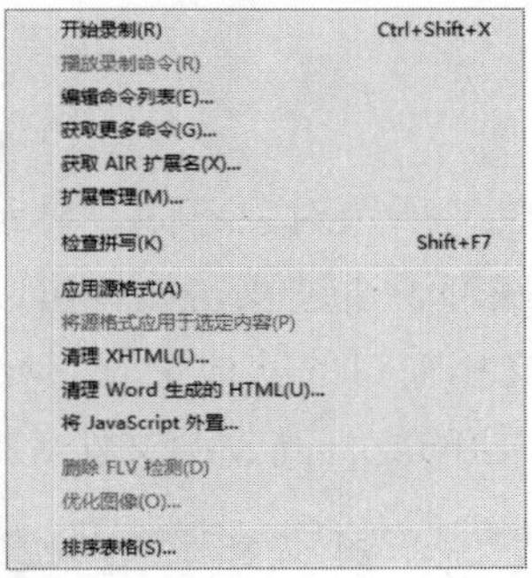

开始录制(R) Ctrl+Shift+X
播放录制命令(R)
编辑命令列表(E)...
获取更多命令(G)...
获取 AIR 扩展名(X)...
扩展管理(M)...
检查拼写(K) Shift+F7
应用源格式(A)
将源格式应用于选定内容(P)
清理 XHTML(L)...
清理 Word 生成的 HTML(U)...
将 JavaScript 外置...
删除 FLV 检测(D)
优化图像(O)...
排序表格(S)...

图 1—21

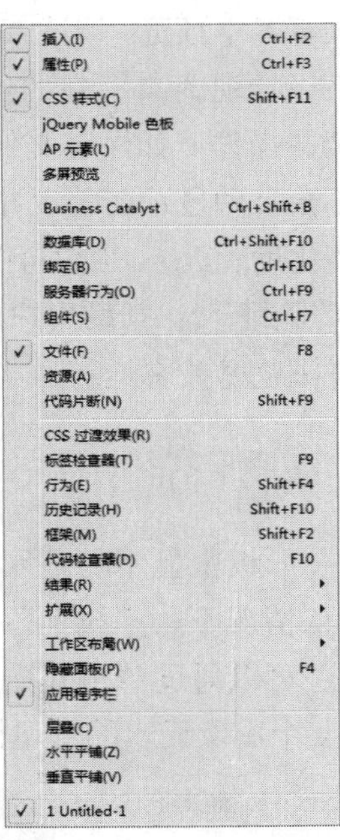

图 1—22

1.1.2 文档工具栏

文档工具栏中包括代码视图、拆分视图、设计视图、实时视图和实时代码按钮，可以实现不同视图文档的快速切换。此外，还包含一些与查看文档、在本地和远程站点间传输文档的常用选项和命令。如图 1-23 所示为展开的文档工具栏。

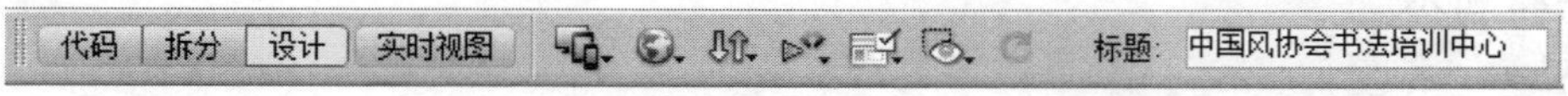

代码 拆分 设计 实时视图 标题: 中国风协会书法培训中心

图 1—23

文档工具栏各组成部分的功能介绍如下。

- 显示“代码”视图 代码 ：仅在“文档”窗口中显示“代码”视图。
- 显示“代码”视图和“设计”视图 拆分 ：在文档窗口左侧显示“代码”视图，右侧显示“设计”视图。选择这种组合视图时，视图选项菜单中的“在顶部查看设计视图”选项变为可用，使用该选项可以指定在文档窗口的顶部显示哪种视图。
- 显示“设计”视图 设计 ：仅在文档窗口中显示“设计”视图。
- 将设计视图切换到实时视图 实时视图 ：显示不可编辑的、交互式的、基于浏览器的文档视图。
- 多屏幕：检查智能手机、平板电脑和台式机所建项目的显示画面。
- 标题：允许用户为文档输入一个标题，它将显示在浏览器的标题栏中。如果文档已经有了一个标题，则该标题将显示在该区域中。
- 文件管理：显示“文件管理”弹出式菜单。
- 在浏览器中预览 / 调试：允许用户在浏览器中预览或调试文档。
- 刷新设计视图：在“代码”视图中进行更改后刷新文档的“设计”视图。在执行某些操作（如保存文件或单击该按钮）之前，用户在“代码”视图中所做的更改不会自动显示在“设计”视图中。
- 可视化助理：用户可以使用不同的可视化助理来设计页面。
- W3C 验证：帮助用户创建符合标准的网页。
- 检查浏览器兼容性：用于检查用户的 CSS 样式是否兼容各种浏览器。

1.1.3 “属性”面板

“属性”面板中显示的是网页设计中各对象的属性，所选对象不同，显示的属性也就不同。默认情况下，“属性”面板位于文档窗口的底部，通过双击属性可以使其显示或者隐藏，还可以通过单击并拖动的方法将其移动到文档窗口的其他位置。如图 1-24 所示为文档中某个图像元素的“属性”面板，其中包含图像的宽、高、源文件等内容。

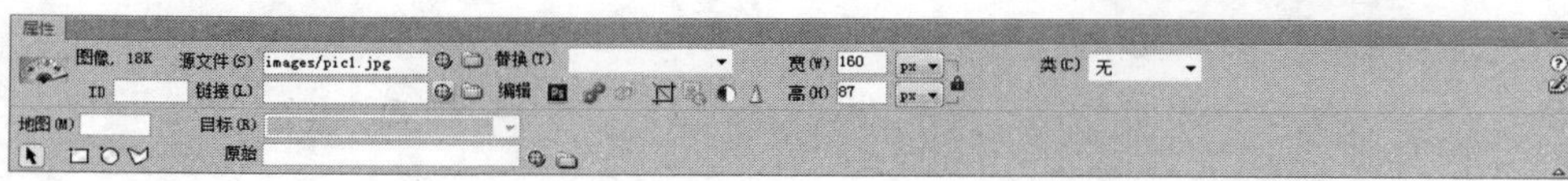

图 1—24

在“属性”面板的右侧有3个按钮，分别是帮助按钮、快速标签编辑器和展开箭头，作用如下。

- 帮助按钮：单击此按钮将链接到Adobe公司的帮助文件页面，需要在连接Internet的情况下实现。
- 快速标签编辑器：单击此按钮可以在光标处插入标签，如图1-25所示。

图 1—25

- 展开箭头：单击此按钮可以展开“页面属性”等设置项。

1.1.4 浮动面板组

浮动面板组是Dreamweaver操作界面的一大特色，用户可以根据自己的需要选择打开相应的浮动面板，这样既方便用户使用又节省了屏幕空间。下面将对部分常见浮动面板进行介绍。

1.“文件”面板

通过“文件”面板能够查看站点，默认情况下，系统会显示本地站点，更改“文件”面板布局后可查看远程站点或测试服务器，如图1-26所示。“站点”面板包含一个集成的文件浏览器。除当前站点之外，还可以在该文件浏览器中浏览本地磁盘和网络。

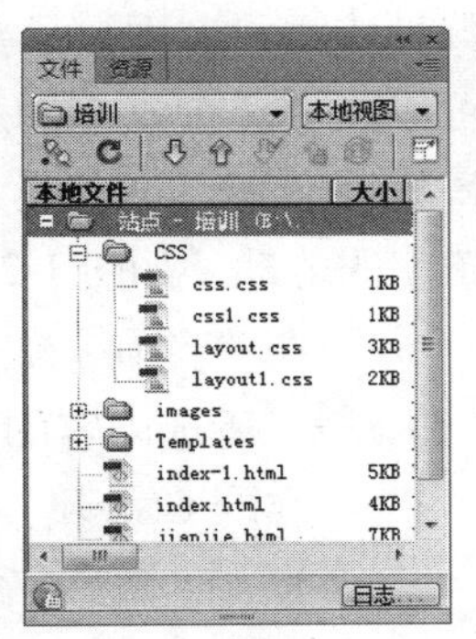

图 1—26

2.“插入”面板

“插入”面板包含用于创建和插入对象的按钮，如表格、图像和链接。这些按钮按九个类别进行组织，分别为：常用、布局、表单、数据、Spry、jQuery Mobile、InContext Editing、文本、收藏夹，另有颜色图标和隐藏标签，如图1-27所示。用户可以根据需要选择插入的对象。若当前文档包含服务器代码时，如ASP或CFML文档，还会显示其他类别。

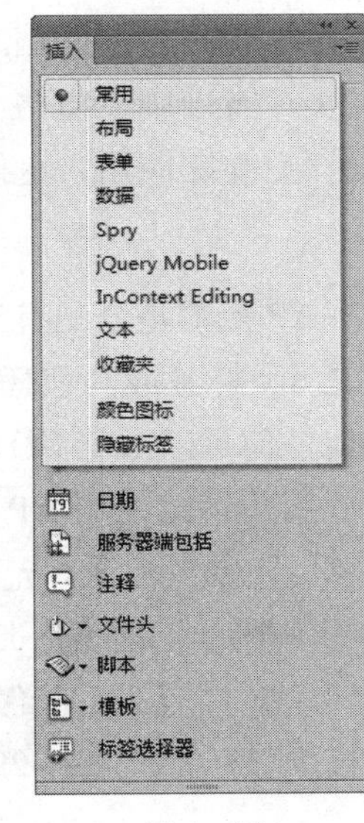

图 1—27

- 常用：包含表格、图像等网页制作中最常用的对象。
- 布局：包含Div标签、Spry菜单栏、框架等命令。
- 表单：包含表单、文本字段、文本区域、复选框等命令。
- 数据：包括记录集、动态数据等命令。
- Spry：包含一些用于构建Spry页面的按钮，包括Spry数据对象和构件。

- jQuery Mobile：帮助用户创建多视图或分割视图布局的移动 Web 页面。
- InContext Editing：包含生成 InContext 编辑页面的按钮，包括用于可编辑区域、重复区域和管理 CSS 类的按钮。
- 文本：包含对字体、标题的相关操作命令。
- 收藏夹：用户可以通过自定义的方式把常用的操作添加到收藏夹中。
- 颜色图标：选中后显示彩色图标，否则为灰色图标。
- 隐藏标签：可以显示或隐藏标签。

3. “CSS 样式”面板

CSS 是 Cascading Style Sheets 的缩写，是用于增强或控制网页样式并允许将样式信息与网页内容分离的一种标记性语言。它简化了网页的格式代码，外部的样式表将保存在浏览器缓存里，一方面加快了下载显示的速度，也减少了需要上传的代码数量。另一方面，只要修改保存网站格式的 CSS 样式表文件就可以改变整个站点的风格。在修改页面数量庞大的站点时，显得格外有用，可以避免一个一个地修改网页，大大减少了用户重复的劳动。如图 1-28 所示为“CSS 样式”面板。

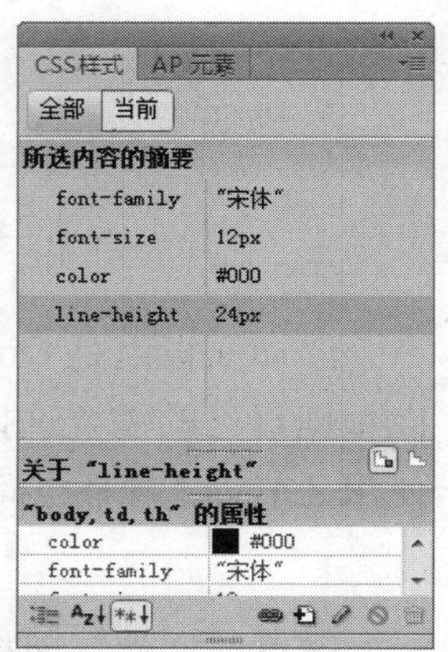

图 1-28

- 在“当前”模式下，“CSS 样式”面板将显示 3 个窗格：“所选内容的摘要”窗格，其中显示文档中当前所选内容的 CSS 属性；“规则”窗格，其中显示所选属性的位置；“属性”窗格，在其中可以编辑所选内容的规则的 CSS 属性。
- 在“全部”模式下，“CSS 样式”面板显示两个窗格：“所有规则”窗格（顶部）和“属性”窗格（底部）。“所有规则”窗格显示当前文档中定义的规则以及附加到当前文档的样式表中定义的所有规则的列表。使用“属性”窗格可以编辑“所有规则”窗格中任何所选规则的 CSS 属性。对“属性”窗格所做的任何更改都将立即应用，这使用户可以在操作的同时预览效果。

4. “AP 元素”面板

AP 元素是分配有绝对位置的 HTML 页面元素，具体地说，就是 div 标签或其他任何标签。AP 元素可以包含文本、图像或其他任何可以放置到 HTML 文档正文中的内容。

用户可以使用 AP 元素来设计页面的布局。如移动某些 AP 元素，隐藏某些 AP 元素。也可以将任何 HTML 元素（如图像）作为 AP 元素进行分类，方法是为其分配一个绝对位置。所有 AP 元素（不仅仅是绝对定位的 div 标签）都将在“AP 元素”面板中显示。如图 1-29 所示为“AP 元素”面板。

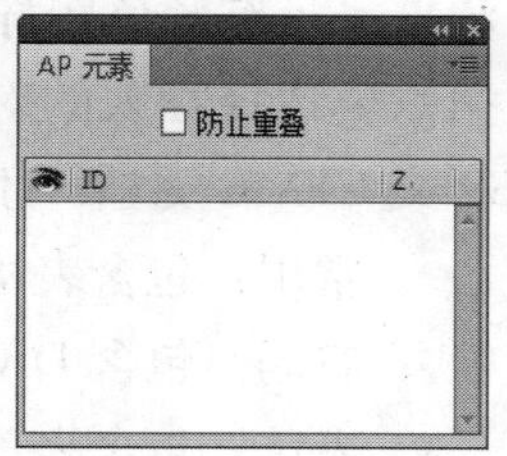

图 1-29

1.1.5 状态栏

文档窗口底部的状态栏显示用户正在创建的文档的有关信息，如图 1-30 所示。

<body><table><tr><td><table><tr><td><img> 100% 1420 x 750 1 K / 1 秒 简体中文(GB2312)

图 1—30

图 1-30 中各选项的含义介绍如下。

- 标签选择器：显示当前选定内容标签的层次结构。单击该层次结构中的任何标签即可选择该标签及其全部内容，如单击 <body> 标签可选中当前整个文档。若要设置标签选择器中某个标签的类别或 id 属性，可以右键单击该标签，然后从弹出的上下文菜单中选择一个类或 id 的子菜单来操作。
- 选取工具：在设计视图中选取网页元素。
- 手形工具：在设计视图中拖动文档以显示窗口以外的内容。单击选取工具可禁用手形工具。
- 缩放工具和设置缩放比率：设置当前文档的缩放比率。
- 窗口大小弹出式菜单（仅在设计视图中可见）：可以将文档窗口的大小调整到预定义或自定义的尺寸。
- 文档大小和估计下载时间：显示当前页面(包括全部相关的文件，如图像和其他媒体文件)的文档大小和大概下载时间。
- 编码指示器：显示当前文档的文本编码。

1.2 网站建设流程

一个好的开发流程能够给设计者提供很大的帮助和指导。网站对于大部分人来讲并不陌生，那么网站的设计及开发过程究竟是怎样的呢？本节主要讲述使用 Dreamweaver CS6 进行网站创作的具体流程，如图 1-31 所示。

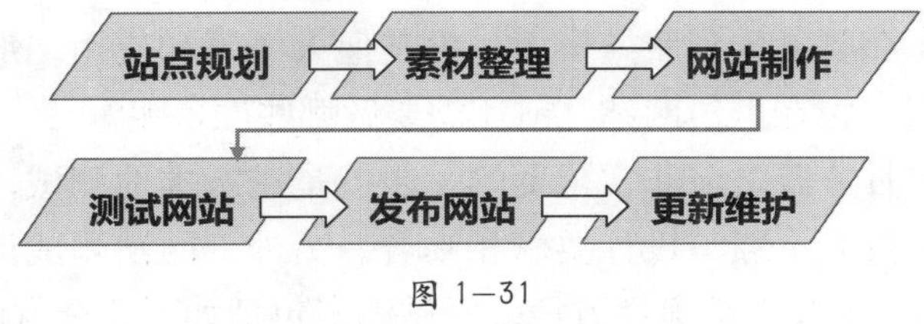

图 1—31

1. 站点规划

站点的规划是开发网站的第一步，也是关键的一步。规划站点就是对网站的整体定位，不仅要准备建设站点所需要的文字资料、图片信息、视频文件，还要将这些素材整合，并确定站点的风格和站点的结构。总之，规划站点就是通过视觉效果来统一网站的风格和内容等。

规划站点的目的在于明确所建站点的方向和采用的方法，规划时应遵循以下几个原则。

（1）确定网站的服务对象。

只有确定了网站的服务对象并投其所好，才能算是有价值的网站。比如要制作一个服装网站，确定的服务对象就是服装。确定服务对象之后，还应考虑目标对象的计算机配置、浏览器版本以及是否需要安装插件等问题。

（2）确定网站的主题和内容。

网站的主题要鲜明，重点要突出。对于不同的爱好者和需求者，应该有不同的定位。比如，要制作一个图片类网站，开发者应从多个方面着手并对图片进行分类，如摄影图库、设计图库、适量图库等，从而更好地满足人们的需要。

（3）把握网站结构。

网站的总体结构要层次分明，应尽量避免层次复杂的网络结构。一般网站选择树形结构，这种结构的特点是主次分明、内容突出。

（4）选择网站风格。

网站风格应该根据主题和内容进行选择，以求内容和形式完美结合，并突出网站的个性，从而更好地吸引人们的眼球。风格的设计主要表现在色彩的应用上。

2. 素材整理

任何一种网站，无论是商业性质、娱乐性质，还是个人性质的，在网站建设之初都应进行充分的调查和准备，即调查用户对网站的需求度、认可度，以及准备所需资料和素材。网站的资料和素材包括所需图片、动画、Logo的设计、框架规划、文字信息搜索等。

3. 网站制作

资料和素材准备好之后，就可以动手制作网站了。网站中的页面统称为网页，它是一个纯文本文件，是向浏览者传递信息的载体。网页以超文本和超媒体为技术，采用HTML、CSS、XML等多种语言描述页面中的各种元素（如文字、图像、音频等），并通过客户端浏览器进行解析，从而向浏览者呈现网页中的内容。

4. 测试网站

建设的网站最终都要上传到服务器中，供其他人浏览和使用。那如何才能将所做网站发布到Web服务器中，在上传网站之前还需要做哪些准备呢？

在将网站上传到服务器之前非常重要的一步就是进行本地测试，以保证页面的浏览效果、网页链接以及页面下载与设计要求相吻合。另外，网站测试可以避免各种错误的产生，从而为网站的管理和维护提供方便。网站测试包括如下几个方面的内容。

（1）功能测试。功能的测试非常关键，其主要依据为《需求规格说明书》及《详细设计说明书》。测试内容包括链接测试、表单测试、Cookies测试、设计语言测试和数据库测试等。

（2）性能测试。网站的性能测试主要从连接速度测试、负荷测试和压力测试三个方面进行。连接速度测试即指打开网页的响应速度测试；负荷测试即指一些边界数据的测试；

压力测试更像是恶意测试，它倾向于使整个系统崩溃。

（3）可用性测试。可用性和易用性只能通过手工测试的方法进行评判，其主要内容包括导航测试、图形测试、内容测试和整体界面测试。

（4）兼容性测试。兼容性测试主要用于验证应用程序是否可以在用户使用的机器上运行。若网站的用户是面向全球的，则需要测试各种操作系统、浏览器、视频设置和Modem速度，以及各种设置的组合情况。

（5）安全性测试。目前网络安全日益重要，特别是对于有交互信息的网站。Web应用系统的安全性测试主要包括目录设置、登录、日志文件、加密和安全漏洞等。

（6）稳定性测试。网站的稳定性测试是指网站在运行中整个系统是否运行正常。目前，该项测试没有更好的测试方案，主要采用长时间运行服务器的方法进行测试。

（7）代码合法性测试。该测试主要包括程序代码合法性检查与显示代码合法性检查。

5. 发布网站

完成网站的创建和测试以后，下一步是通过将文件上传到远程文件夹来发布该站点。远程文件夹是存储文件的位置，这些文件用于测试、生产、协作和发布。在Dreamweaver CS6中，利用“文件”面板，可以很方便地实现文件的上传。有关文件上传的功能，将在本书后面章节中介绍。

6. 更新和维护

网站的内容不是永久不变的，要想使网站保持活力，就必须经常对网站的内容进行更新和维护。网站的更新即指在不改变网站结构和页面形式的情况下，增加或修改网站的固定栏目中的内容。网站维护即指对网站运行状况进行监控，发现问题及时解决，并统计其运行的实时信息。

网站的更新和维护主要包括以下几个方面。

（1）内容的更新。

内容的更新包括产品信息的更新、企业新闻动态的更新、招聘启事的更新、网站图片的更换、网站重要页面（如重大事件、突发事件及公司周年庆典等活动页面）的设计制作等。

（2）网站系统维护服务。

网站系统维护服务包括E-mail账号维护服务、域名维护续费服务、网站空间维护、与IDC（互联网数据中心，为企业、媒体和各类网站提供大规模、高质量、安全可靠的专业化服务器托管服务）进行联系、域名解析服务等。

（3）企业网络的易用性和安全性维护。

企业网络的易用性和安全性维护包括通过FTP软件进行网页内容的上传、ASP服务器模型的建立、CGI-BIN目录的管理维护、计数器文件的管理维护、网站的定期推广服务等。

1.3 搭建站点

网站所需的各种素材和资料准备好后，就可以着手网站的建设了。在建设网站时，用户应该按照规划，建立一个本地站点，以方便对制作网页所需的各种资源进行管理。Dreamweaver CS6 是一个创建站点的有力工具，使用它不仅可以创建单独的文档，还可以创建完整的 Web 站点。建立站点的具体步骤如下。

1. 设置站点的基本信息

单击菜单栏中“站点”按钮的小三角，选择“新建站点”命令，打开站点设置对象对话框，如图 1-32 所示。

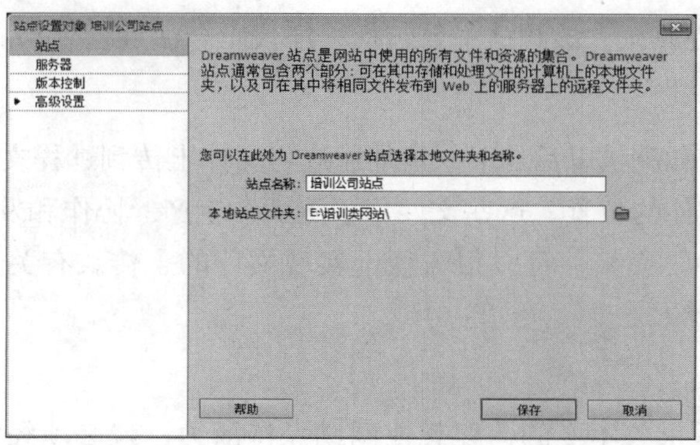

图 1—32

- 站点名称：在“文件”面板和“管理站点”对话框中显示的名称。该名称不会在浏览器中显示。
- 本地站点文件夹：本地磁盘上存储站点文件、模板和库项目的文件夹。当 Dreamweaver CS6 解析站点根目录相对链接时，它是相对于该文件夹来解析的。

2. 设置服务器

在站点设置对象对话框中，选择“服务器”选项，切换到“服务器”选项面板，单击“添加新服务器”按钮，在弹出的对话框中进行设置，如图 1-33 和图 1-34 所示。

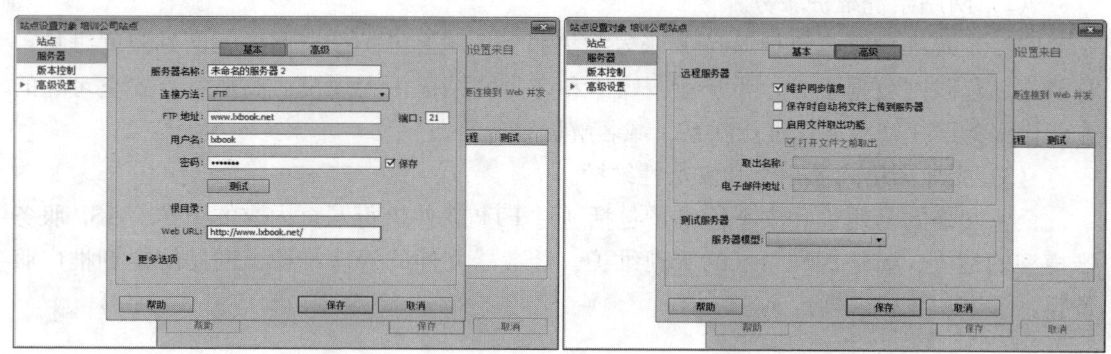

图 1—33　　　　图 1—34

用户可以指定远程服务器和测试服务器。远程服务器用于指定远程文件夹的位置，该文件夹将存储生产、协作、部署或其他方案的文件。远程文件夹通常位于运行 Web 服务器的计算机上。

3. 版本控制

选择“版本控制”选项，切换到“版本控制”选项面板，如图 1-35 所示。用户可以使用 Subversion 获取和存回文件。

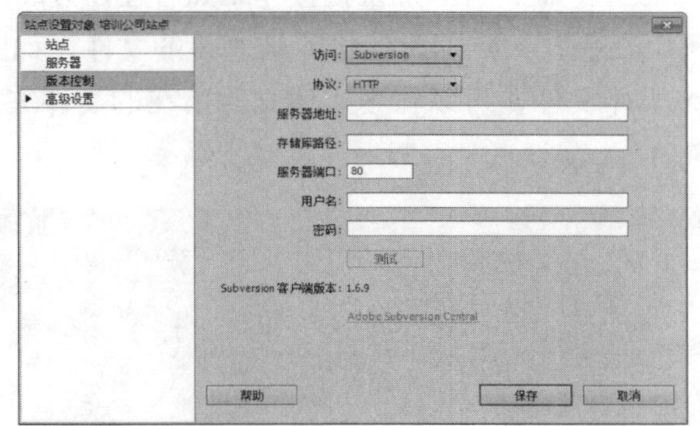

图 1—35

Dreamweaver 可以连接到使用 Subversion(SVN) 的服务器。Subversion 是一种版本控制系统，它使用户能够协作编辑和管理远程 Web 服务器上的文件。Dreamweaver 不是一个完整的 SVN 客户端，但可使用户获取文件的最新版本、更改和提交文件。

4. 高级设置

单击“高级设置”选项前的黑三角符号，展开其扩展选项，包括本地信息、遮盖、设计备注、Spry、Web 字体等，如图 1-36 所示。

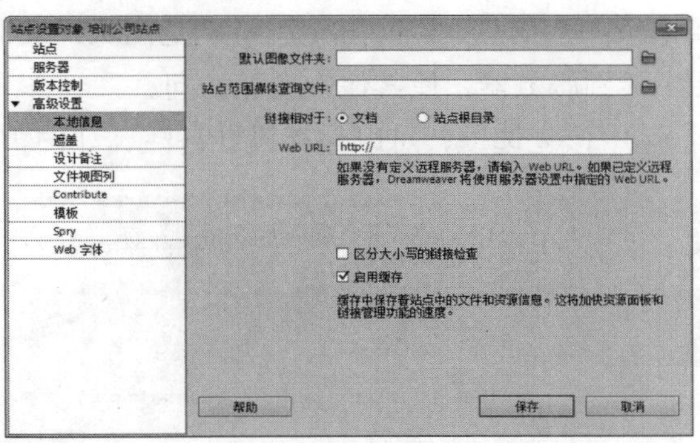

图 1—36

- 默认图像文件夹：输入图片文件夹的存储位置。对于比较复杂的网站，图片不只存放在一个文件夹中，所以使用价值不大。用户可以直接输入路径，也可以用鼠标单击右侧的“浏览”按钮，打开“选择站点的本地图像文件夹”对话框，从中找到相应的文件夹后保存。

- 链接相对于：设置站点中链接的方式。如果用户创建的是一个静态的网站，选择“文档”单选按钮；如果创建的是一个动态网站，则选择“站点根目录”单选按钮。
- Web URL：输入网站在 Internet 上的网址。在输入网址的时候要注意，不能像平时在 IE 浏览器中那样随便输入，网址前面必须有“http://”。
- 区分大小写的链接检查：设置是否在链接检查时区分大小写，一般情况下默认选中此选项。
- 启用缓存：选中该复选框，可以加快链接和站点管理任务的速度。

使用文件遮盖，可以在操作站点的时候排除被遮盖的文件，如图 1-37 所示。例如，如果用户不希望上传多媒体文件，可以将多媒体文件所在的文件夹遮盖，这样多媒体文件就不会被上传。

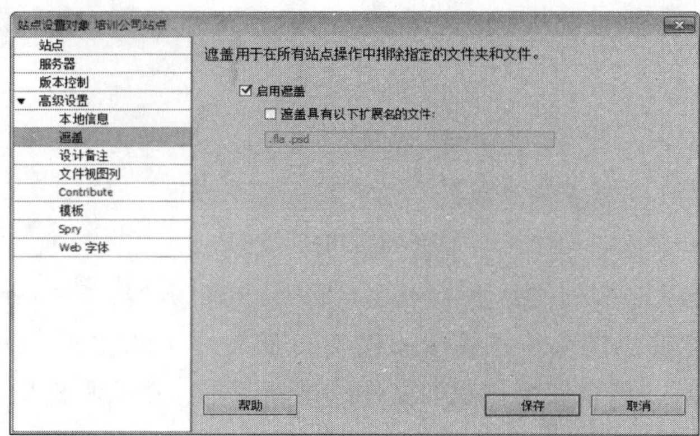

图 1—37

- 启用遮盖：选中该复选框，将激活文件遮盖。
- 遮盖具有以下扩展名的文件：选中该复选框，可对特定文件使用遮盖。

网站开发过程中要记录一些信息，以防忘记。特别是团队开发网站，更需要记录一些别人分享的信息，然后上传到服务器，使其他人也能访问。

- 维护设计备注：选中该复选框，可以保存设计备注，如图 1-38 所示。

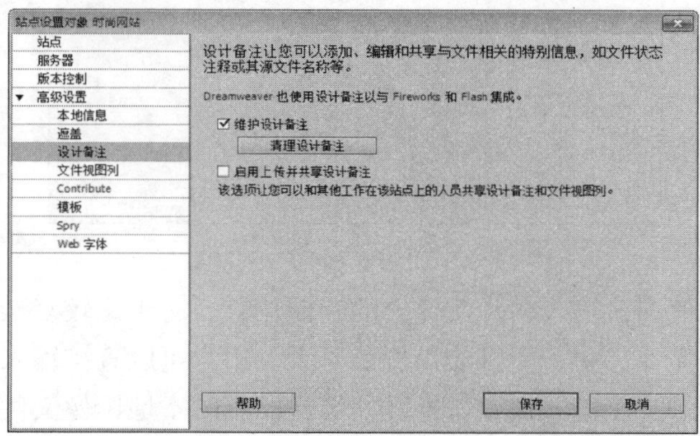

图 1—38

- 清理设计备注：单击该按钮，可以删除过去保存的设计备注。
- 启用上传并共享设计备注：选中该复选框，可以在上传或者取出文件时，将设计备注上传到“远程信息”中设置的远端服务器上。

Spry 是由 JavaScript 框架提供的一个强大的 Ajax 功能，能够让设计人员构建出更丰富的 Web 页面。Spry 资源文件夹默认在以前设置的文件夹中，如图 1-39 所示。

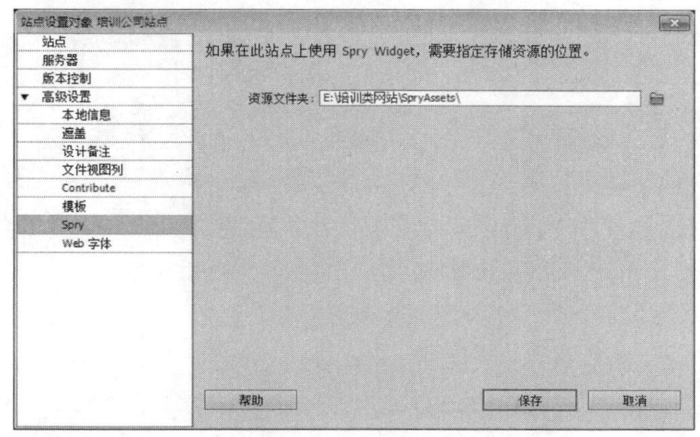

图 1—39

用户可以在 Dreamweaver 中使用有创造性的 Web 支持字体（如 Google 或 Typekit Web 字体）。若要在站点中使用这些 Web 字体，需要设置 Web 字体文件的存储位置，如图 1-40 所示。

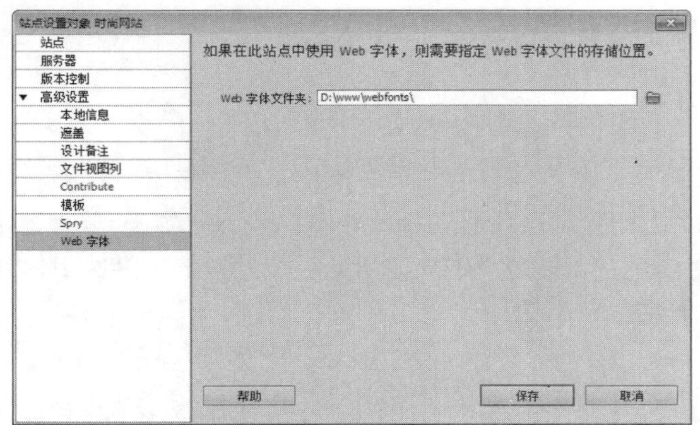

图 1—40

1.4 站点的管理

网站创建完成并上传到 Internet 中的 Web 服务器上以后，可以根据站点的实际情况进行管理。用户可以将本地站点结构复制到远程站点上，也可以将远程站点结构复制到本地系统中。在本地站点创建了链接关系并链接到远程站点后，可以向远程站点传递文件。

1.4.1 编辑站点

对于创建好的站点，用户可以利用站点管理器对其进行编辑修改，具体操作如下：单击菜单栏中的“站点”按钮，选择“管理站点”命令，或执行“站点”|“管理站点”命令，打开“管理站点”对话框，如图 1-41 所示。另外，用户还可以通过“文件”面板，在下拉菜单中选择“管理站点”命令。

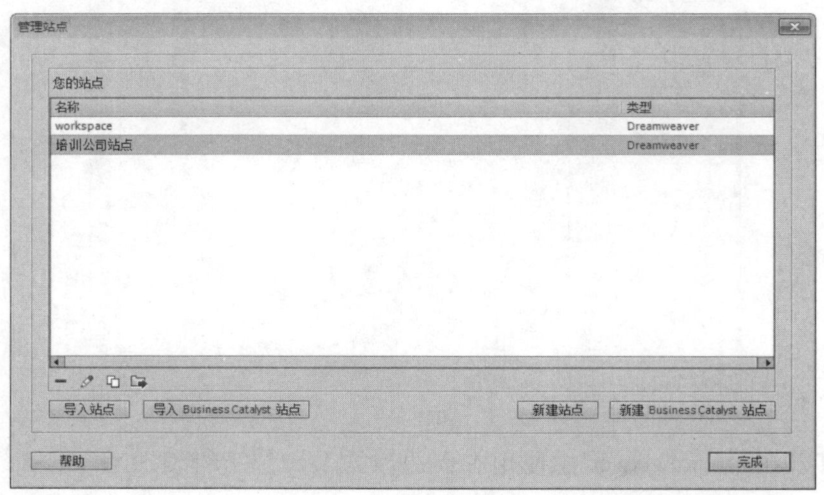

图 1-41

单击“编辑当前选中的站点”按钮，弹出站点设置对象对话框，在此对话框中用户可以进行站点的重新设置。

1.4.2 删除站点

打开站点管理界面，用户可以看到很多操作站点的按钮，其中一个就是“删除当前选中的站点”按钮，删除站点只是从 Dreamweaver CS6 的站点管理器中删除站点名称，其文件还保留在硬盘上。如果用户不想使用某一个站点，可以选中该站点，单击“删除当前选中的站点”按钮。

1.4.3 复制站点

用户如果希望创建多个结构相同或相似的站点，可以利用站点管理器将已有站点复制为新站点，然后对新站点进行简单编辑即可。打开“管理站点”对话框，然后在站点列表中选中所要复制的站点，单击“复制当前选中的站点”按钮，新复制的站点会立即显示在站点列表中，并以原来的站点名称加后缀“复制”字样显示，如图 1-42 所示。

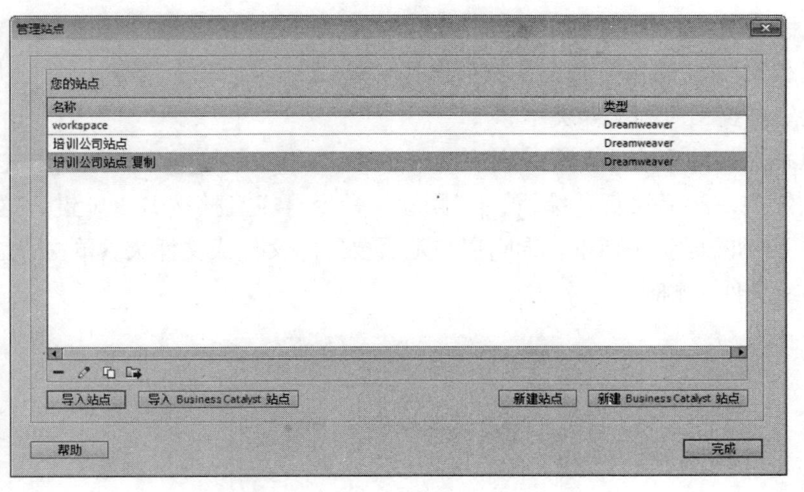

图 1—42

1.4.4 导出和导入站点

在站点管理器中，选中站点并单击“导出当前选中的站点”按钮可以将当前站点的设置导出成一个 XML 文件，以实现对站点设置的备份。单击“导入站点”按钮，则可以将以前备份的 XML 文件重新导入站点管理器中。利用“导入和导出站点”功能可以实现 Internet 中各个计算机之间站点的移动，或者与其他用户共享站点的设置。

1.4.5 访问站点

用 Dreamweaver CS6 编辑网页或者进行网站管理时，每次只能操作一个站点。执行“窗口”|“文件”命令，打开“文件”面板，在“文件”下拉列表框中选择创建的站点，就可以将其打开了，如图 1-43 所示。

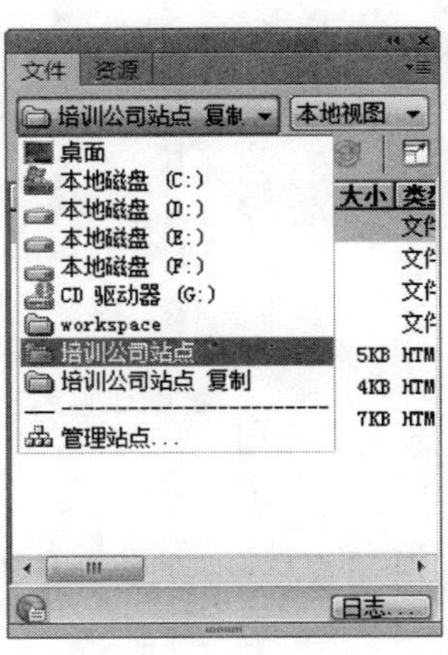

图 1—43

在“文件”面板中，选中要移动或复制的文件（或文件夹）。如果要执行移动操作，

可以单击鼠标右键，从弹出的快捷菜单中选择“编辑”|“剪切”命令；如果要执行复制操作，可以选择“编辑”|“拷贝”命令，然后选择“编辑”|“粘贴”命令，就可以将选中的文件或文件夹复制到相应的文件夹中。

从本地站点文件列表中删除文件的方法与移动和复制的操作类似，首先选中要删除的文件或文件夹，然后执行“编辑”|“删除”命令，或直接按 Delete 键。这时系统会弹出如图 1-44 所示的提示对话框，询问用户是否要删除文件或文件夹，单击“是”按钮后，即可将文件或文件夹删除。

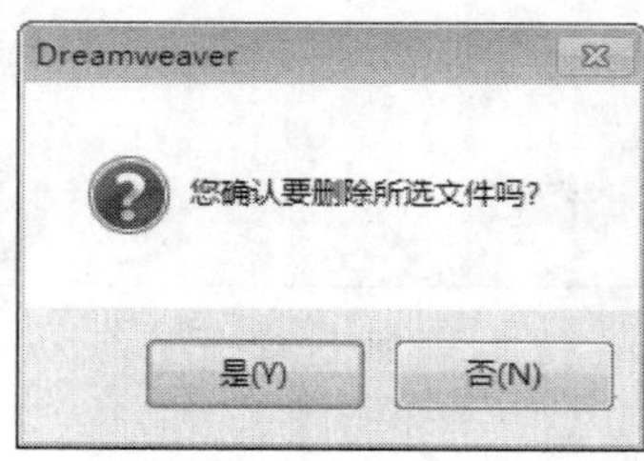

图 1—44

1.5 站点的上传

站点在上传之前，需要进行检测，主要包括检查浏览器的兼容性、检查站点内的链接。本小节将对相关操作知识进行介绍。

1.5.1 测试站点

下面介绍站点的检查操作。

1. 检查浏览器的兼容性

选择“窗口”|“结果”|“浏览器兼容性”命令，打开“浏览器兼容性”面板，生成检测报告，如图 1-45 所示。

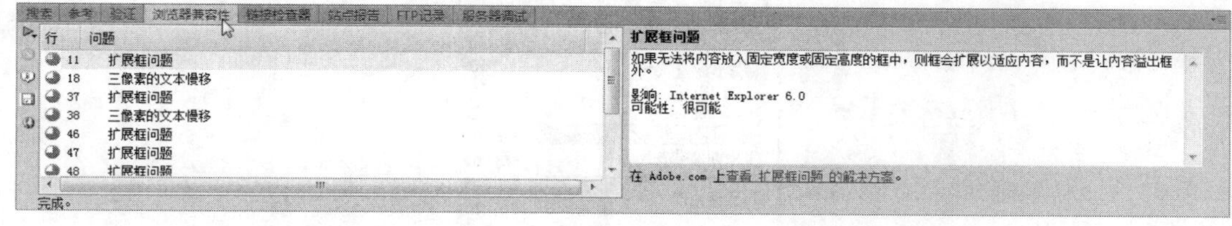

图 1—45

通过右侧的描述信息，可以分析问题是否严重，是否需要处理。

2. 检查站点范围的链接

STEP 01 打开一个站点，执行“窗口”|“结果”|“链接检查器”命令，打开“链接检查器”

面板，如图 1-46 所示。

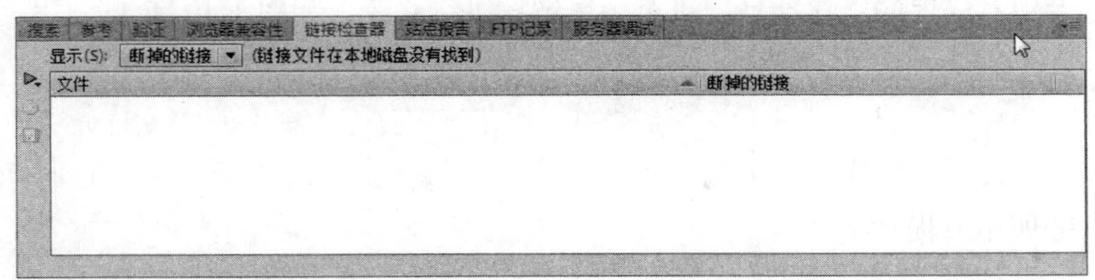

图 1-46

STEP 02 在“显示”下拉列表框中选择“断掉的链接”选项，单击按钮，在弹出的菜单中选择“检查整个当前本地站点的链接”命令，如图 1-47 所示。

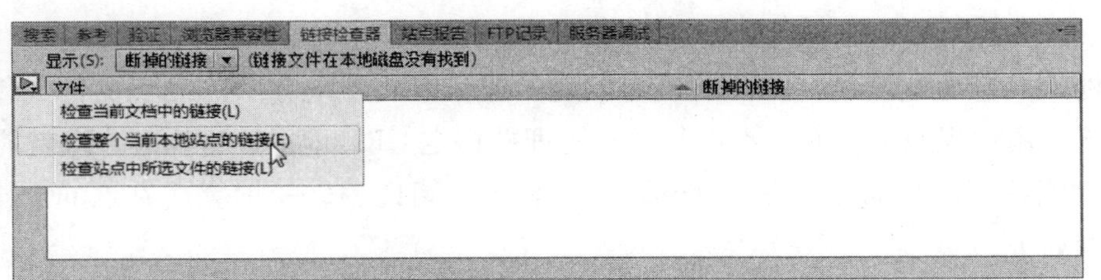

图 1-47

STEP 03 该链接检查会检测整个网站的链接，并显示结果，如图 1-48 所示。列表中显示站点中断掉的链接，最下端显示检查后的总体信息，如共多少个链接，正确链接和无效链接数量等。从图 1-48 中可以看到总共有 70 个链接，其中有 57 个正确，无断掉的链接，13 个外部链接。

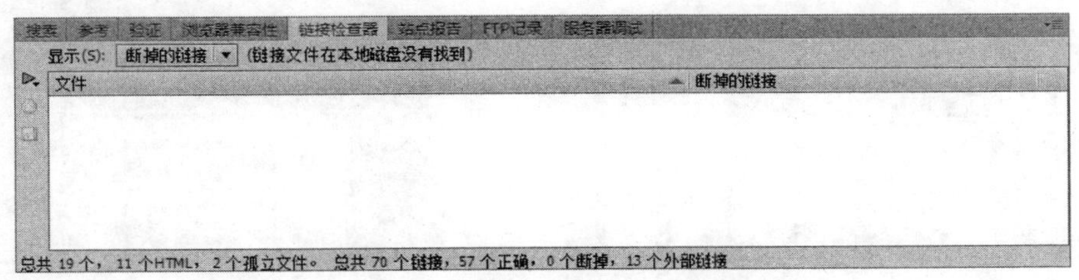

图 1-48

STEP 04 在“显示”下拉列表框中选择“孤立的文件”选项，可查看网站中的孤立文件，也就是没有被链接的文件，如图 1-49 所示。

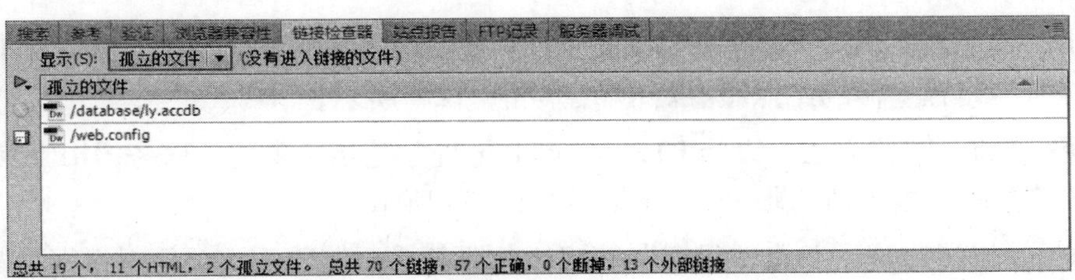

图 1-49

STEP 05 在“显示”下拉列表框中选择“外部链接”选项，可查看网站中的外部链接，此时如果发现有错误的链接地址，可单击该链接进行修改，如图 1-50 所示。

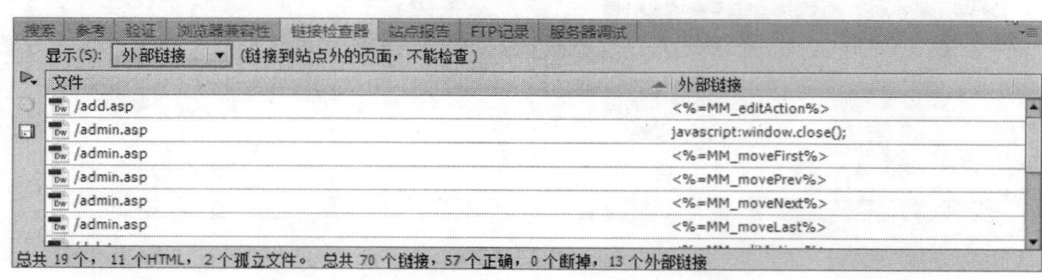

图 1—50

1.5.2 上传站点

本地站点创建成功后，如测试没有问题，就可以将本地存放的站点文件上传到远程服务器上，由远程服务器对站点进行发布管理并指定 URL 地址，这样客户端就能通过 IE 浏览器浏览该网站页面了。在 Dreamweaver CS6 中可以很轻松地完成站点的上传操作，具体步骤如下。

STEP 01 启动 Dreamweaver CS6，执行“窗口”|“文件”命令，打开“文件”面板，如图 1-51 所示。

STEP 02 单击“房地产网站”站点下拉按钮，选择“管理站点”选项，如图 1-52 所示。

图 1—51

图 1—52

STEP 03 在弹出的“管理站点”对话框中选择要上传的站点，然后单击 按钮，打开站点设置对象对话框，如图 1-53 所示。

STEP 04 选择左边的“服务器”选项，切换到“服务器”选项面板。单击右侧列表框下的 + 按钮，设置上传的站点服务器信息，如图 1-54 所示。

STEP 05 将“连接方法”设为 FTP。“FTP 地址”是指要上传的服务器 IP 地址；“用户名”和“密码”指申请的账号和密码，如图 1-55 所示。

STEP 06 设置完成后单击“保存”按钮添加服务器。接着依次关闭对话框，最后单击“文件”面板中的 按钮，连接远程服务器，如图 1-56 所示。

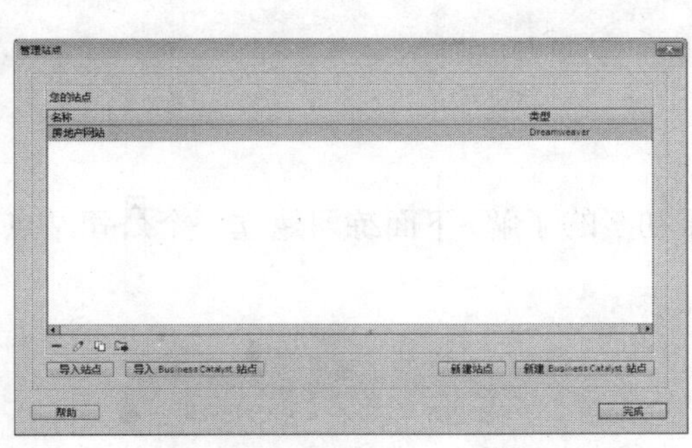

图 1—53

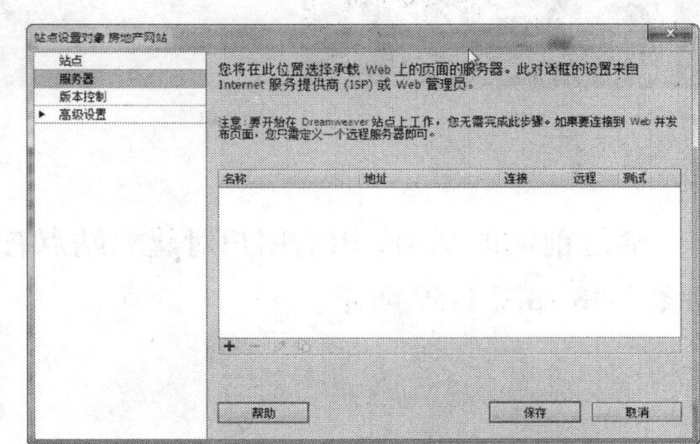

图 1—54

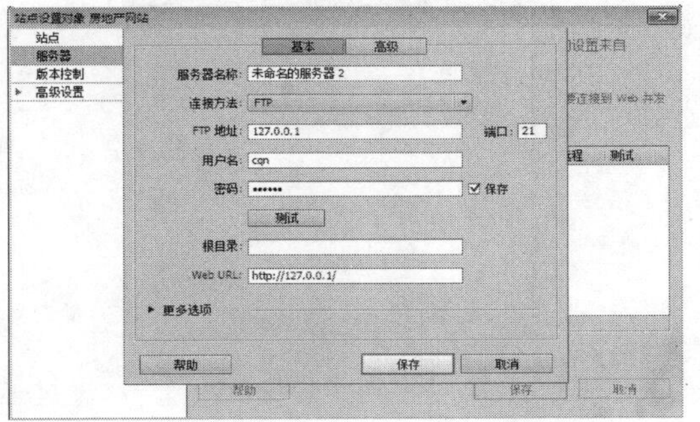

图 1—55

图 1—56

STEP 07 连接成功后，在“文件”面板中选择本地文件，单击“上传文件”按钮，即可上传文件。单击“下载文件”按钮，即可将远程服务器上的站点文件下载到本地，如图 1-57 所示。

图 1—57

【自己练】

1. 建立站点

通过前面的学习，相信用户对建立站点有了初步的了解。下面练习建立一个公司站点，如图 1-58 和图 1-59 所示。

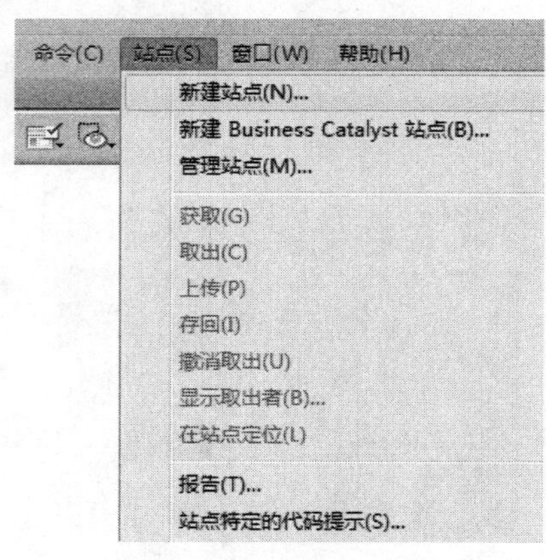

图 1—58

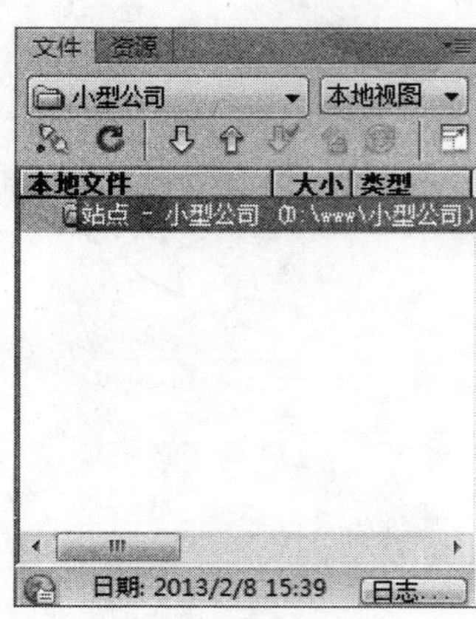

图 1—59

2. 编辑站点文件

用户可以通过单击鼠标右键选择“编辑”命令，对所选文件进行“剪切”“复制”“删除”“拷贝”和“重命名”操作。需要说明的是，对于刚打开的站点文件，在没有任何操作之前，“粘贴”命令处于无效状态。只有执行了“复制”“剪切”或“拷贝”命令，“粘贴”命令才会变为有效。

图 1-60 所示为执行“编辑”|“复制（或粘贴）”命令的效果。图 1-61 所示为执行“编辑”|“重命名”命令后的效果。

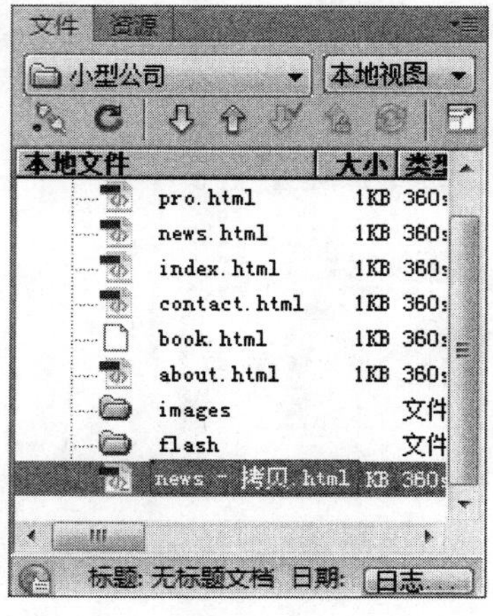

图 1—60

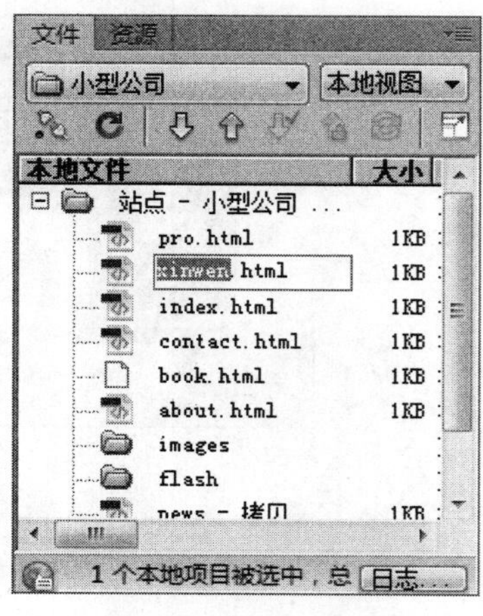

图 1—61

第2章

制作我的首个网页
——网页基本元素编辑详解

本章概述：

网页的基本元素主要包括文本、图像、动画、表格以及多媒体音/视频等，合理地组织这些元素，便构成了丰富多彩的网页页面。本章我们就来学习网页基本元素的插入与编辑方法。

要点难点：

文本的创建 ★☆☆
特殊元素的插入 ★★☆
图像的插入 ★★★
多媒体元素的插入 ★★☆
页面属性的设置 ★★☆

案例预览：

制作简单网页

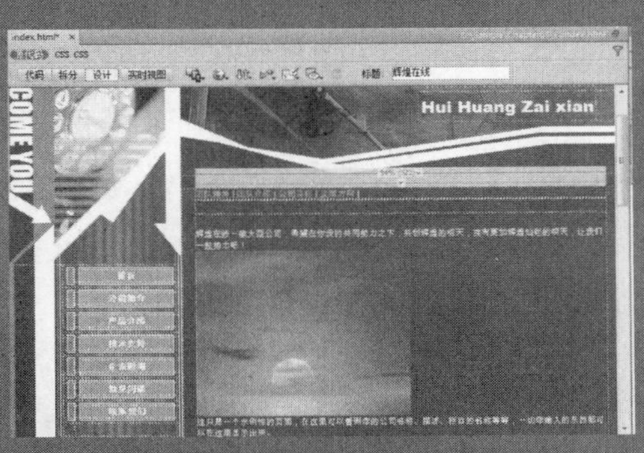

在网页中插入图像

【跟我学】 制作一个简单的网页

作品描述

本案例通过表格建立一个简单的网页，可以设置表格的对齐方式，页面的基本 CSS 样式（如字体、字号、文本颜色等），以及插入图像等。

制作过程

STEP 01 启动 Dreamweaver CS6，执行“站点”|“新建站点”命令，并设置站点名称为“澳美酒店”，如图 2-1 所示。

STEP 02 设置站点路径，如图 2-2 所示。

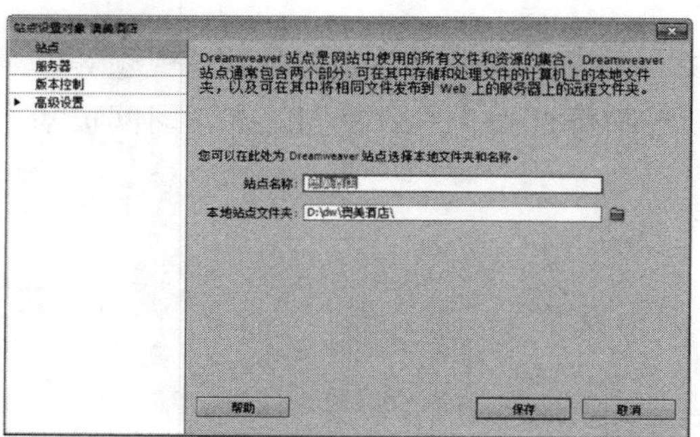

图 2—1

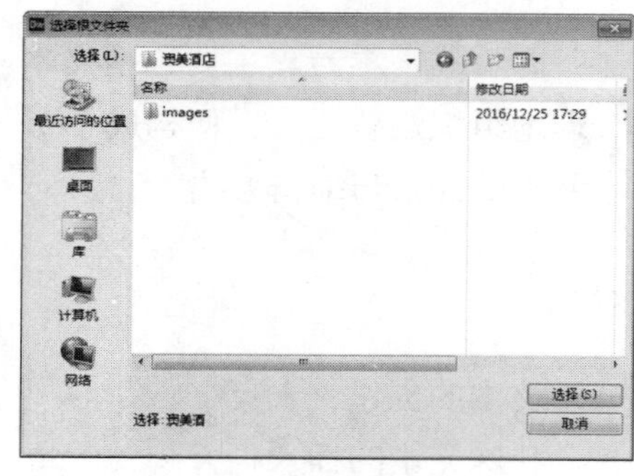

图 2—2

STEP 03 执行“文件”|“新建文档”命令，在弹出的“新建文档”对话框中新建一个空白的 html 文档，如图 2-3 所示。

STEP 04 在标题处，把“无标题文档”几个字删掉，并输入“澳美酒店欢迎您”几个字，然后保存到“澳美酒店”文件夹下，文件命名为 index，如图 2-4 所示。

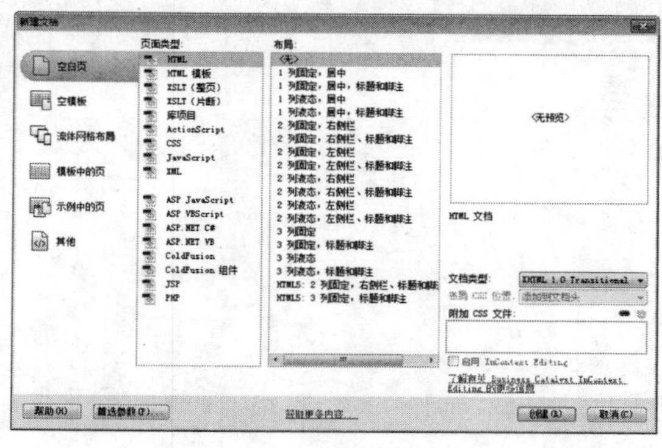

图 2—3

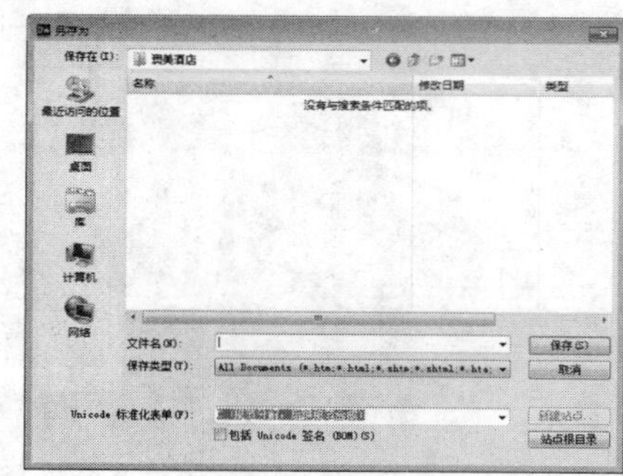

图 2—4

STEP 05 在文件底部打开“页面属性”对话框，设置页面的属性，第一个首先是外观（CSS），按序设置页面字体为“微软雅黑”、文字大小为 14px、文本颜色为 #5c5a58、背景颜色为 #343434，如图 2-5 所示。

STEP 06 执行“插入”|“表格”命令，新建一个 6 行 1 列的表格，如图 2-6 所示，并选择“居中对齐”。

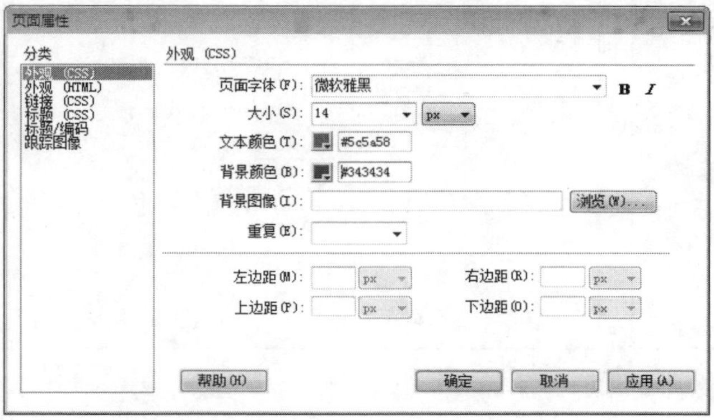

图 2-5

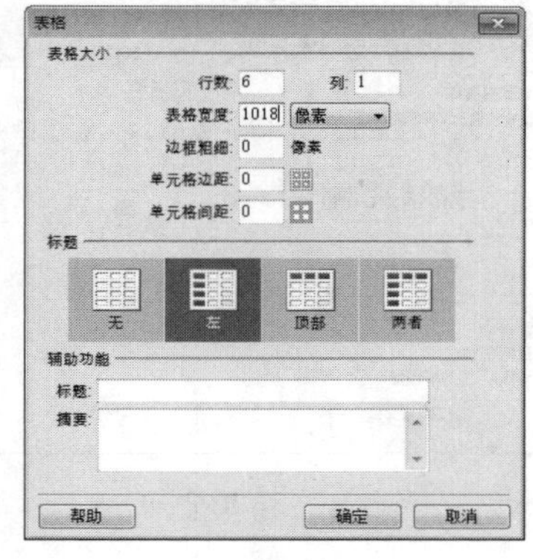

图 2-6

STEP 07 将光标定位在第一行，执行“插入”|“图像”命令，打开“选择图像源文件”对话框，插入一幅图像，如图 2-7 所示。

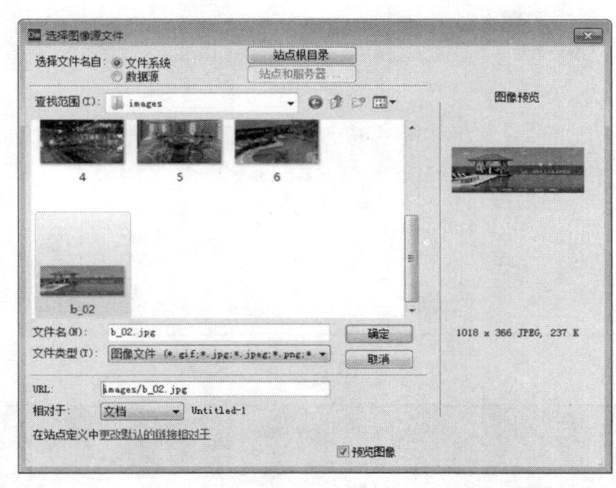

图 2-7

STEP 08 将光标定位在第二行，设置行高、水平左对齐和垂直居中对齐，然后输入文字“关于澳美”，如图 2-8 所示。

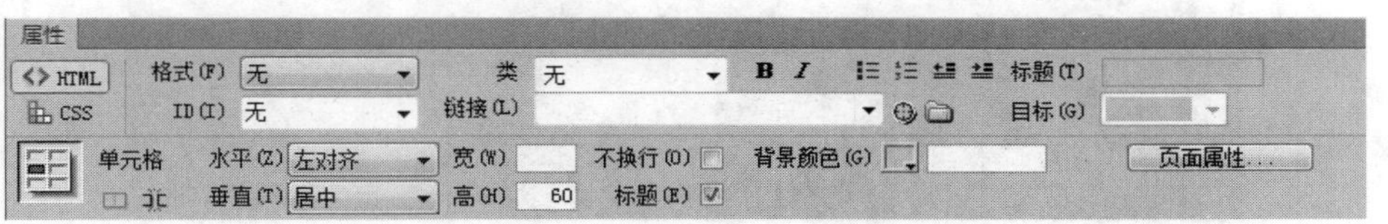

图 2-8

STEP 09 选中“关于澳美”标题，执行“CSS 样式”|“新建”|“新建 CSS 规则”命令，打开“新建 CSS 规则”对话框，在“选择或输入选择器名称”中输入“.Txt1”，如图 2-9 所示。

STEP 10 在弹出的 CSS 规则定义对话框中设置样式，如文本大小、文本颜色等，如图 2-10 所示。

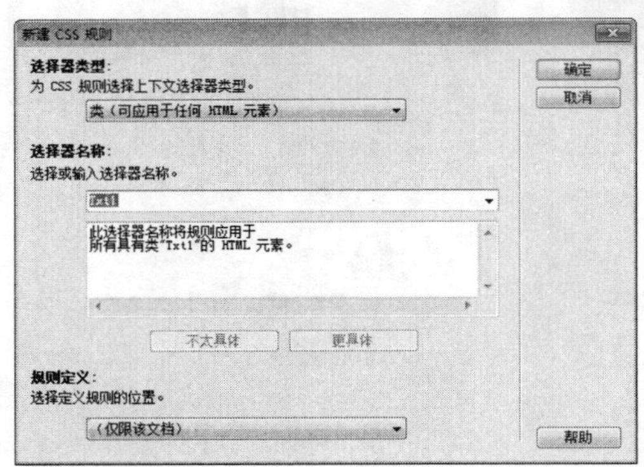

图 2-9

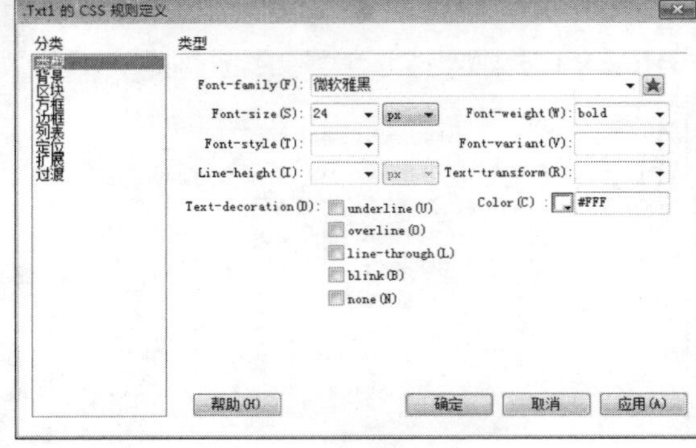

图 2-10

STEP 11 将光标定位在第三行，同样设置行高、水平左对齐和垂直居中对齐，并输入文字，然后新建 CSS 规则，如图 2-11 所示。设置完成后返回，效果如图 2-12 所示。

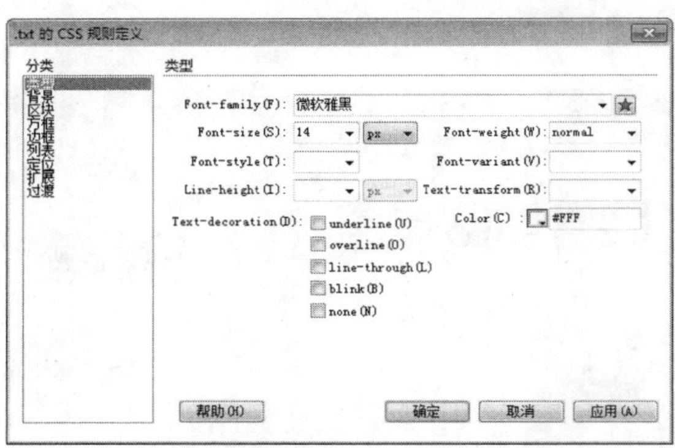

图 2-11

图 2-12

STEP 12 将光标定位在第四行，输入文字“酒店内景”，在第五行中插入一个1行6列的表格，并依次插入素材图片，如图2-13所示。

图 2—13

STEP 13 将光标定位在第六行，同样设置行高、水平居中对齐和垂直居中对齐，然后输入版权文字，样式选择如STEP11，效果如图2-14所示。

图 2—14

STEP 14 最后预览效果，选择预览浏览器，如图2-15所示，本地最终预览效果如图2-16所示。

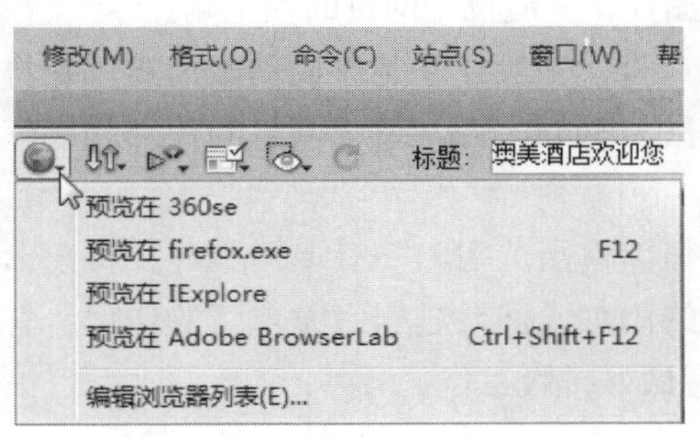

图 2—15

图 2—16

【听我讲】

2.1 网页的基本构成元素

通常网页是由文本、图像、超链接、表格、表单、导航栏、动画、框架等基本元素组成的，其中最基本的是“文本”“图像”和“超链接”这三项。一个图文并茂、制作精美、布局合理的网页，可以提高浏览者的兴趣。

1. 文本

网页中信息的传达主要以文本为主，可以设置文本的样式、大小、颜色、底纹、边框等属性。在设计过程中，文字可以设置成各种字体及大小，但建议用作正文的文字一般不要太大，字体颜色也不要使用过多，否则会让人眼花缭乱。通常文本大小设置为9磅或12像素即可，其颜色最好不超过3种。

2. 图像

要想制作出一个色彩丰富的网页，图像是不可少的。通常，用于网页上的图像格式为JPG和GIF。图像通常用在Logo、Banner以及背景图片三个方面。

Logo是代表企业形象或栏目内容的标志性图片，一般位于网页的左上角。

Banner是用于宣传站内某个栏目或活动的广告，一般要求制作成动画形式，并将介绍性的内容简练地加在其中，以达到宣传的效果。Banner通常位于网页的顶部和底部，还有一些小型的广告放在网页的两侧。

背景图片尽管在很多网站上都可以看到，但需慎用。因为一旦使用不好，将会影响整体效果。如果网页是以文本为主，背景图片的添加或许会起到画龙点睛的作用。有时也会在网页中使用大幅的图片，这时一定要注意做好排版工作。

3. 超链接

超链接是网站的灵魂，其功能是从一个网页链接至另一个目的端。该目的端可以是一个网页、一张图片、一个电子邮件地址或一个程序等。超链接广泛地存在于网页的图片和文字中。例如，将鼠标指针移至某张图片或按钮上，当鼠标指针变换成手掌状后，单击鼠标左键，即可链接到相应地址。

4. 表单

表单是用来收集浏览者的用户名、密码、E-mail地址、个人爱好和联系地址等用户信息的输入区域的集合。通常表单由以下6部分组成。

- 文本框：用来输入比较简单的信息。
- 文本区：输入建议、需求等大段文字时使用，该区域一般都带有滚动条。
- 单选按钮：常用于表示唯一的选择项。

- 复选框：表示可以同时选择多个选项。
- 下拉列表框：在选择某一项时，除了可填写文本区之外，还可使用下拉列表框来选择。
- “提交”按钮和“重置”按钮：当浏览者填写完表单后，单击“提交”或“确定”按钮，即可提交表单信息至服务器等待处理。若单击“重置”按钮，即可重新填写表单。

5. 表格

表格是网页排版的灵魂。使用表格排版是目前制作网页的主要形式。通过表格可以精确地控制各元素在网页中的位置。它是HTML语言中的一种元素，并不一定是指网页中直观意义的表格。在排版时，表格的边线一般不在网页中显示。

6. 导航栏

导航栏就是一组超链接按钮，通过它可以方便地浏览站点。导航栏可以用按钮形式表现，也可用文本进行超链接，一般用于网站各部分内容间相互链接的指引。

7. 动画

动画是网页上最活跃的元素，包括GIF动画和Flash动画两种。其中，GIF动画较为简单，在不同种类、不同版本的浏览器中都能播放；而Flash有很多重要的动画特征，如关键帧补间、运动路径、动画蒙版、形状变形和洋葱皮等。在网页中适当插入动画，会有意想不到的效果。

8. 框架

框架是网页的一种组织形式，可以将相互关联的多个网页的内容组织在一个浏览器窗口中显示。当然，在一个好的网页中除了以上所介绍的几项最基本的元素外，还有横幅广告、字幕、悬停按钮、计数器、音频、视频等元素，正是因为有了它们，网页才变得丰富多彩。

2.2 文本内容的创建

文本是网页信息的重要载体，也是网页中必不可少的内容，它的格式设计是否合理将直接影响网页的美观程度。

2.2.1 输入文本

在网页中插入文本有两种操作方法。一种是直接在软件的编辑界面中输入；另一种则是通过“导入”命令，将文本导入网页中。下面分别对其进行介绍。

1. 直接输入文本

打开网页，将光标定位到需要输入文本的地方，即可输入文字内容，如图2-17所示。

CHAPTER 01 CHAPTER 02 CHAPTER 03 CHAPTER 04 CHAPTER 05

图 2—17

2. 导入文本

打开需要导入文本的网页文件，执行“文件”|“导入”|“Word 文档”命令，如图 2-18 所示。在打开的对话框中，选择所需导入的文件，单击“打开”按钮即可导入文件，如图 2-19 所示。

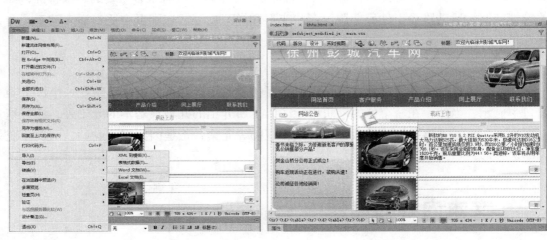

图 2—18 　　图 2—19

2.2.2　设置文本属性

为了使文本与网页中的其他元素协调一致，使整个页面看起来浑然一体，就要设置文本属性，最简单的方法就是利用文本“属性”面板，该面板位于编辑区下方。Dreamweaver CS6 的“属性”面板中包含 HTML 属性检查器和 CSS 属性检查器两种。

1.HTML 属性检查器

HTML 格式用于设置文本的字体、大小、颜色、边距等，如图 2-20 所示。

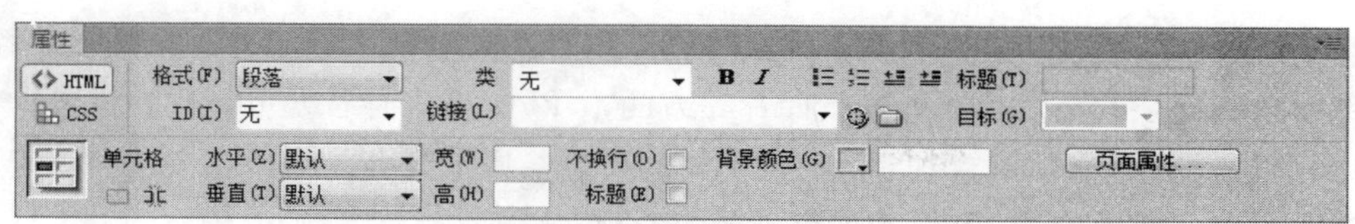

图 2-20

HTML 属性检查器中的各选项说明如下。

- 格式：设置所选文本或段落的格式，该选项包含多种格式，其中有段落格式、标题格式及预先格式化等，可按需进行选择。
- ID：标识字段。
- 类：显示当前选定对象所属的类、重命名该类或链接外部样式表。
- 链接：为所选文本创建超文本链接。
- 目标：用于指定准备加载链接文档的方式。
- 页面属性：单击该按钮，即可打开“页面属性”对话框，在该对话框中可对页面的外观、标题、链接等各种形式进行设置。
- 列表项目：为所选的文本创建项目、编号列表。

2.CSS 属性检查器

文档中的文本，可以使用 CSS（层叠样式表）格式设置其属性，可以新建 CSS 样式或将现有的样式应用于所选文本中，如图 2-21 所示。

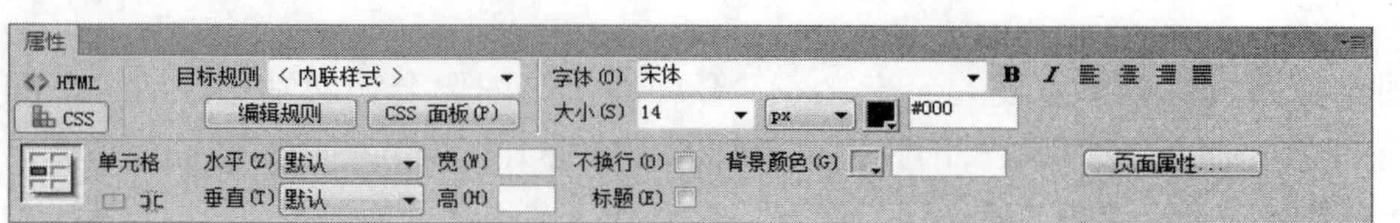

图 2-21

2.3 图像的插入与编辑

在网页中插入恰当的图像元素，会使网页整体布局显得更加美观，从而能够吸引浏览者。下面来了解网页图像的一些基本常识，以及图像的插入方法。

2.3.1 网页图像的格式

Internet 支持的图像格式包括 GIF、JPEG 和 PNG 等多种，用得最多的是 JPEG 和 GIF 格式。

1. JPEG 格式

JPEG 是由 Joint Photographic Experts Group（联合图像专家组）制定的图像压缩格式，支持极高的压缩率。JPEG 是静态图片，显示的颜色多，文件相对较大。JPEG 图像格式可支持 24 位真彩色。JPEG 格式的图像被广泛应用于网页制作。可以用于表现色彩丰富、物体形状结构复杂的图片，比如风景照片等方面，JPEG 格式有着无可替代的优势。

JPEG 格式的图像有高、中、低三种不同的质量，质量越高，体积越大。对于 Web 浏览器来说，中、低质量的 JPEG 图像就能够完全满足需要了。

2. GIF 格式

GIF（Graphics Interchange Format）的原意是“图像互换格式”。它使用一种叫作 Lempel-Ziv 的编码方式，还限制文件本身的索引色（indexed color），最高不得超过 256 色，所以对有过渡色和渐变色的图像还原不是很好，但 GIF 格式具有较高的压缩率。对于低于 256 色的图像，GIF 格式的无损压缩几乎保持了原始图像的清晰度。因此 GIF 格式特别适合表现大面积单色区域的图像，或者是所含颜色不多、变化不复杂的图像。另外，对于简单的、只有几帧图片的交替动画，使用 GIF 格式则更为方便和灵活。

3. PNG 格式

PNG 也是图像文件存储格式。它是 Web 图像中最通用的格式。和 GIF 格式不同的是，PNG 格式并不仅限于 256 色。目前保证不失真的格式就是 PNG 格式，PNG 格式可以精确地压缩为 24 位或 32 位的彩色图像，也可以将图像压缩为 256 色或更少色的索引色且还支持 Gamma 校正。

2.3.2 插入图像

图像是网页构成中重要的元素之一，合理地使用图像会为网站增添活力，同时也能加深用户对网站的良好印象。因此网页设计者要掌握好图像的使用方法。

打开网页文档，执行“插入”|“图像”命令，弹出“选择图像源文件”对话框，如图 2-22 所示。选择要插入的图像，单击“确定”按钮即可在网页中插入图像，如图 2-23 所示。

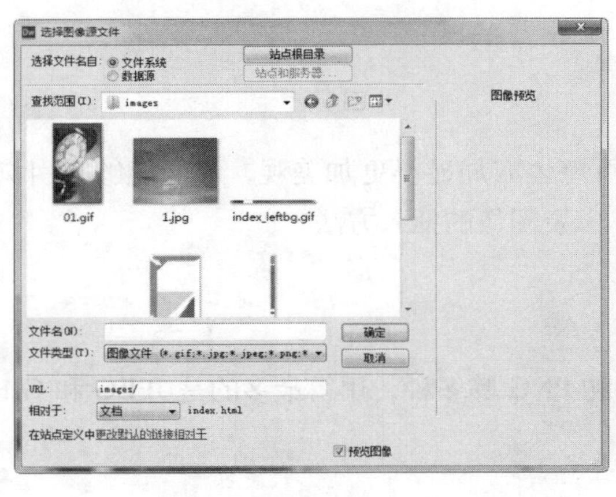

图 2—22

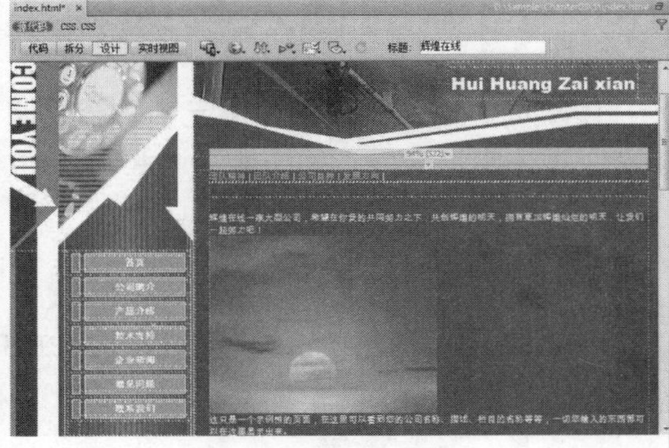

图 2—23

将图像插入 Dreamweaver 文档时，HTML 源代码中会生成对该图像文件的引用。为了确保引用的正确性，图像文件必须位于当前站点中。如果图像文件不在当前站点中，

Dreamweaver 会询问是否要将此文件复制到当前站点中。

在“属性”面板中可以设置图像的属性。选中图像，执行“窗口”|“属性”命令或按 Ctrl+F3 快捷键，可以打开“属性”面板。如果未看到所有的图像属性，可以单击位于右下角的展开箭头，如图 2-24 所示。

图 2—24

2.3.3 图像的属性设置

在图像缩略图下面的文本框中，输入名称，以便在使用 Dreamweaver 行为（例如“交换图像”）或脚本撰写语言（例如 JavaScript 或 VBScript）时可以引用该图像。图像的属性设置介绍如下。

（1）宽和高。

图像的宽度和高度，以像素为单位。在页面中插入图像时，Dreamweaver 会自动根据图像的原始尺寸更新这些文本框的数值。

如果设置的“宽”和“高”值与图像的实际宽度和高度不相符，则该图像在浏览器中可能不会正确显示。若要恢复原始值，单击“宽”和“高”文本框选项，或单击“宽”和“高”文本框右侧的“重设大小”按钮。

（2）源文件。

指定图像的源文件，可以单击文件夹图标寻找源文件或者直接输入文件路径。

（3）链接。

指定图像的超链接。将“指向文件”图标拖动到“文件”面板中的某个文件，单击文件夹图标，浏览到站点上的某个文档，或手动输入 URL。

（4）替换。

指定在只显示文本的浏览器或已设置为手动下载图像的浏览器中代替图像显示的替代文本。如果用户的浏览器不能正常显示图像，则会显示替换文字。对于使用语音合成器（只显示文本的浏览器）的有视觉障碍的用户，会大声读出该文本。在某些浏览器中，当鼠标指针滑过图像时也会显示该文本。

（5）地图名称和热点工具。

允许标注和创建客户端图像地图。有矩形、圆形、多边形三种热点工具。

（6）目标。

指定链接的页应加载到的框架或窗口（当图像没有链接其他文件时，此选项不可用）。当前框架集中所有框架的名称都显示在“目标”列表中。也可选用下列保留目标名：

- _blank：将链接的文件加载到一个未命名的新浏览器窗口中。

- _parent：将链接的文件加载到含有该链接的框架的父框架集或父窗口中。如果包含链接的框架不是嵌套的，则链接文件加载到整个浏览器窗口中。
- _self：将链接的文件加载到该链接所在的同一框架或窗口中。此目标是默认的，所以通常不需要指定。
- _top：将链接的文件加载到整个浏览器窗口中，因而会删除所有框架。

（7）编辑。

选中需要编辑的图像，在“属性”面板中选择“编辑”启动在“外部编辑器”首选参数中指定的图像编辑器并打开选定的图像。

（8）原始。

如果该 Web 图像（即 Dreamweaver 页面上的图像）与原始的 Photoshop 文件不同步，则表明 Dreamweaver 检测到原始文件已经更新。当在“设计”视图中选择该 Web 图像并在“属性”面板中单击“从原始更新”按钮时，该图像将自动更新，以反映对原始 Photoshop 文件所做的任何更改。

（9）编辑图像设置。

打开“图像优化”对话框并优化图像。

（10）裁剪。

裁切图像的大小，从所选图像中删除不需要的区域。

（11）重新取样。

对已调整大小的图像进行重新取样，提高图片在新的大小和形状下的品质。

（12）亮度和对比度。

调整图像的亮度和对比度。

（13）锐化。

调整图像的锐度。

2.3.4 图像的对齐方式

如果只插入图像，而不设置图像的对齐方式，页面就会显得很混乱。可以设置图像与同一行中的文本、另一幅图像、插件或其他元素对齐，还可以设置图像的水平对齐方式。

选中图像，单击鼠标右键，选择“对齐”命令，如图 2-25 所示。可以看到，图像和文字在垂直方向上的对齐方式一共有 10 种，下面分别对它们进行介绍。

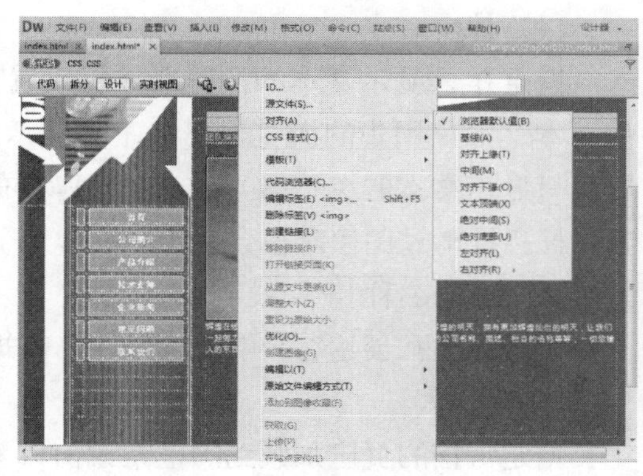

图 2–25

- 浏览器默认值：设置图像与文本的默认对齐方式。
- 基线：将文本的基线与选定对象的底部对齐，其效果与“浏览器默认值”基本相同。
- 对齐上缘：将页面第 1 行中的文字与图像的上边缘对齐，其他行不变。
- 中间：将第 1 行中的文字与图像的中间位置对齐，其他行不变。
- 对齐下缘：将文本（或同一段落中的其他元素）的基线与选定对象的底部对齐，与“浏览器默认值”的效果类似。
- 文本顶端：将图像的顶端与文本行中最高字符的顶端对齐。
- 绝对中间：将图像的中部与当前行中文本的中部对齐。
- 绝对底部：将图像的底部与文本行的底部对齐。
- 左对齐：图片将基于全部文本的左边对齐，如果文本内容的行数超过图片的高度，则超出的内容再次基于页面的左边对齐。
- 右对齐：与“左对齐”相对应，图片将基于全部文本的右边对齐。

2.3.5 图像占位符

图像占位符是指在某个网页或文章中，因找不到合适的图像，就先随意找一幅图像，放在最终图像的位置，作为临时替代。

在“插入”面板的“图像”下拉列表中可以快速找到“图像占位符”选项，如图 2-26 所示。选择该选项，就可打开“图像占位符”对话框，如图 2-27 所示。可根据对话框中的提示信息对当前图像进行设置。

图 2-26

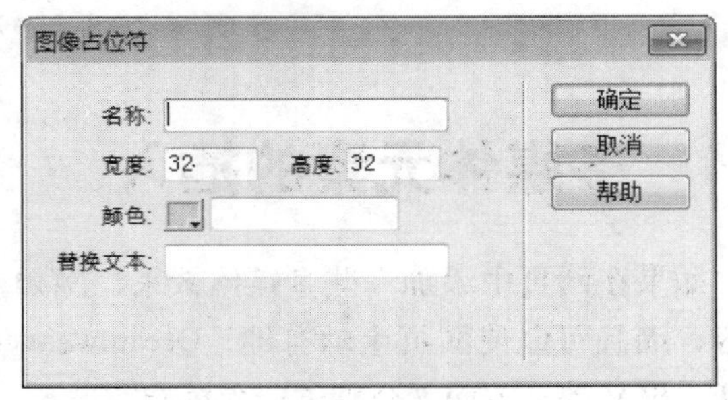

图 2-27

“图像占位符”对话框中的各选项说明如下。

- 名称：占位符的名称。以字母开头，并且只能包含字母和数字。
- 宽度：设置插入图像的宽度值，单位是像素。
- 高度：设置插入图像的高度值，单位是像素。
- 颜色：设置文档中占位符的颜色。
- 替换文本：输入一段文本作为该图像占位符的简要说明或名称。

在 Dreamweaver CS6 中，使用图像占位符的操作方法很简单。首先将鼠标指针移至要插入图像占位符的位置，如图 2-28 所示。在“插入”面板中，单击“图像”下拉按钮，然后选择“图像占位符”选项，在打开的对话框中，根据需要，对该占位符的宽度与高度进行设置，设置完成后单击“确定”按钮，即可完成图像占位符的插入，如图 2-29 所示。

图 2-28

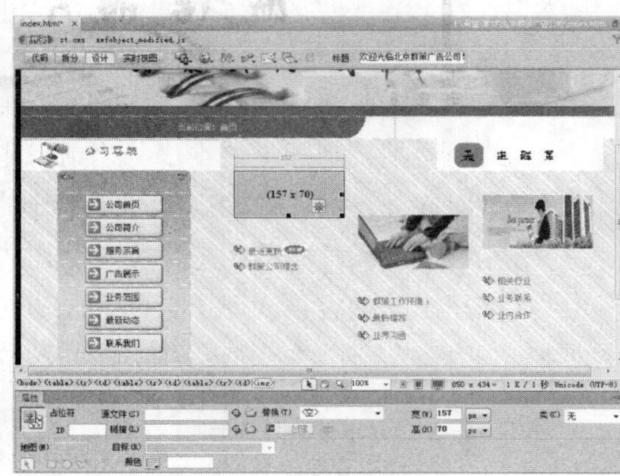

图 2-29

在操作过程中，若要对图像占位符的名称、宽 / 高度、图像源文件、替换文本说明、对齐方式及颜色等进行修改，可以通过“属性”面板来完成，如图 2-30 所示。

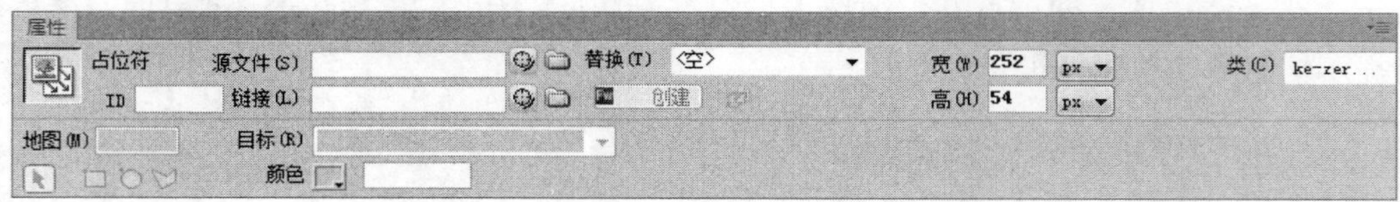

图 2-30

2.4 多媒体元素的插入

如果在网页中添加一些多媒体效果，例如动画、视频及音乐等，不仅可以丰富网页内容，而且可以使网页生动有趣。Dreamweaver CS6 中提供了多个媒体插入选项，包括 SWF、FLV 等。下面就分别进行简单介绍。

2.4.1 SWF 格式文件

SWF 是 Macromedia 公司开发的动画设计软件 Flash 的专用格式，是一种支持矢量和点阵图形的动画文件格式，被广泛应用于网页设计、动画制作等领域，它的普及程度很高，现在超过 99% 的网络使用者都可以读取 SWF 文件。

要想插入 SWF 格式的文件，可以在“插入”面板中，单击“媒体”下拉按钮，选择 SWF 格式，然后按照系统给出的提示信息进行设置，即可完成文件的插入。插入完成后，可以通过其“属性”面板进行修改，如图 2-31 所示。

图 2—31

SWF 格式文件的“属性”面板中部分设置选项含义如下。

- ID：为 SWF 文件指定唯一 ID。在“属性”面板最左侧的未标记文本框中输入 ID。从 Dreamweaver CS4 版本起，需要唯一 ID。
- 宽和高：以像素为单位指定影片的宽度和高度。
- 文件：指定 SWF 文件或 Shockwave 文件的路径，可以单击文件夹图标寻找某一文件或者输入路径。
- 背景颜色：指定影片区域的背景颜色。在不播放影片时（在加载时和在播放后）也显示此颜色。
- 编辑：启动 Flash 软件以更新 FLA 文件（使用 Flash 创作工具创建的文件）。如果计算机上没有安装 Flash 软件，则会禁用此选项。
- 类：对影片应用 CSS 类。
- 循环：使影片连续播放。如果没有选中该复选框，则影片只播放一次。
- 自动播放：在加载页面时自动播放影片。
- 垂直边距和水平边距：指定影片上、下、左、右空白的像素数。
- 品质：在影片播放期间控制抗失真。高品质设置可以改善影片的外观，但高品质设置的影片需要较快的处理器才能在屏幕上正确呈现；低品质设置会首先照顾显示速度，然后才考虑外观，而高品质设置首先照顾外观，然后才考虑显示速度；自动低品质设置会首先照顾显示速度，但会在可能的情况下改善外观；自动高品质设置在开始时会同时照顾显示速度和外观，但以后可能会根据需要牺牲外观以确保速度。
- 比例：确定影片如何匹配在“宽”和“高”文本框中设置的尺寸。“默认”设置为显示整个影片。

- 对齐：确定影片在页面上的对齐方式。
- Wmode：为 SWF 文件设置 Wmode 参数以避免与 DHTML 元素相冲突。默认值是“不透明”，这样在浏览器中，DHTML 元素就可以显示在 SWF 文件的上面。如果 SWF 文件设置有透明度，并且希望 DHTML 元素显示在它的后面，则选择“透明”选项。选择“窗口”选项可从代码中删除 Wmode 参数并允许 SWF 文件显示在其他 DHTML 元素的上面。
- 播放 / 停止：在文档窗口中播放 / 停止影片。
- 参数：打开一个对话框，可在其中输入传递给影片的附加参数。影片必须已经设计好，才可以接收这些附加参数。

2.4.2 FLV 格式文件

FLV 流媒体格式是随着 Flash MX 软件的推出发展而来的视频格式。由于 FLV 格式的文件极小、加载速度极快，使得通过网络观看视频文件成为可能。它的出现有效地解决了视频文件导入 Flash 后，生成的 SWF 文件体积庞大，不能在网络上很好地使用等缺点。

目前，各在线视频网站（如新浪播客、优酷、土豆等）均采用 FLV 视频格式。FLV 已经成为当前视频文件的主流格式。该格式不仅可以轻松地导入 Flash 中，并能起到版权保护的作用，同时还可以不通过本地的播放器播放视频。

在“插入”面板中，选择“常用”|“媒体”| FLV 选项，并根据系统提示的信息来设置，即可完成插入。

在 Dreamweaver CS6 中，FLV 格式文件有两种视频类型：一种是累进式下载视频；另一种是流视频。

1. 累进式下载视频

该视频类型是将 FLV 文件下载到站点访问者的硬盘上，然后进行播放，但是与传统的“下载并播放”视频的传送方法不同，累进式下载允许在下载完成之前播放视频文件。

下面介绍“累进式下载视频”的设置方法。选择“插入”|“媒体”|FLV 选项，打开“插入 FLV”对话框，如图 2-32 所示。选择“累进式下载视频”视频类型后，该对话框中的各部分选项说明如下。

- URL：指定 FLV 文件的相对路径或绝对路径。若要指定相对路径（例如 video/mymtv.flv），可单击“浏览”按钮，找到 FLV 文件并将其选定。若要指定绝对路径，则输入 FLV 文件的 URL（例如，http://www.tv888.com/mymtv.flv）。
- 外观：指定视频组件的外观。
- 宽度：以像素为单位指定 FLV 文件的宽度。若要让 Dreamweaver 确定 FLV 文件的准确宽度，可以单击“检测大小”按钮。如果 Dreamweaver 无法确定宽度，就必须输入宽度值。

- 高度：以像素为单位指定 FLV 文件的高度，其用法与宽度相同。
- 包括外观：FLV 文件的宽度和高度与所选外观的宽度和高度相加得出的和。
- 限制高宽比：保持视频组件的宽度和高度之间的比例不变。默认情况下会选中此复选框。
- 自动播放：指定在网页打开时是否播放视频。
- 自动重新播放：指定播放控件在视频播放完之后是否返回到起始位置。

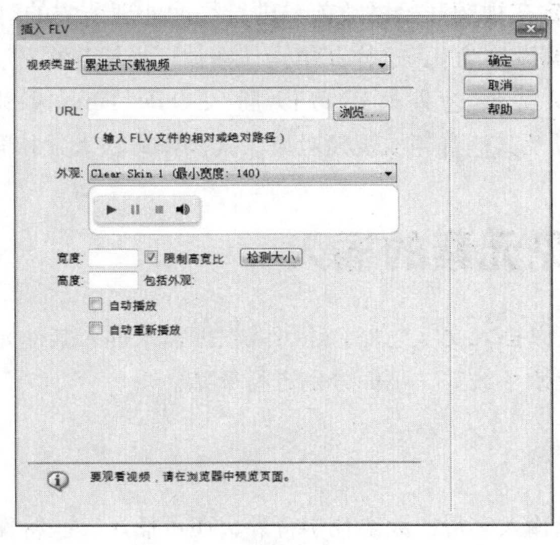

图 2—32

2. 流视频

该视频类型是对视频内容进行流式处理，并在可确保流畅播放的很短的缓冲时间后在网页上播放该内容，如图 2-33 所示。

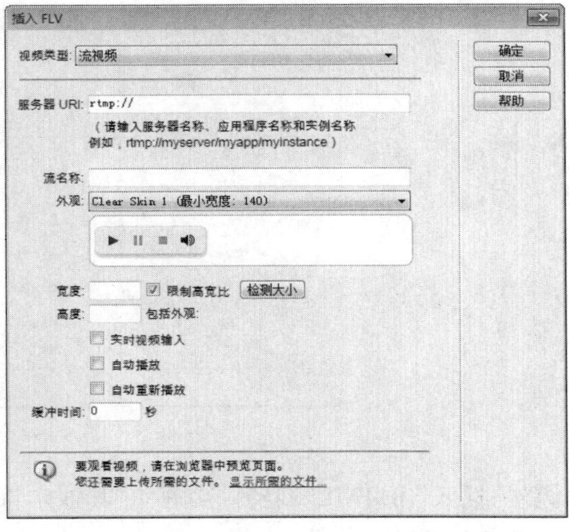

图 2—33

“流视频”视频类型对话框中的部分选项说明如下。

- 服务器 URI：指定服务器名称、应用程序名称和实例名称。
- 流名称：指定想要播放的 FLV 文件的名称。
- 实时视频输入：指定视频内容是否是实时的。
- 自动播放：指定在网页打开时是否播放视频。
- 自动重新播放：指定播放控件在视频播放完之后是否返回到起始位置。
- 缓冲时间：指定在视频开始播放前，进行缓冲处理所需的时间（以秒为单位）。默认的缓冲时间设置为 0，这样在单击“播放”按钮后视频会立即开始播放。

除了 SWF 和 FLV 文件之外，还可以插入 QuickTime 或 Shockwave 影片、Java applet、ActiveX 控件以及其他音频或视频对象，其操作方法大致相同，这里不再赘述。

2.5 其他常见元素的插入

在网页中，除了可以插入文字之外，还可以根据需求插入其他元素，例如特殊符号、日期和时间、注释以及水平线等，下面分别进行介绍。

2.5.1 插入特殊符号

在网页中除了可以输入字母、数字及字符外，还可插入一些特殊的符号，如商标符、版权符等。

首先将光标放置在插入的位置，在“插入”面板中，选择“文本”|“字符”|“其他字符”选项，如图 2-34 所示。随后在打开的“插入其他字符”对话框中，选择所需的字符符号，单击“确定”按钮即可完成插入，如图 2-35 所示。

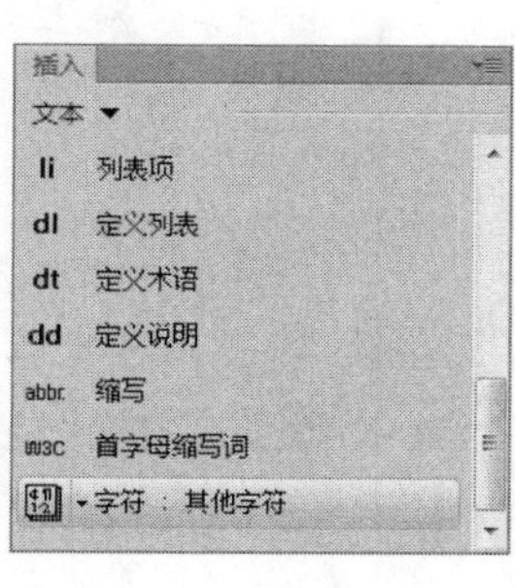

图 2-34

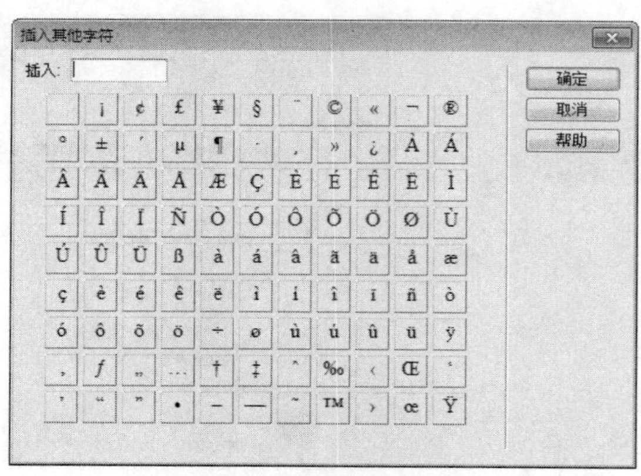

图 2-35

同样，执行菜单栏中的“插入”|HTML|“特殊字符”|“其他字符”命令，也可打开“插入其他字符”对话框来进行插入设置。

2.5.2 插入日期和时间

若想在网页中插入相关日期和时间，只需将光标放置在所需位置，在“插入”面板中，执行“常用”|“日期”命令，如图 2-36 所示。在打开的“插入日期”对话框中，对日期和时间的格式进行设置，然后单击“确定”按钮，即可添加完成，如图 2-37 所示。

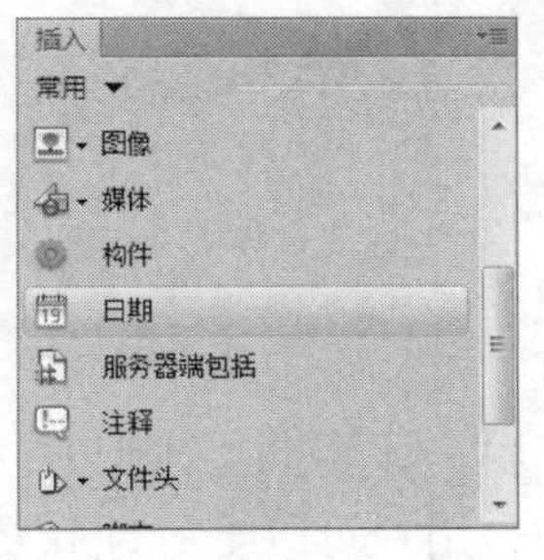

图 2—36

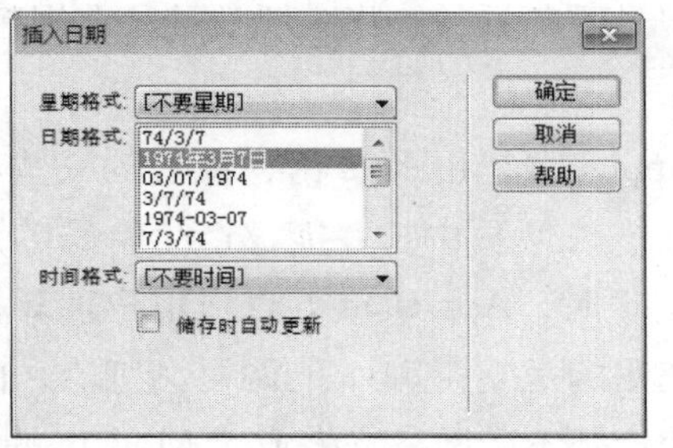

图 2—37

2.5.3 插入注释

插入注释可以方便源代码编写者事后对代码进行管理和维护，特别是在代码过长的情况下。恰当的注释有助于理解源代码，但注释不会显示在浏览器中。具体的操作方法为：将光标放置在需要注释的位置，在“插入”面板中，执行“常用”|“注释”命令，打开“注释”对话框（如图 2-38 所示），在该对话框中输入注释内容，例如“客户服务页面”，输入完毕后，单击“确定”按钮。

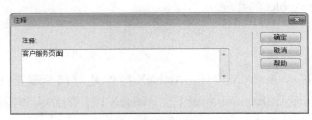

图 2—38

在弹出的提示框中（如图 2-39 所示）单击“确定”按钮，此时在“拆分”视图中“代码”部分的相应位置将显示 <!-- 首页显示 -->，而“设计”部分则没有变化。

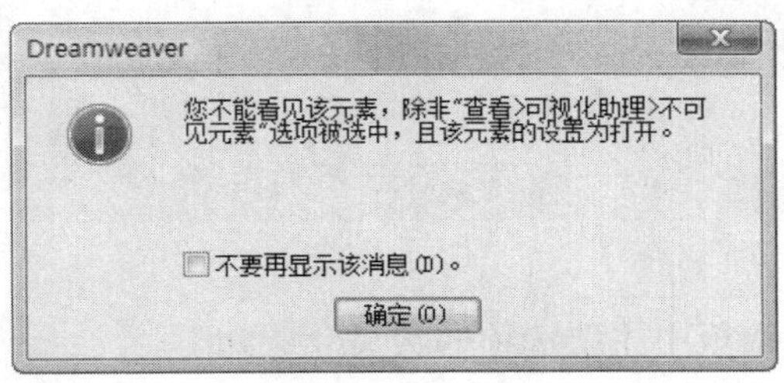

图 2—39

2.5.4 插入水平线

在网页中插入水平线有助于区分文章标题和正文，插入水平线的方法也很简单。在“插入”面板中执行“常用”|“水平线”命令即可，如图 2-40 所示。

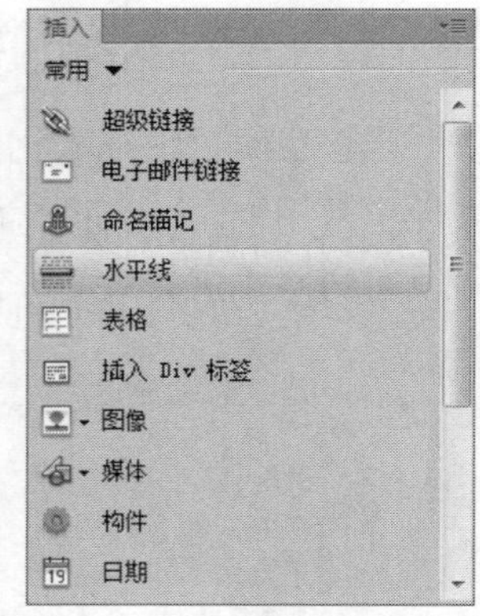

图 2—40

2.5.5 插入 Java Applet 代码

Java Applet 就是用 Java 语言编写的一些小应用程序，它们可以直接嵌入网页中，并能够产生特殊的效果。当用户浏览这样的网页时，Applet 将下载到用户计算机上执行，但前提是用户使用的是支持 Java 的网页浏览器。由于 Applet 是在用户计算机上执行的，因此它的执行速度是不受网络宽带或者 Modem 的存取速度限制的，用户可以更好地欣赏网页上 Applet 产生的多媒体效果。

插入 Applet 将使用 <applet> 标签，实例代码如下。

```
<applet code="study.class" alt="介绍" width="419" height="201">
</applet>
```

代码中的内容介绍如下。

- code：同 Dreamweaver“属性”面板中的“代码”，表示 Applet 代码的路径和名称。
- alt：同 Dreamweaver“属性”面板中的“替代”，表示替换文字。
- width：表示 Applet 的宽度。
- height：表示 Applet 的高度。

2.5.6 插入 ActiveX 控件

可以在页面中插入 ActiveX 控件。ActiveX 控件是对浏览器能力的扩展，其仅在 Windows 系统上的 Internet Explorer 中运行。ActiveX 控件的作用和插件相同，它可以在不发布浏览器新版本的情况下扩展浏览器的能力。

将插入点置于网页中要插入 ActiveX 的位置，执行“插入”|“媒体”| ActiveX 命令，在网页中插入 ActiveX。选中该 ActiveX，打开“属性”面板设置相关属性，如图 2-41 所示。

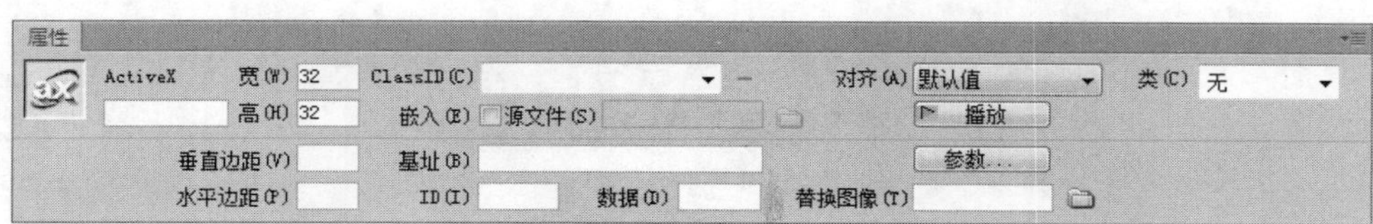

图 2—41

ActiveX 的“属性”面板中主要选项的含义介绍如下。

- 名称：指定用来标识 ActiveX 对象以进行脚本撰写的名称。
- 宽和高：以像素为单位指定对象的宽度和高度。

- ClassID：为浏览器标识ActiveX控件，可以输入一个值或从下拉列表中选择一个值。在加载页面时，浏览器使用该ID来确定与该页面关联的ActiveX控件所需的位置。
- 嵌入：为ActiveX控件在object标签内添加embed标签。
- 对齐：确定对象在页面上的对齐方式。
- 参数：在打开的对话框中可以输入传递给ActiveX对象的附加参数。
- 播放：单击该按钮可以观察ActiveX控件的播放效果，同时该“播放”按钮变成“停止”按钮。单击“停止”按钮，则停止ActiveX控件的预览。
- 源文件：如果启用“嵌入”选项，则设置用于Netscape Navigator插件的数据文件。
- 垂直边距和水平边距：以像素为单位指定对象上、下、左、右的空白量。
- 基址：指定包含该ActiveX控件的URL。
- 替换图像：指定在浏览器不支持object标签的情况下显示的图像。只有取消勾选“嵌入”复选框后，此选项才可用。
- 数据：为要加载的ActiveX控件指定数据文件。

2.6 页面属性的设置

在“属性”面板中单击“页面属性”按钮，即可打开“页面属性”对话框，在该对话框中有6种属性，包括外观（CSS）、外观（HTML）、链接（CSS）、标题（CSS）、标题/编码和跟踪图像，下面分别进行介绍。

2.6.1 外观（CSS）

通过“外观（CSS）”属性界面，可以设置页面字体、大小、颜色、页边距等，如图2-42所示。

“外观（CSS）”属性界面中的部分选项说明如下。

- 页面字体：选择页面中的默认文本字体，单击该选项的下拉按钮，可以在下拉列表中选择其他字体，并设置字体样式（如“黑体”和“倾斜”）。
- 大小：选择或输入页面中文本的字号，并选择数值单位。
- 文本颜色：设置网页文本的颜色。
- 背景颜色：设置网页的背景颜色。一般情况下，背景颜色都设置成白色。
- 背景图像：给网页添加背景图像。
- 重复：在使用图像作背景时，设置背景图像的重复方式。选项包括“不重复”“重复”“x向重复”和“y向重复”四种，可以根据需求进行选择。
- 左边距：设置网页左边空白的宽度。
- 上边距：设置网页顶部空白的高度。
- 右边距：设置网页右边空白的宽度。

- 下边距：设置网页底部空白的高度。

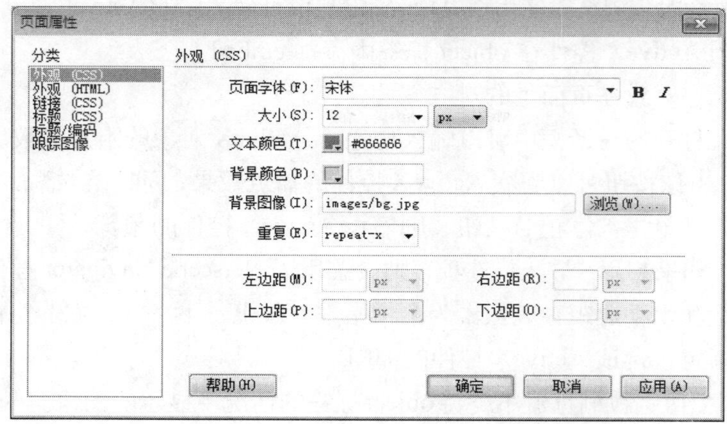

图 2—42

2.6.2 外观（HTML）

通过“外观（HTML）”属性界面，可以设置背景图像、背景颜色、已访问链接、链接、活动链接、页边距等信息，其选项说明与“外观（CSS）”属性界面类似，在此不再重复，如图 2-43 所示。

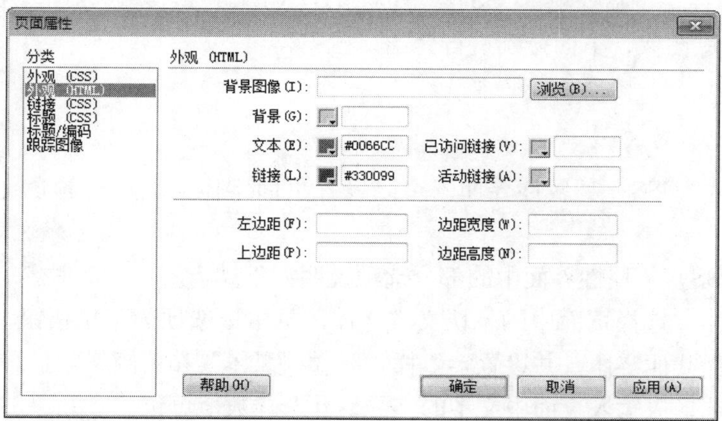

图 2—43

2.6.3 链接（CSS）

“链接（CSS）”属性界面主要是进行与页面链接效果相关的各种设置，针对链接文字字体、大小、颜色和样式属性进行设置，如图 2-44 所示。

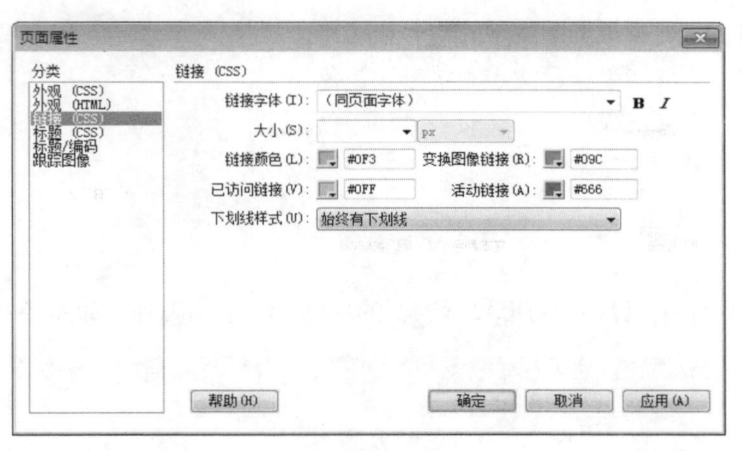

图 2-44

“链接（CSS）”界面中的部分选项说明如下。

- 链接字体：选择页面超链接文本在默认状态下的字体。
- 大小：选择超链接文本的字体大小。
- 链接颜色：设置网页中超链接的颜色。
- 变换图像链接：设置当鼠标指针移动到超链接文字上方时，超链接显示的颜色。
- 已访问链接：设置访问过的超链接显示的颜色。
- 活动链接：设置激活的超链接显示的颜色。
- 下划线样式：选择网页中当鼠标指针移动到超链接文字上方时，采用的下划线。

2.6.4 标题（CSS）

“标题（CSS）”属性界面主要是设置一些和标题相关的属性，如图 2-45 所示。

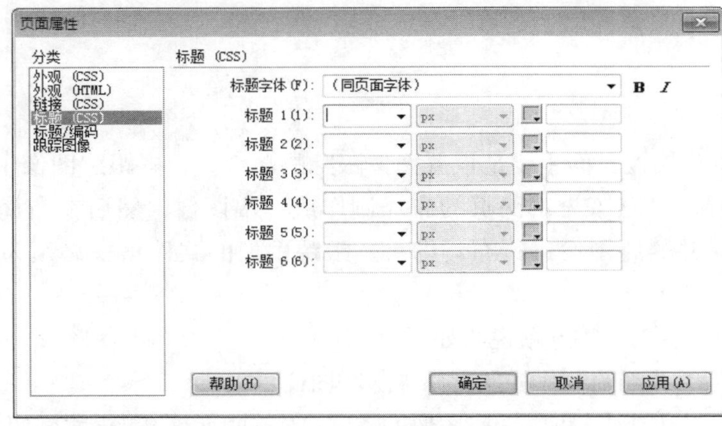

图 2-45

“标题（CSS）”界面中的部分选项说明如下。

- 标题字体：定义标题文字的字体。

- 标题 1：定义一级标题文字的字号和颜色。
- 标题 2：定义二级标题文字的字号和颜色。
- 标题 3：定义三级标题文字的字号和颜色。

其他选项说明，以此类推。

2.6.5 标题 / 编码

在“标题 / 编码”界面中可以设置网页的标题、文字编码等，如图 2-46 所示。

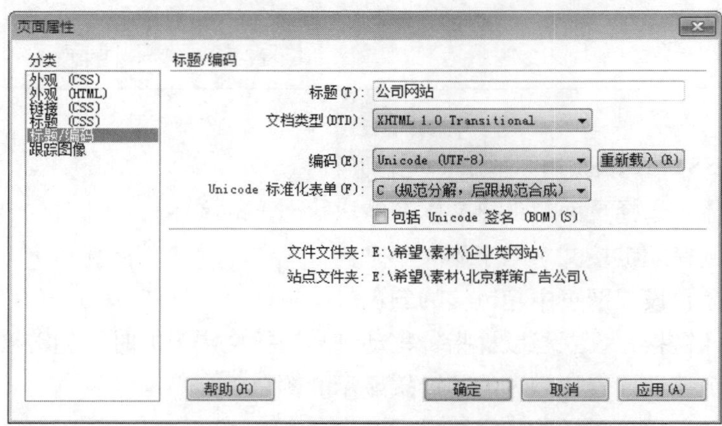

图 2—46

“标题 / 编码”界面中的选项说明如下。

- 标题：可以设置网页的标题。
- 文档类型：可以选择文档的类型。
- 编码：可以选择网页的文字编码。
- 重新载入：装载新的文字编码。

2.6.6 跟踪图像

“跟踪图像”属性界面主要是设置图像跟踪的属性。设置跟踪图像主要是为了方便网页的布局设置。可以事先将网页的布局制作成一幅图像，然后在布局时将该图像设置为跟踪图像，并照此图像进行布局即可。跟踪图像的文件格式必须为 JPEG、GIF 或 PNG，如图 2-47 所示。

“跟踪图像”界面中的选项说明如下。

- 跟踪图像：为当前制作的网页添加跟踪图像。
- 透明度：拖动滑块，可以调整图像的透明度。透明度越高，跟踪图像显示得越明显；透明度越低，跟踪图像显示得越不明显。

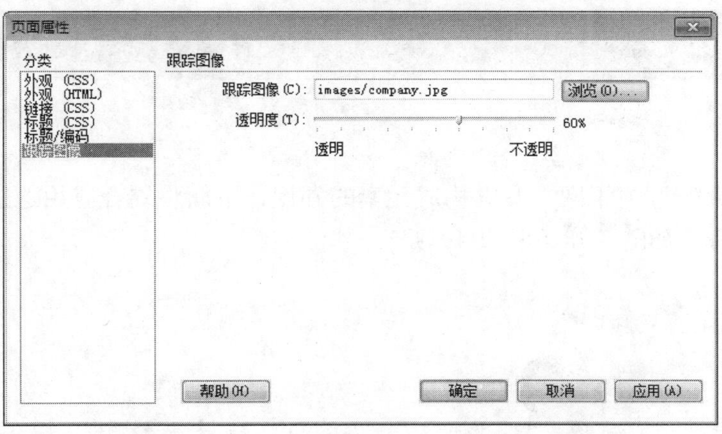
页面属性
分类
外观 (CSS)
外观 (HTML)
链接 (CSS)
标题 (CSS)
标题/编码
跟踪图像
跟踪图像
跟踪图像(C): images/company.jpg
浏览(B)...
透明度(T):
60%
透明
不透明
帮助(H)
确定
取消
应用(A)

图 2-47

【自己练】

1. 制作个人网页

前面已经介绍过关于网页基本构成元素的知识，下面将综合应用这些知识制作一个精美的个人网页，如图 2-48 和图 2-49 所示。

图 2—48

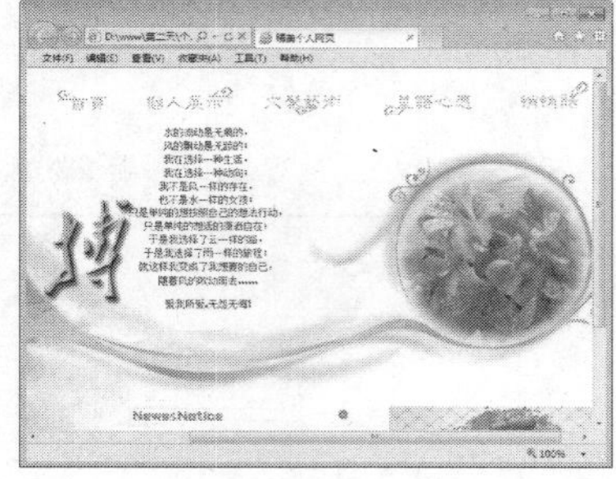

图 2—49

操作提示

STEP 01 新建网页文档，设置标题名称，随后在“页面属性”对话框中设置参数。

STEP 02 创建表格并输入相应的内容。

STEP 03 插入图片并进行编辑，最后预览效果。

2. 在网页中插入 Flash 对象

Flash 动画是网页上最流行的动画格式，被大量应用于网页制作中，如图 2-50 和图 2-51 所示。

图 2—50

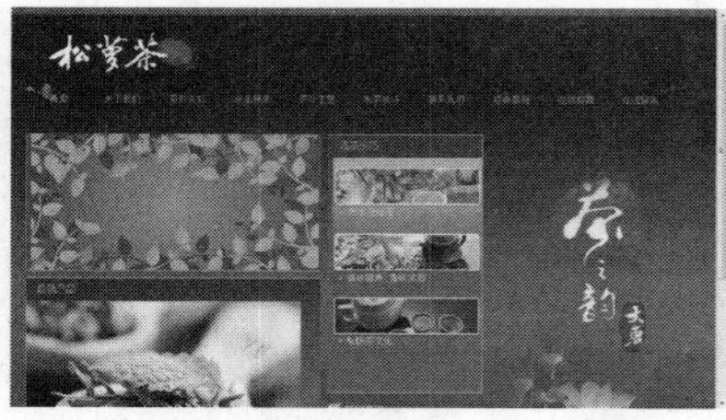

图 2—51

操作提示

STEP 01 将插入点放置在要插入 Flash 动画的位置，执行“插入”|“媒体”|SWF 命令。

STEP 02 在对话框中选择要插入的文件，单击“确定”按钮。

STEP 03 保存网页，按 F12 键在浏览器中预览。

第 3 章

制作网页超链接
——超级链接应用详解

本章概述：

超级链接是指页面中的文本、图像或其他 HTML 元素与其他资源之间的链接。链接的载体可以是文本，也可以是图像甚至表格等元素。网页中的链接可以分为内部链接、外部链接、文本超链接、电子邮件超链接、图像超链接、锚点超链接等。本章将对超级链接的创建与管理等知识进行讲解。

要点难点：

认识超级链接 ★☆☆
超级链接的创建 ★★☆
超级链接的应用 ★★☆
超级链接的管理 ★★★

案例预览：

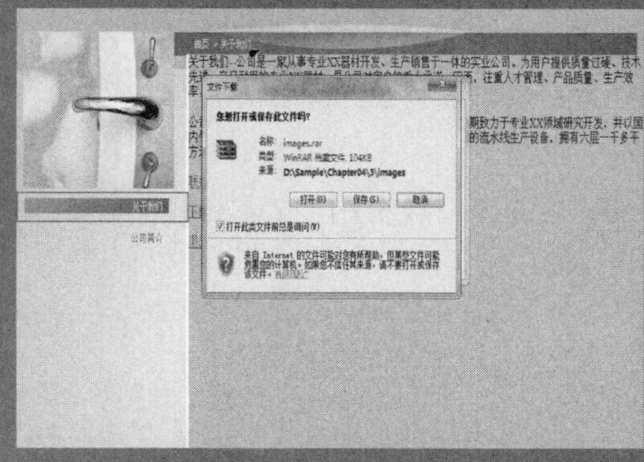

下载链接的创建

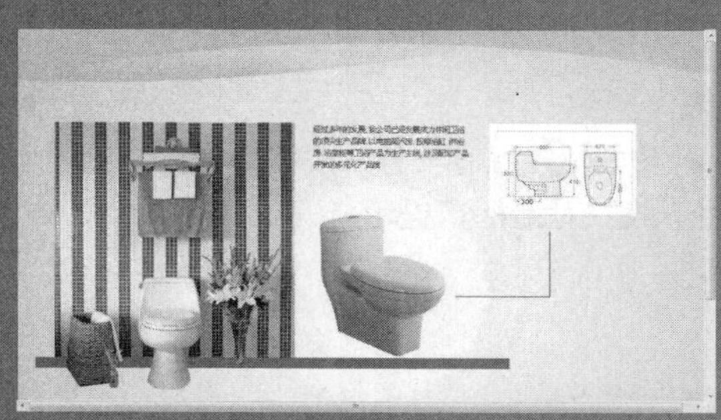

图像链接的设置

【跟我学】创建网页下载链接

作品描述

下载文件是每个上网者几乎都要用到的操作，当单击某张图片或一段文字时，就会弹出“文件下载”对话框，读者可以参照下面的例子了解下载链接的创建方法。

制作过程

STEP 01 启动Dreamweaver，打开原始网页文档，选中其中的“下载资料”文本，如图3-1所示。

STEP 02 打开“属性”面板，单击“链接”下拉列表框右边的“浏览文件”按钮，在弹出的“选择文件”对话框中选择相应的文件，如图3-2所示，单击“确定”按钮。

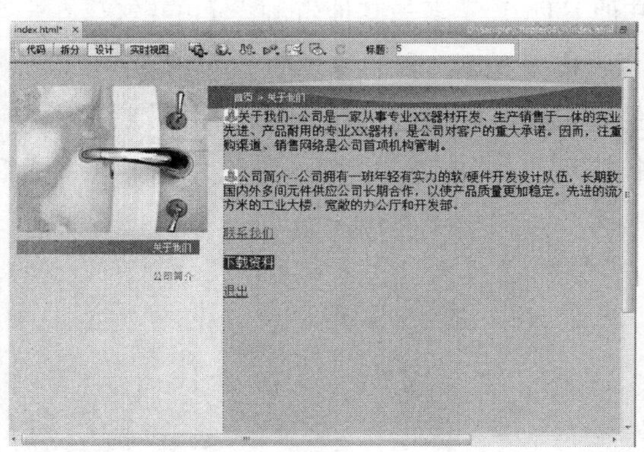

图 3—1

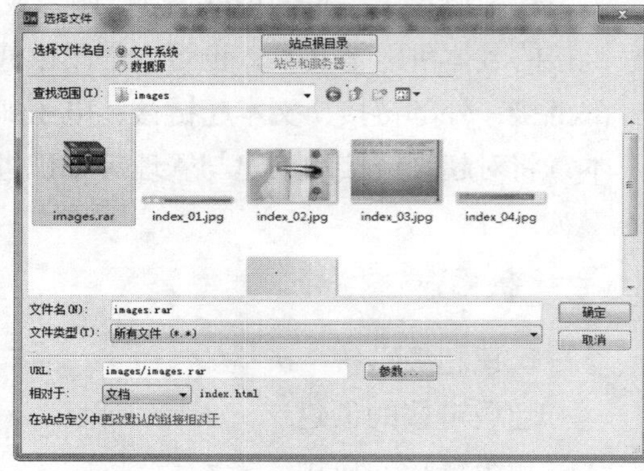

图 3—2

STEP 03 在“属性”面板的“目标”下拉列表框中选择 _blank 选项，如图3-3所示。

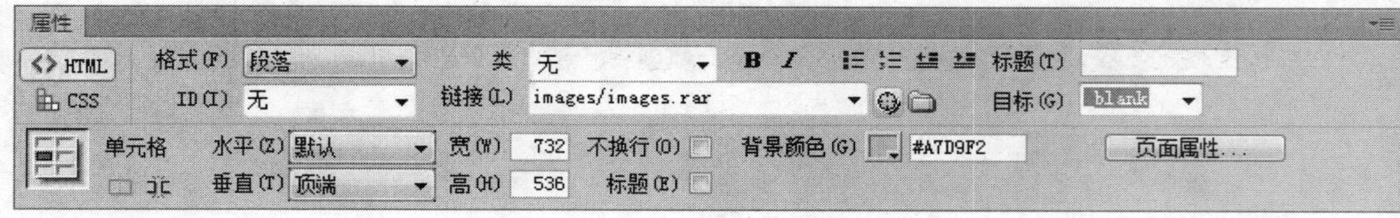

图 3—3

STEP 04 保存文件，按F12键在浏览器中预览。单击“下载资料”文本链接将弹出“文件下载”对话框，提示打开或保存文件，如图3-4所示。

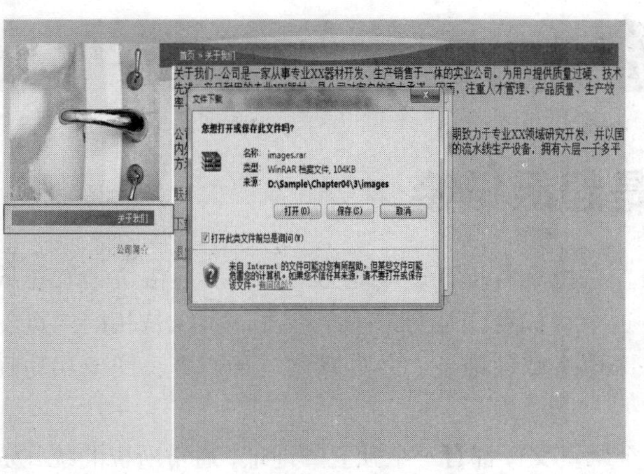

图 3-4

不过，并不是所有的文件类型都能提供下载链接服务，不能提供下载链接服务的常见类型有 .EXE、RAR、ZIP、.ISO 以及一些媒体类型的文件等。

【听我讲】

3.1 什么是超级链接

所谓超级链接，是指具有相互连接能力的操作。通俗讲，它是从一个网页指向其他目标的连接关系，这个目标可以是另外一个网页，可以是相同网页上的不同位置，还可以是一张图片、一个电子邮件地址、各种媒体（如声音、图像和动画）以及一个应用程序等。

网站中的每一个网页文件都有一个独立的地址，通常所说的统一资源定位器（Uniform Resource Locator，URL）指的是每个网站的独立地址，该网站下的所有网页都属于该地址，在创建网页的过程中完全没有必要为每一个链接输入完整的地址，而只要确定当前文件与站点根目录之间的相对路径即可。网站中的超级链接的链接路径可以分为两种：一种是绝对路径，另一种是相对路径。

1．绝对路径

绝对路径是指网站主页上的文件或目录存储在硬盘上的真正路径。如果某一张图片存放在D:\Image\pic\ 目录下，那么D:\Image\pic\ 就是图片的绝对路径。若存放的是网站的首页，还可以使用完整的URL地址进行查看，如 http://www.lxbook.net/index.html。再以 DOS 操作系统为例来进行说明，假如在 c:\windows\fonts 目录下，现在要转换到 c:\windows 目录，那么可以用绝对路径命令：cd c:\windows，也可以用绝对路径的相对表示命令：cd..。

2．相对路径

相对路径则是指由这个文件所在的路径引起的跟其他文件（或文件夹）的路径关系，该路径适合于网站的内部链接。举例如下：index.html 文件的路径是 http://www.lxbook.net/file/game/index.html，则表示 index.html 文件在 game 目录下。使用相对路径时，如果网站中某个文件的位置发生变化，Dreamweaver 将会提示自动更新链接。

3．站点根目录相对路径

这里的相对路径是相对于站点根目录的，在这种路径表达方式中，所有的路径都是从根目录开始的，与源端点的位置无关。通常用一个“\”表示根目录，所有基于根目录的路径都从斜线开始。

知识点拨

根路径也适用于创建网站内容链接，但不太常用，根路径以“\”开始，然后是根目录下的目录名，如“\xzbook\index.htm”，但一般情况下不建议使用该路径形式。根路径只能由服务器来解释，所以若在本地计算机上打开一个带有根路径链接的网页，则上面的所有链接都将是无效的。

3.2 超级链接的创建

Dreamweaver CS6 提供了多种创建链接的方法，可以为文本、图像、多媒体文件或可下载软件等创建链接，下面我们就来具体学习。

3.2.1 创建文本链接

浏览网页时，鼠标指针经过某些文本时，指针会发生变化，同时文本也可能发生相应的变化，这就是带链接的文本，单击它可以打开所链接的网页。

创建文本超级链接有以下几种方法。

方法 1：选择要创建链接的文本内容“公司简介”，在“属性”面板中的“链接”下拉列表框中输入要链接到的文件，如图 3-5 所示。

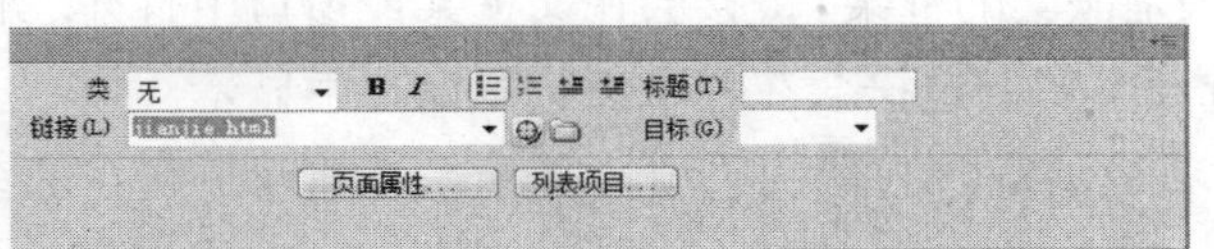

图 3—5

方法 2：选择要链接的文本内容，单击“属性”面板中“链接”右侧的“浏览文件”按钮，在弹出的“选择文件”对话框中选择要链接到的文件，如图 3-6 所示。

图 3—6

方法 3：选中文本，单击鼠标右键，在弹出的快捷菜单中选择“创建链接”命令。

方法 4：选中文本，执行“插入”|“创建超级链接”命令，在弹出的“超级链接”对话框中进行设置，如图 3-7 所示。

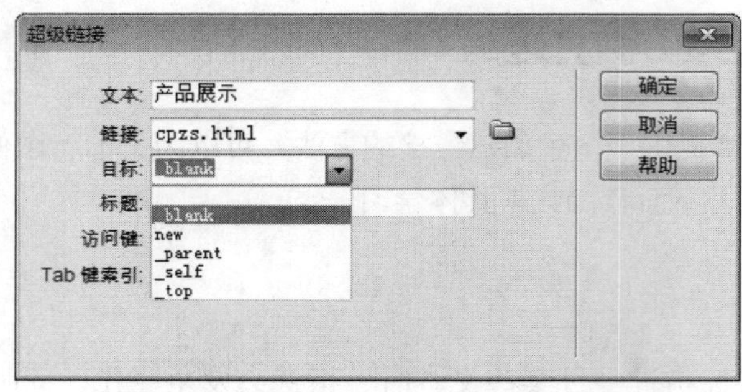

图 3-7

在“超级链接”对话框中的“目标”下拉列表中有 5 个选项，含义分别如下。

- _blank：在一个新的未命名的浏览器窗口中打开链接的网页。
- new：始终在同一个新窗口中打开。
- _parent：如果是嵌套的框架，链接会在父框架或窗口中打开；如果不是嵌套的框架，则同 _top 选项类似，链接会在整个浏览器窗口中显示。
- _self：该选项是浏览器的默认选项，表示在当前网页所在的窗口或框架中打开链接的网页。
- _top：在完整的浏览器窗口中打开。

3.2.2 创建空链接

有些客户端行为，需要由超链接调用，这时就要用到空链接了。空链接是一种无指向的超链接。使用空链接后的对象可以附加行为，一旦用户创建了空链接，就可以为之附加所需要的行为。例如，当鼠标指针经过该链接时，执行交换图像或者显示、隐藏某个层的操作。

创建空链接的方法是：选择网页中的某一幅图像，在“属性”面板的“链接”下拉列表框中输入“#”或“javaScript:;”，如图 3-8 所示。

图 3-8

3.2.3 制作锚点链接

锚点链接是指链接到同一页面中不同位置的链接。例如，在一个很长的页面底部设置一个锚点，单击后可以跳转到页面顶部，这样就避免了上下滚动的麻烦，可以通过链接更快速地浏览具体内容。创建锚点的具体操作方法如下。

STEP 01 将插入点置于要创建锚点的位置，执行“插入”|“命名锚记”命令，在弹出

的“命名锚记”对话框中输入锚记名称，如图 3-9 所示。

图 3—9

STEP 02 输入锚记名称后，单击“确定”按钮，即可在网页文档中插入命名锚记，如图 3-10 所示。

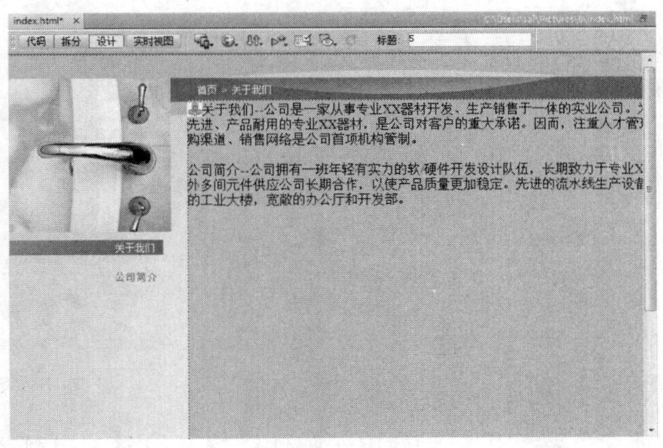

图 3—10

在网页文档中制作链接锚点的方法：首先在编辑窗口中插入并选中要链接到的锚点文字或其他对象，然后在“属性”面板的“链接”下拉列表框中输入“#guanyu”，如图 3-11 所示。

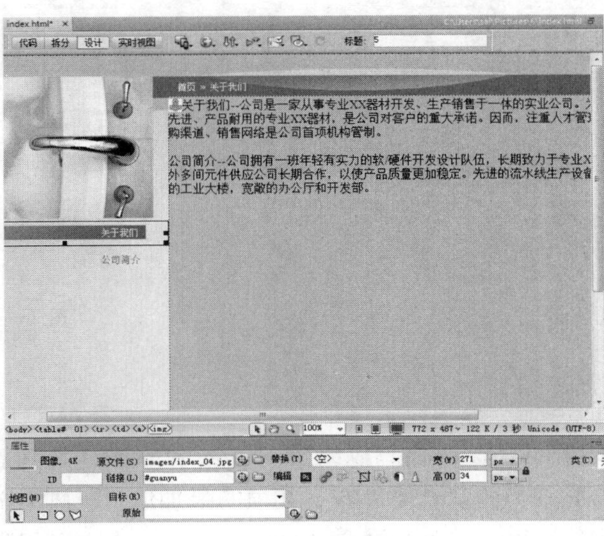

图 3—11

如果要链接的目标锚点位于其他文件中，需要输入该文件的 URL 地址和名称，然后输入“#”，再输入锚点名称。

3.2.4 创建 E-mail 链接

电子邮件地址作为超链接的链接目标，与其他链接目标不同，当用户在浏览器中单击指向电子邮件地址的超链接时，将会打开默认邮件管理器的新邮件窗口。创建 E-mail 链接的操作如下。

STEP 01 打开网页文档，将插入点置于要创建 E-mail 链接的位置，然后执行“插入”|“电子邮件链接”命令，弹出“电子邮件链接”对话框，如图 3-12 所示。

STEP 02 在“文本”文本框中输入“联系我们”，在“电子邮件”文本框中输入“lianxiwomen@163.com”，如图 3-13 所示。

图 3—12

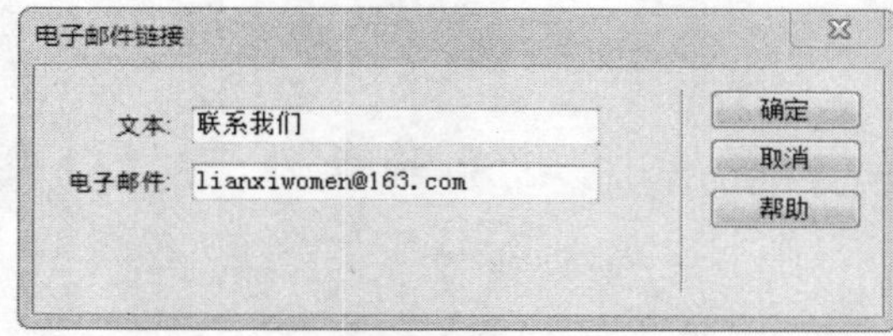

图 3—13

STEP 03 单击“确定”按钮即可创建电子邮件链接，如图 3-14 所示。

STEP 04 保存文档，按 F12 键在浏览器中预览。单击“联系我们”文本链接将会弹出新邮件窗口，如图 3-15 所示。

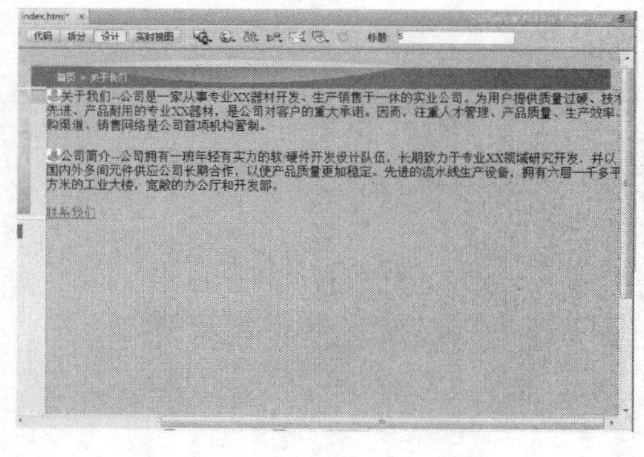

图 3—14

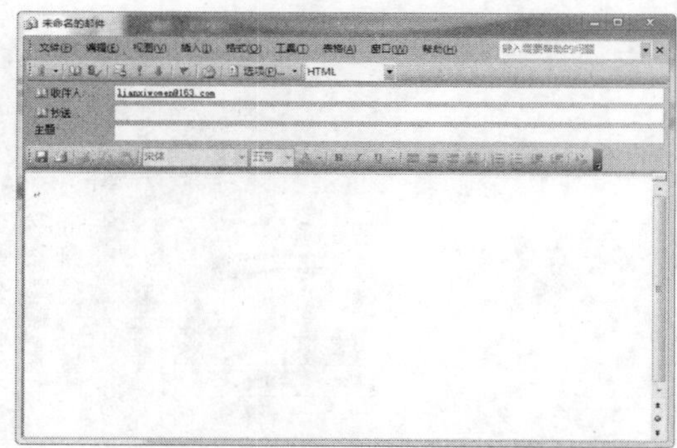

图 3—15

3.2.5 创建脚本链接

脚本链接用于执行 JavaScript 代码或调用 JavaScript 函数。该功能非常有用，能够在不离开当前网页的情况下为浏览者提供有关某项的附加信息。脚本链接还可用于在浏览者单击特定项时，执行计算、表单验证和其他处理任务。下面利用脚本链接创建关闭网页的效果。

STEP 01 打开要创建脚本链接的网页文档，在该文档中输入文本“退出”后再选中该文本，如图 3-16 所示。

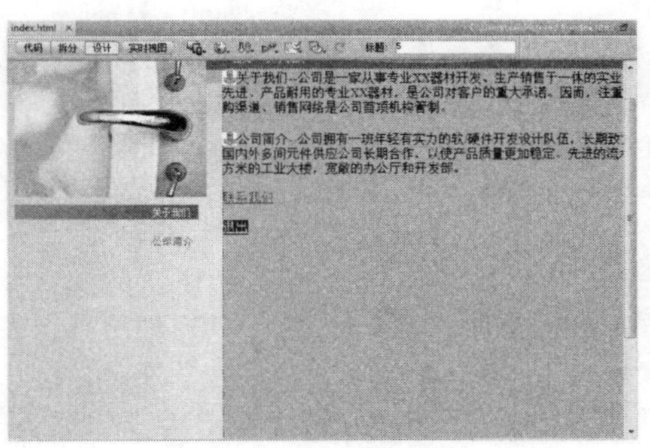

图 3—16

STEP 02 在“属性”面板的“链接”下拉列表框中输入“javascript:window.close()”，该脚本表示可以将窗口退出，如图 3-17 所示。

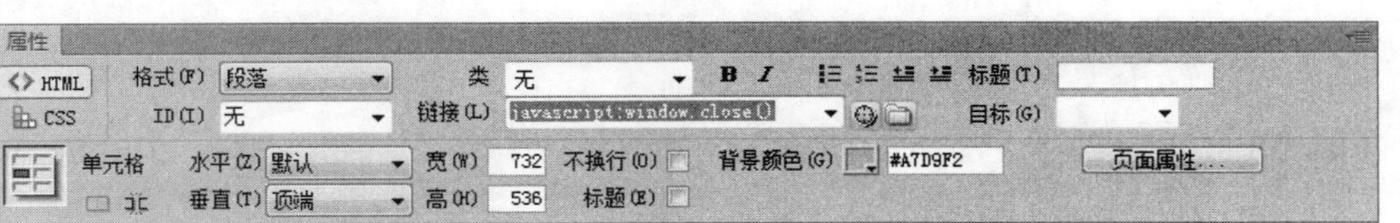

图 3—17

STEP 03 执行“文件”|“保存”命令，按 F12 键在浏览器中预览。单击“退出”文本链接，将会自动弹出一个提示对话框，提示询问是否关闭窗口。单击“是”按钮，即可退出窗口。

3.3 在图像中应用链接

图像链接和文本链接一样，都是网页中基本的链接。创建图像链接是在“属性”面板的“链接”下拉列表框中完成的，在浏览器中当鼠标指针经过该图像时会出现提示。

3.3.1 图像链接

在 Dreamweaver 中，超链接的应用范围很广泛，利用它不仅可以链接到其他网页，还可以链接到其他图像文件。给图像添加超链接，使其指向其他的图像文件，这就是图像链接，具体操作步骤如下。

STEP 01 打开文档选中图像，在“属性”面板中单击“链接”下拉列表框右侧的“浏览文件”按钮，如图 3-18 所示。

STEP 02 在弹出的“选择文件”对话框中选择“gongsijieshao.html”，如图 3-19 所示。

STEP 03 单击“确定”按钮，即可创建图像链接，在“属性”面板的“链接”下拉列表框中可以看到链接，如图 3-20 所示。

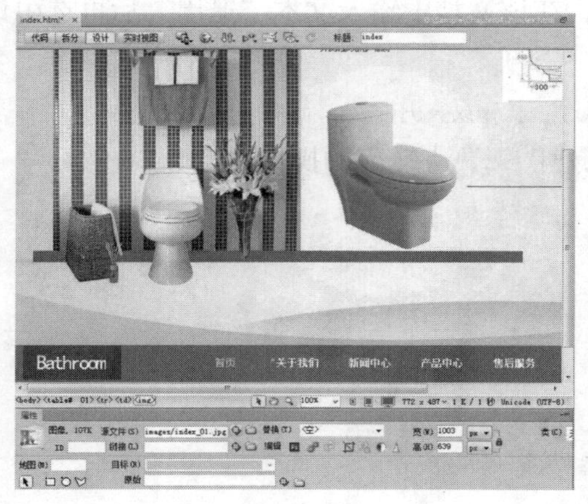

图 3-18

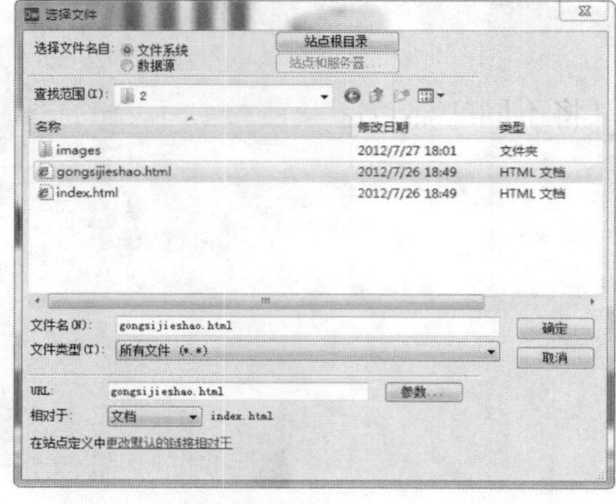

图 3-19

STEP 04 保存文件，在浏览器中单击图片，就会跳转到相应的页面，如图 3-21 所示。

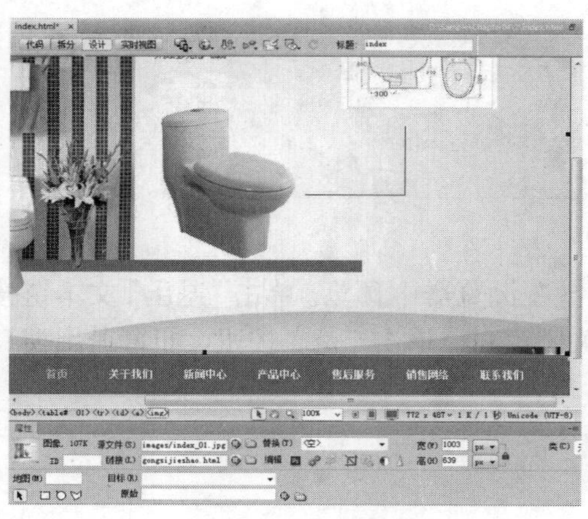

图 3-20

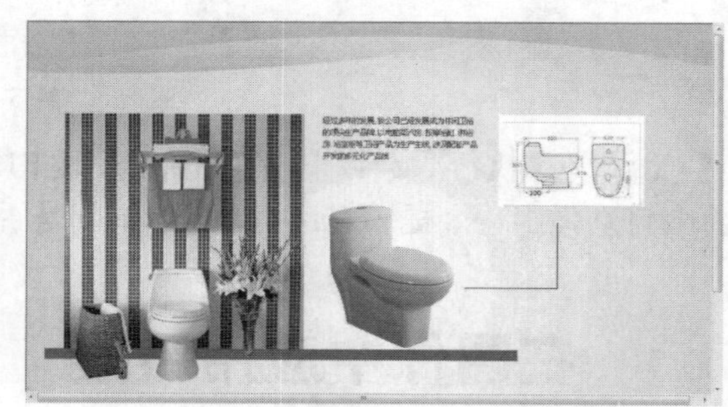

图 3-21

3.3.2 图像热点链接

在图形上插入热点后，该图形将会导出图像映射，使其可以在 Web 浏览器中发挥作用。导出图像映射时，将生成包含有关热点及相应 URL 链接的映射信息的图形和 HTML。

通过图像映射功能，可以在图像的特定部分建立链接。图像映射是将整张图片作为链接的载体，将图片的整个部分或某一部分设置为链接。热点链接的原理就是利用 HTML 语言在图片上定义一定形状的区域，然后给这些区域加上链接，这些区域被称为热点。

常见热点工具包括如下几种。

- 矩形热点工具：单击“属性”面板中的“矩形热点工具”按钮，然后在图像上拖动鼠标左键，即可勾勒出矩形热区。
- 圆形热点工具：单击“属性”面板中的“圆形热点工具”按钮，然后在图像上拖动鼠标左键，即可勾勒出圆形热区。

- 多边形热点工具：单击“属性”面板中的“多边形热点工具”按钮，在图像上多边形的每个端点位置单击鼠标左键，即可勾勒出多边形热区。

图像的热点链接可以将一幅图像分割为若干个区域，并将这些区域设置成热点区域，可以将不同的热点区域链接到不同的页面，创建图像热点链接的操作如下。

STEP 01 打开网页文档，选中要添加图像热点链接的图像文件，如图 3-22 所示。

STEP 02 执行“窗口”|“属性”命令，打开“属性”面板，在“属性”面板中选择矩形热点工具。将鼠标指针移至图像上，在图像上绘制一块矩形热区，并在“属性”面板中输入链接，如图 3-23 所示。

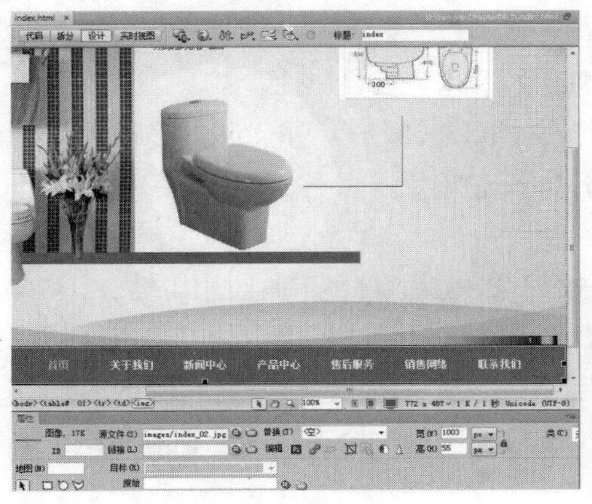

图 3-22

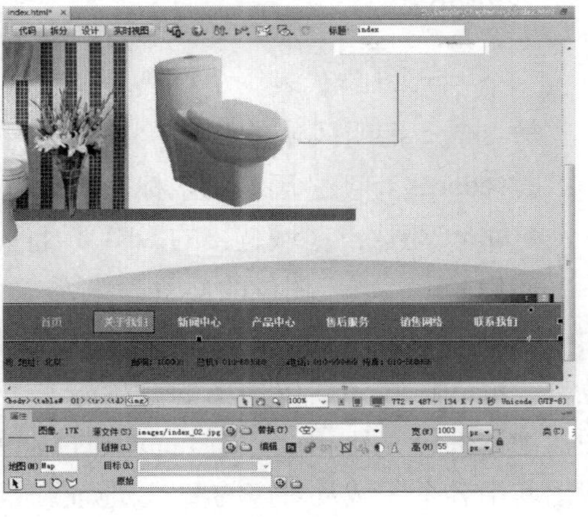

图 3-23

STEP 03 用同样的方法绘制更多的热区，并链接到相应的文件，如图 3-24 所示。

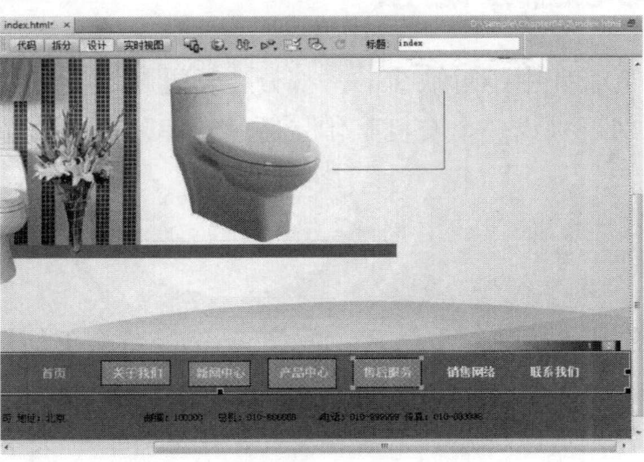

图 3-24

知识点拨

创建图像热点链接对应的 HTML 代码如下。

```
<map name="Map">
  <area shape="rect" coords="355,11,440,43" href="gongsijieshao.html">
  <area shape="rect" coords="462,12,538,45" href="#">
  <area shape="rect" coords="559,9,643,48" href="#">
  <area shape="rect" coords="663,9,747,47" href="#">
</map>
```

一个 <area> 就代表一个“热点区域”，它拥有如下几个重要属性。

- shape 指明区域的形状，如 rect（矩形）、circle（圆形）和 poly（多边形）。而 coords 指明各区域的坐标，表示方式与 shape 值有关。
- href 为热点区域链接的 URL 地址。

使用 <img src=" 图像的 URL"> 标签插入一幅图像，之后在此基础上画出“热点区域”。由于在 HTML 语言的代码状态下无法观察到图像，因此就无法精确定位“热点区域”的位置。map 标签为图像地图的起始标签，说明 <map> 至 </map> 标签之间的内容均属于图像地图部分，且 map 还有 name 属性，可以给图像地图起一个名字，以便利用这个名字找出其中各个区域及对应的 URL 地址。

3.4 管理网页超级链接

管理超链接是网页管理中不可缺少的一部分，通过超链接可以使各个网页链接在一起，使网站中众多的网页构成一个有机整体。通过管理网页中的超链接，可以对网页进行相应的管理。

3.4.1 自动更新链接

当在本地站点内移动或重命名文档时，Dreamweaver 都会更新指向该文档的链接。当将整个站点存储在本地硬盘上时，此项功能将最适合用于 Dreamweaver。

为了加快更新过程，可以创建一个缓存文件，用来存储有关本地文件夹中所有链接的信息。在添加、更改或删除指向本地站点上的文件的链接时，该缓存文件以可见的方式进行更新。

自动更新链接的具体操作步骤如下。

STEP 01 启动 Dreamweaver 软件，执行“编辑”|“首选参数”命令，打开“首选参数”对话框。在左侧的“分类”列表框中选择“常规”选项，在“文档选项”选项组下的“移

动文件时更新链接”下拉列表框中选择“总是”或“提示”，如图 3-25 所示。

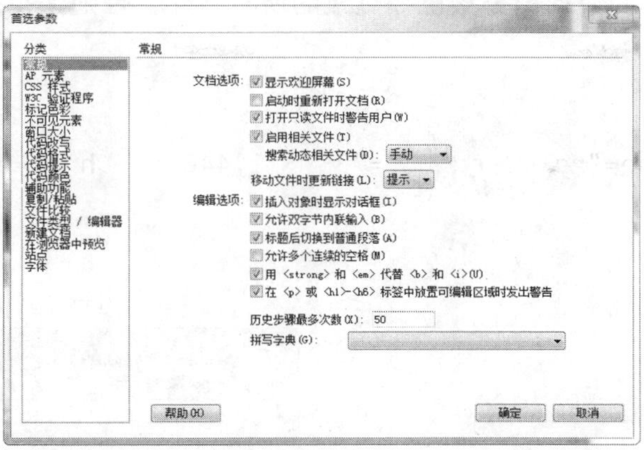

图 3-25

STEP 02 若选择“总是”，则每当移动或重命名选定的文档时，Dreamweaver 将自动更新起自和指向该文档的所有链接。如果选择“提示”选项，在移动文档时，Dreamweaver 将显示一个对话框提示是否进行更新，在该对话框中会列出此更改影响到的所有文件。单击“更新”按钮将更新这些文件中的链接，如图 3-26 所示。

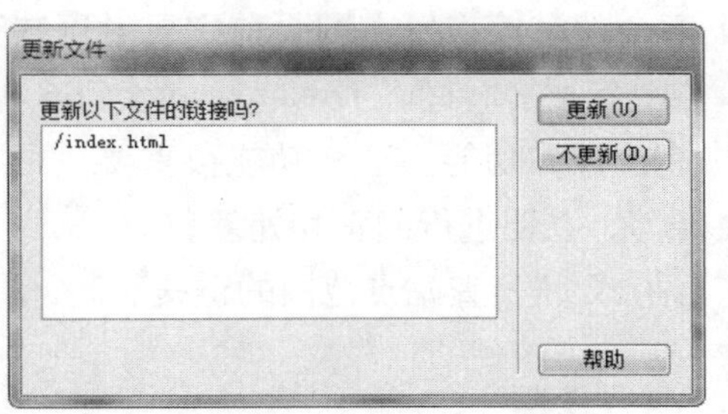

图 3-26

3.4.2 在站点范围内更改链接

除了可以每次移动或重命名文件时让 Dreamweaver 自动更新链接外，还可以在站点范围内更改所有链接，具体操作步骤如下。

STEP 01 打开创建的站点地图，选中一个文件，执行“站点”|“改变站点范围的链接”命令，如图 3-27 所示。

STEP 02 在弹出的“更改整个站点链接（站点 -new）”对话框中，将站点中所有的链接页面 /index3.html 变成新链接 /gongsijieshao.html，如图 3-28 所示。

STEP 03 单击“确定”按钮，弹出“更新文件”对话框。单击“更新”按钮，即可更改整个站点范围内的链接。

在整个站点范围内更改某个链接后，所选文件就成为独立文件（即本地硬盘上没有任何文件指向该文件）。这时可以安全地删除此文件，而不会破坏本地 Dreamweaver 站点中的任何链接。因为这些更改是在本地进行的，所以必须手动删除远程文件夹中相应的独立文件，然后存回或取出链接已经更改的所有文件，否则，站点浏览者将看不到这些更改。

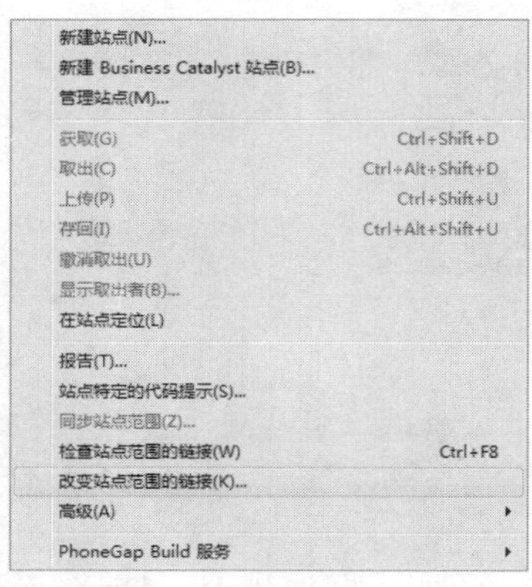

图 3-27

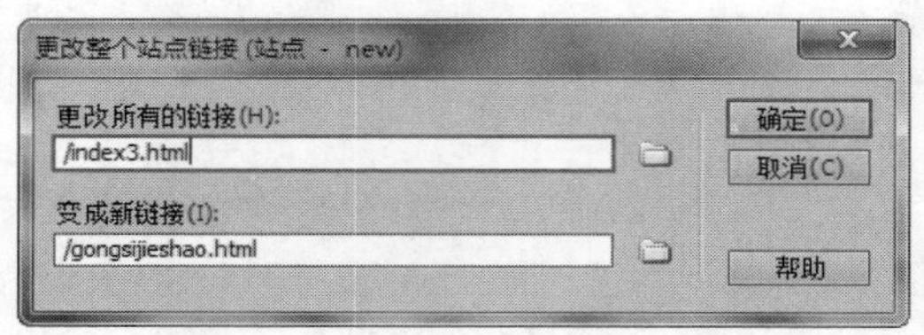

图 3-28

3.4.3 检查站点中的链接错误

整个网站中有成千上万个超链接，发布网页前需要对这些链接进行测试，如果对每个链接都进行手工测试，会浪费很多时间，Dreamweaver CS6“站点管理器”窗口提供了对整个站点的链接进行快速检查的功能。这一功能很重要，可以找出断掉的链接、错误的代码和未使用的孤立文件等，以便进行纠正和处理。

打开网页文档，执行“站点”|“检查站点范围的链接”命令，打开“链接检查器”面板，如图 3-29 所示。

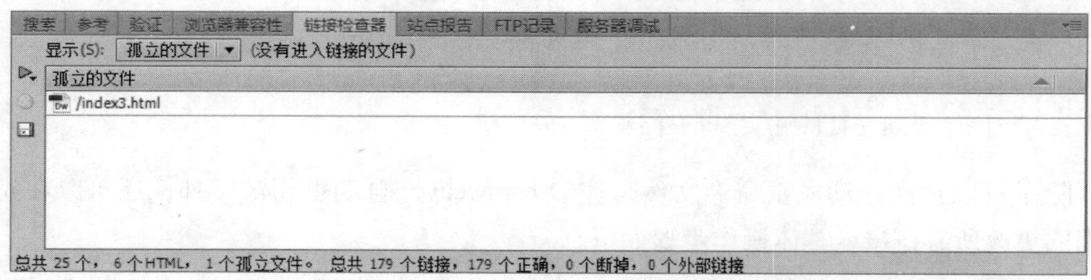

图 3-29

其中，孤立文件是指在网页中没有使用的文件，上传后会占据有效空间，应该把它清除。清除的办法是先选中文件，然后按 Delete 键。

【自己练】

1. 创建外部链接

创建外部链接的方法比较简单，不论是图像还是文本，都可以创建链接到绝对路径的外部链接。

操作提示

选择要添加链接的对象，在“属性”面板的“链接”下拉列表框中直接输入外部链接的绝对路径，如 http://www.fpcn.net，如图 3-30 所示。

图 3—30

2. 为网页添加各类链接

通过前面的学习，相信用户对网页中的各种链接有了一定的了解，下面将从一个实例出发练习常用链接的设置操作。

操作提示

文本链接：选择要链接的文本内容，在“属性”面板中的“链接”下拉列表框中输入链接的文件。

热点链接：选择指定对象后，在“属性”面板中单击“矩形热点工具”按钮，绘制一个矩形热区。在“属性”面板中的“链接”下拉列表框中输入要链接的文件，在“目标”下拉列表框中选择 _blank 选项，如图 3-31 所示。

电子邮件链接：选择要创建电子邮件链接的对象，在“插入”面板中选择“常用”分类，并选择“电子邮件链接”命令，在弹出的对话框中进行设置即可，如图 3-32 所示。

图 3–31

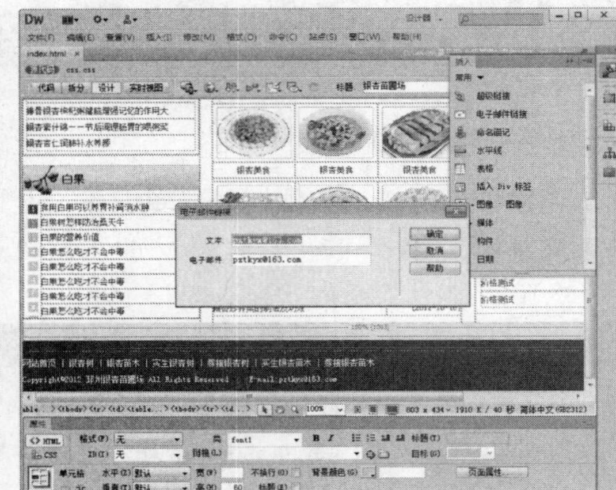
图 3–32

第 4 章

利用表格布局网页
——表格应用详解

本章概述：

Dreamweaver CS6 提供了强大的表格编辑功能，利用表格可以实现各种不同的布局方式。利用表格进行排版一直是网页排版的主要方法，本章将对利用表格布局网页的相关知识进行详细讲解。

要点难点：

表格的插入 ★☆☆
表格的编辑 ★★★
表格属性的设置 ★★★
表格式数据的导入 ★★☆
表格式数据的导出 ★★☆

案例预览：

制作产品展示网页

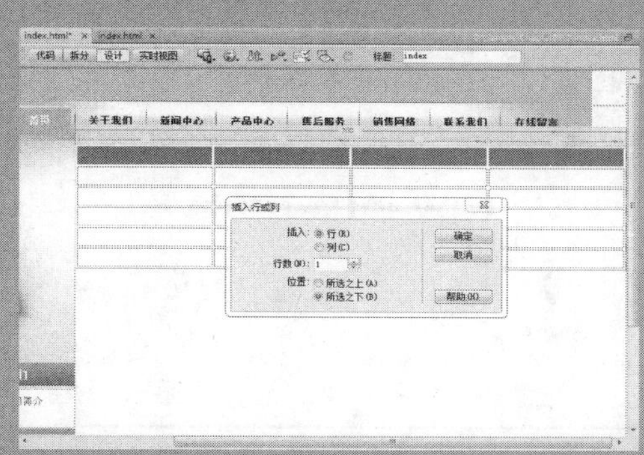

插入行 / 列

【跟我学】 制作产品展示网页

作品描述

顾名思义，产品展示页面用于展示产品，让受众了解公司产品。下面主要讲解通过“页面属性”对话框设置外观(CSS)、链接(CSS)，以及新建表格和表格属性等知识。

制作过程

STEP 01 启动Dreamweaver CS6，设置一个家居的站点，新建一个网页并保存为“index.html”，如图4-1所示。

STEP 02 打开“页面属性”对话框，设置“外观(CSS)”，如图4-2所示。

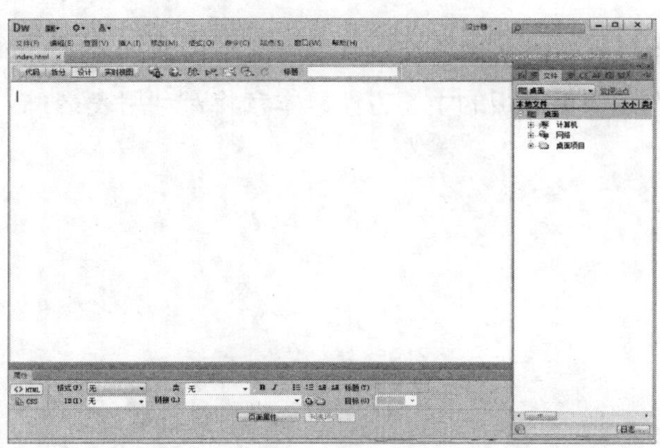

图 4—1

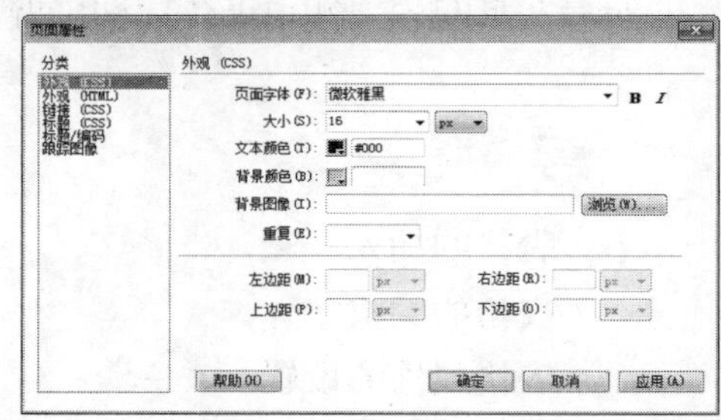

图 4—2

STEP 03 设置“链接(CSS)”，如图4-3所示。

STEP 04 执行“插入”|“表格”命令，新建一个4行2列的表格，如图4-4所示，并选择“居中对齐”。

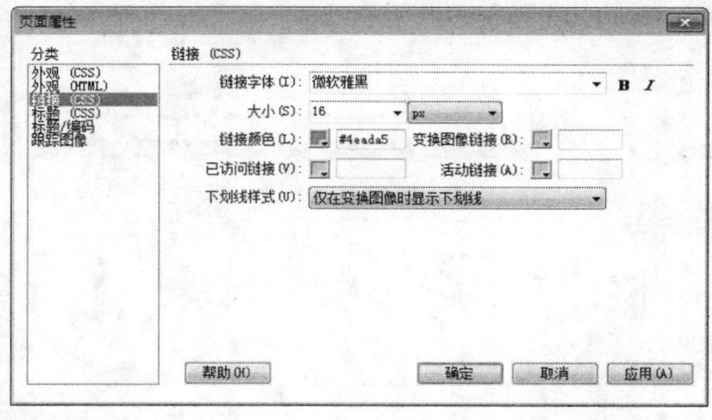

图 4—3

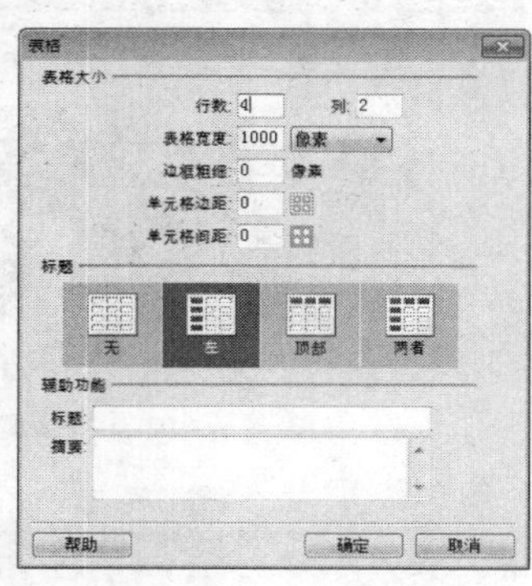

图 4—4

STEP 05 选中第一行的两列，在“属性”面板中单击“合并单元格”按钮，如图 4-5 所示。

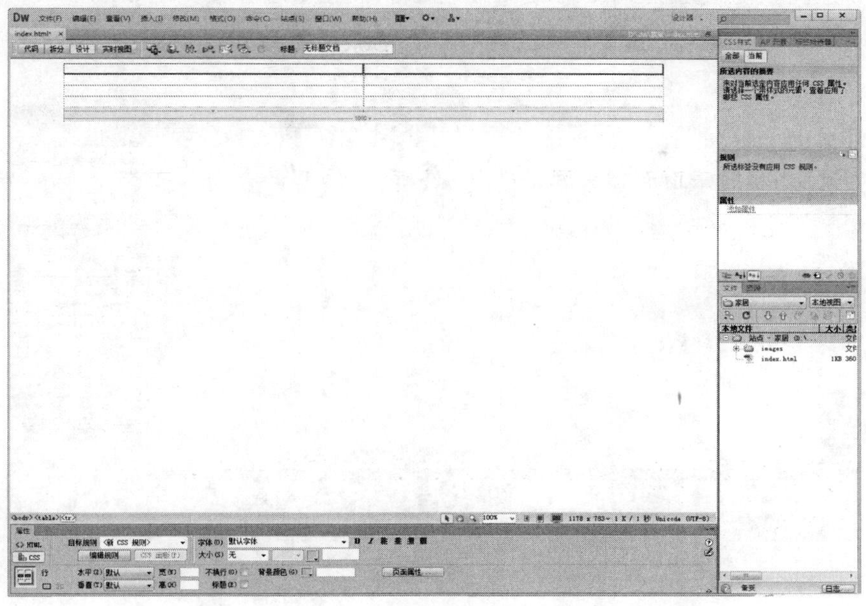

图 4—5

STEP 06 执行“插入”|“图像”命令，在“属性”面板设置水平居中对齐，如图 4-6 所示。

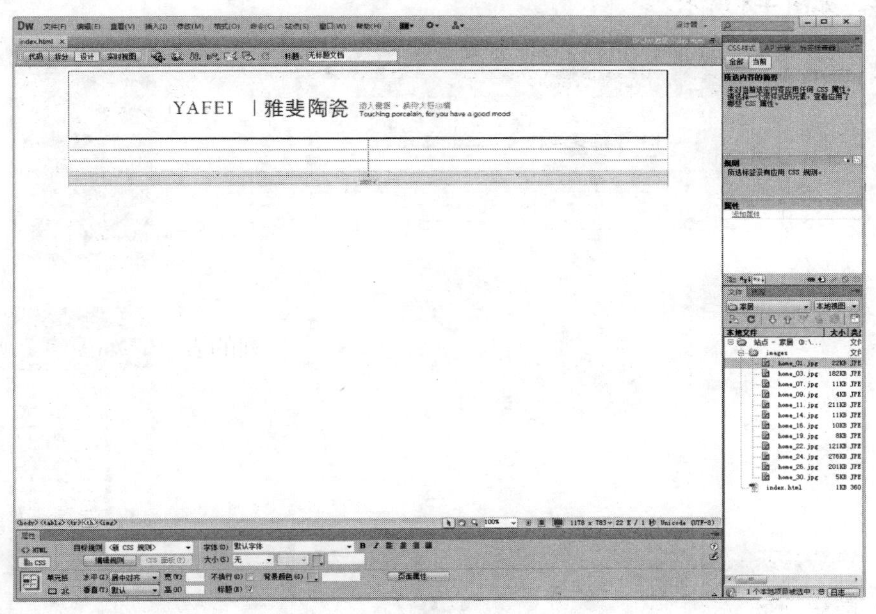

图 4—6

STEP 07 选中第二行的单元格并将其合并，设定单元格高度为 36 像素，切换到“拆分”视图，在相对应的代码中输入“style="border-bottom:1px solid #4eada5;border-top:1px solid #4eada5;"”以设置导航的上下横线，如图 4-7 所示。

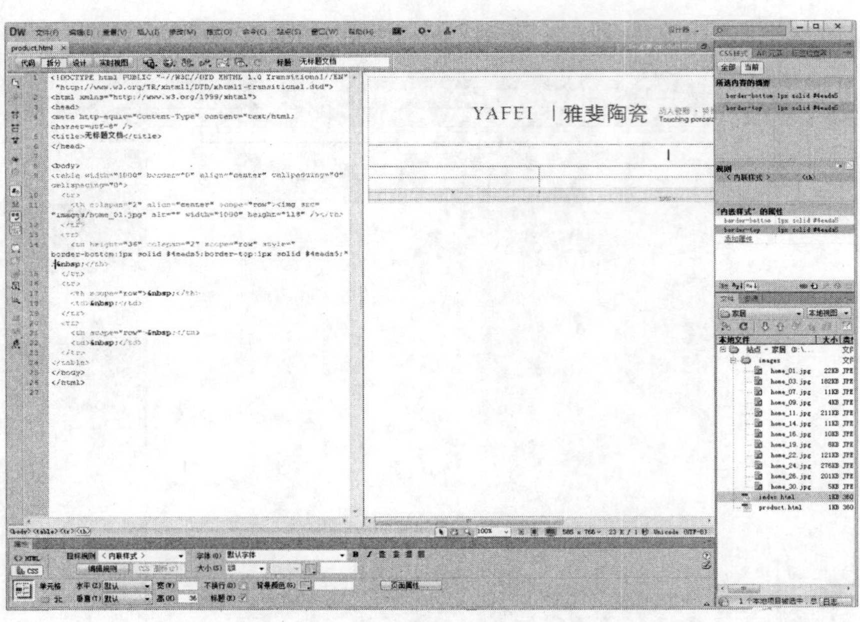

图 4—7

STEP 08 切换到“设计”视图，在第二行中插入一个10行6列的表格，从左往右设置宽度分别为80像素、90像素、90像素、90像素、90像素、90像素，然后在里面插入相关文字，如图4-8所示。

图 4—8

STEP 09 选中“首页”文档，单击鼠标右键，在弹出的快捷菜单中选择“创建链接”命令，在弹出的“选择文件 ”对话框中，选择index.html文件，选择“产品展示”文档，也同样创建链接，如图4-9所示。

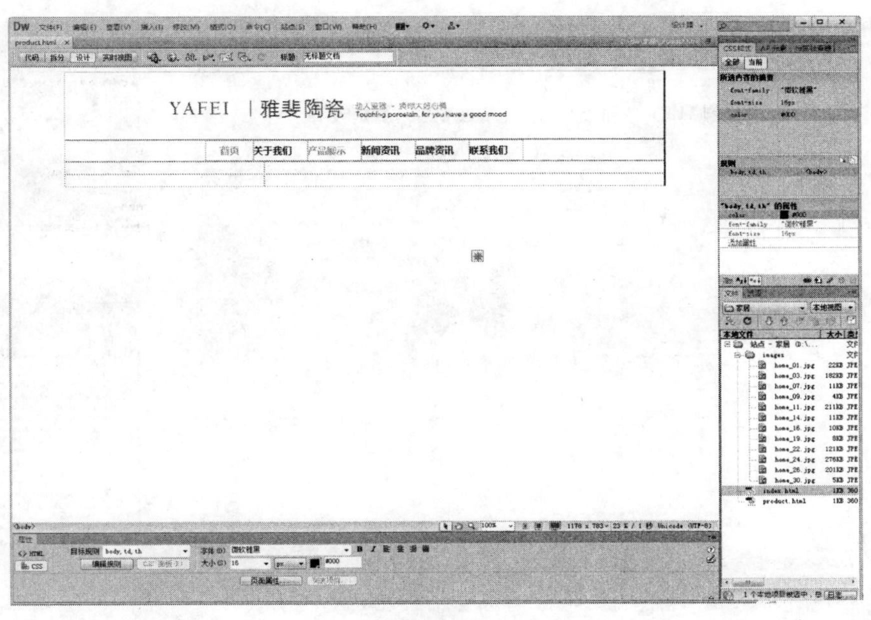

图 4—9

STEP 10 选中第三行的两列，并在“属性”面板中单击“合并单元格”按钮，设置单元格高度为 340 像素。执行“插入”|“图像”命令，插入图像如图 4-10 所示。

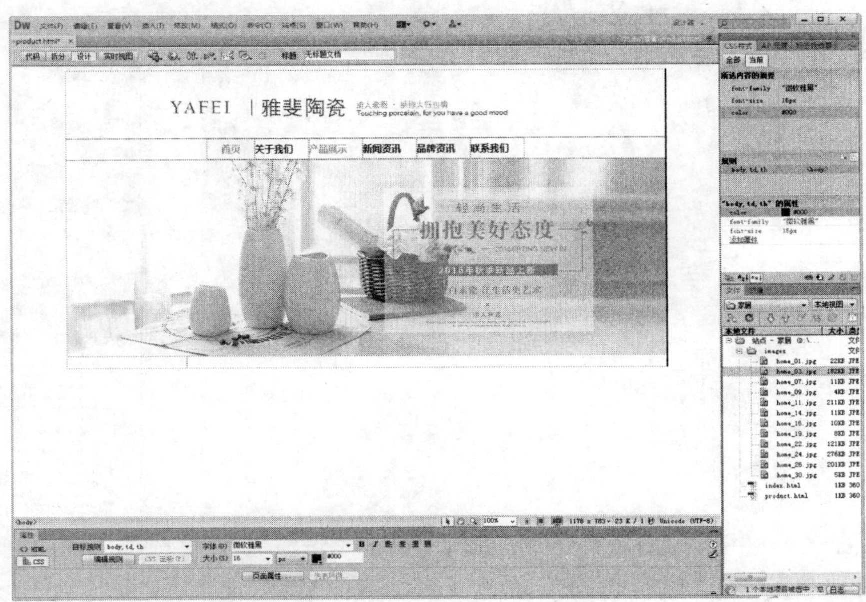

图 4—10

STEP 11 选中第四行的两列，在“属性”面板中分别设置单元格的宽度为 200 像素、800 像素，左列设置背景颜色为 # f5f5f5，并拆分成两行，在第一行设置行高为 40 像素，垂直居中对齐，输入文字，如图 4-11 所示。

图 4-11

STEP 12 选中第四行左侧一列的第二行，执行“插入”|“图像”命令，如图 4-12 所示。

图 4-12

STEP 13 把第四行的右侧一列拆分成两列，设置左侧一列宽度为 20 像素，右侧一列宽度为 780 像素，并设置水平对齐方式为“左对齐”，垂直对齐方式为“居中”，如图 4-13 所示。

图 4—13

STEP 14 在拆分成两列的右侧一列，插入一个5行1列的表格，在"属性"面板中设置垂直对齐方式为顶端对齐，如图4-14所示。

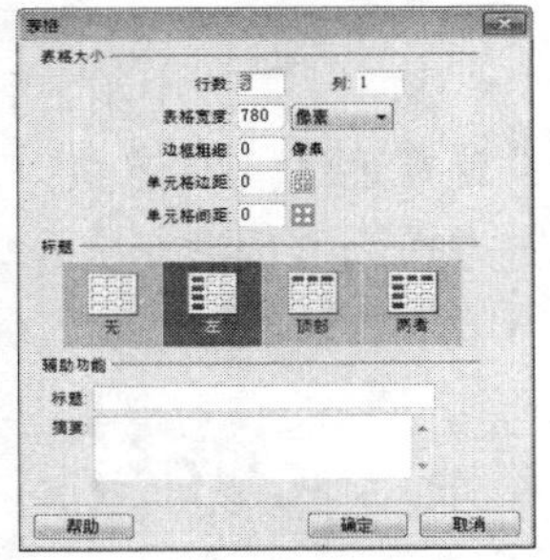

图 4—14

STEP 15 在插入的5行1列表格的第一行输入相关文字，如图4-15所示。并设置行高为40像素，水平对齐方式为左对齐，垂直对齐方式为"居中对齐"。

STEP 16 第二行执行"插入"|"图像"命令，并设置行高为30像素，如图4-16所示。

图 4—15

图 4—16

STEP 17 选中第三行，拆分单元格为两列，左侧一列设置宽度为 410 像素，右侧一列设置宽度为 370 像素，左侧在“属性”面板中设置水平对齐方式为“左对齐”，垂直对齐方式为“顶端对齐”。

STEP 18 在左侧一列执行“插入”|“图像”命令，如图 4-17 所示。

图 4—17

STEP 19 在第三行刚拆分成两列的右侧列拆分单元格，拆分为 4 行，并选中第一行，设置行高为 300 像素，水平对齐方式设置为“左对齐”，垂直对齐方式设置为“居中”，并输入相关文字，如图 4-18 所示。

图 4—18

STEP 20 选中第二行，设置行高为 60 像素；选中第三行，设置高度为 60 像素，水平对齐方式设置为“右对齐”，垂直对齐方式设置为“居中”，并输入相关文字，如图 4-19 所示。

图 4—19

STEP 21 选中第四行，执行“插入”|“图像”命令，如图 4-20 所示。

图 4—20

STEP 22 选中插入的 5 行 1 列表格的第四行，执行“插入”|“图像”命令，如图 4-21 所示。

图 4—21

STEP 23 选中第五行，执行“插入”|“图像”命令，插入“立即购买”按钮，如图 4-22 所示，并给图片创建链接，选中 buy.html，如图 4-23 所示。

STEP 24 选择预览浏览器，如图 4-24 所示，即可在本地看到效果了，如图 4-25 所示。

图 4—22

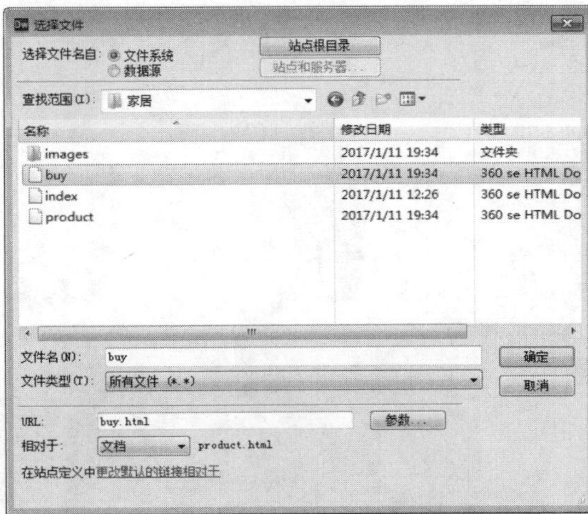

图 4—23

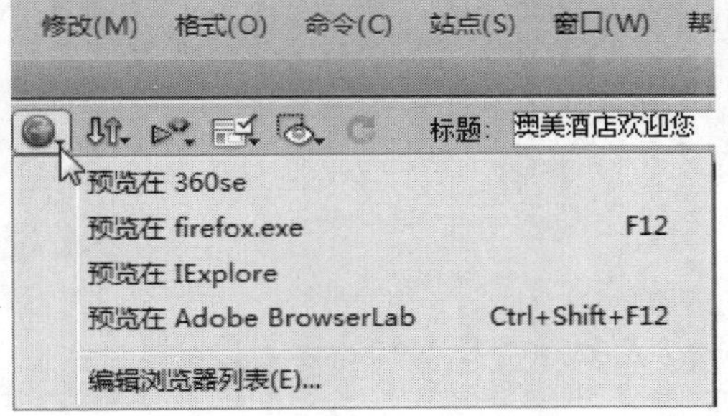

图 4—24

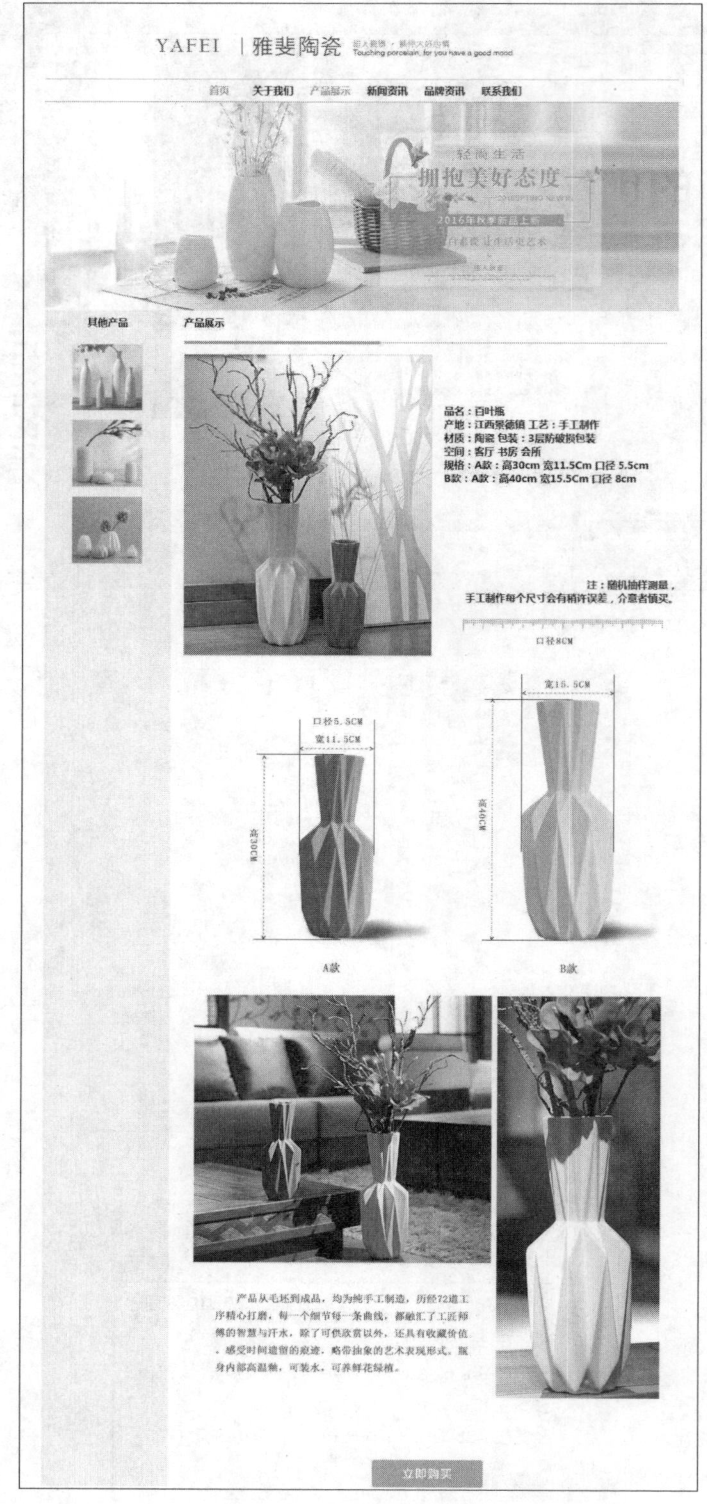
YAFEI | 雅斐陶瓷
首页 关于我们 产品展示 新闻资讯 品牌资讯 联系我们
轻尚生活
拥抱美好态度
2016年秋季新品上市
其他产品
产品展示
品名：百叶瓶
产地：江西景德镇 工艺：手工制作
材质：陶瓷 包装：3层防破损包装
空间：客厅 书房 会所
规格：A款：高30cm 宽11.5Cm 口径 5.5cm
B款：A款：高40cm 宽15.5Cm 口径 8cm
注：随机抽样测量，
手工制作每个尺寸会有稍许误差，介意者慎买。
口径8CM
宽15.5CM
高40CM
口径5.5CM
宽11.5CM
高30CM
A款
B款
产品从毛坯到成品，均为纯手工制造，历经72道工序精心打磨，每一个细节每一条曲线，都融汇了工匠师傅的智慧与汗水，除了可供欣赏以外，还具有收藏价值．感受时间遗留的痕迹，略带抽象的艺术表现形式。瓶身内部高温釉，可装水，可养鲜花绿植。
立即购买

图 4—25

【听我讲】

4.1 表格的创建

表格是用于在页面上显示表格式数据，以及对文本和图形进行布局的强有力的工具，Dreamweaver CS6 中提供了两种查看和操作表格的方式：在“标准”模式中，表格显示为行和列的网格；而“布局”模式则允许将表格用作基础结构的同时，在页面上绘制、调整方框的大小以及移动方框。在开始制作表格之前，先对表格的各部分名称进行简单的介绍。

- 行 / 列：一张表格横向叫行，纵向叫列。
- 单元格：行列交叉部分就叫作单元格。
- 边距：单元格中的内容和边框之间的距离叫作边距。
- 间距：单元格和单元格之间的距离叫作间距。
- 边框：整张表格的边缘叫作边框。

4.1.1 插入表格

表格由一行或多行组成，每行又由一个或多个单元格组成。在 Dreamweaver 中允许插入列、行和单元格，还可以在单元格内添加文字、图像和多媒体等网页元素。插入表格的具体操作步骤如下。

STEP 01 打开网页文档，将插入点放置在插入表格的位置，如图 4-26 所示。

STEP 02 执行“插入” | “表格”命令，弹出“表格”对话框，如图 4-27 所示。

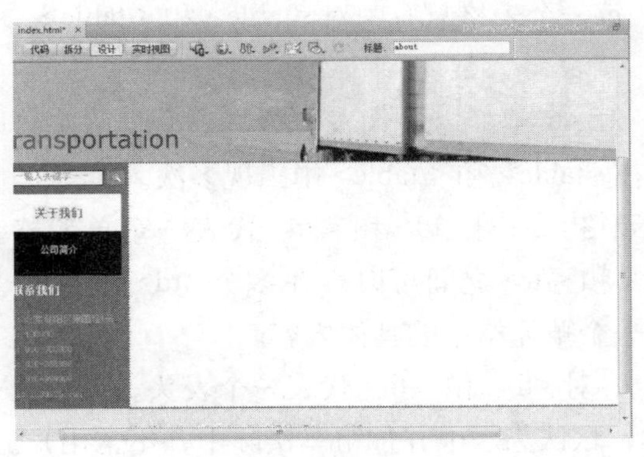

图 4—26

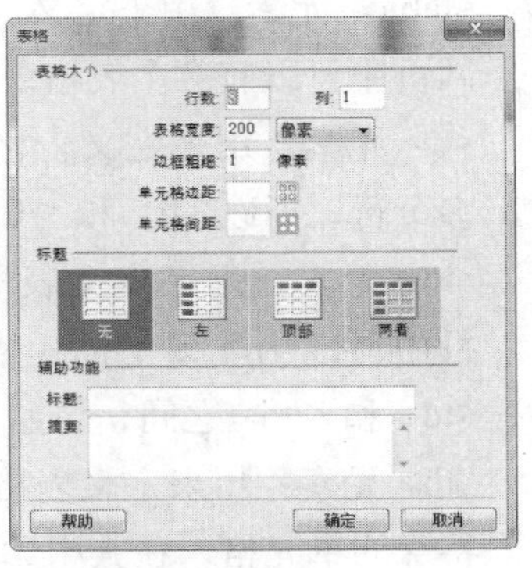

图 4—27

STEP 03 在对话框中将“行数”设置为 6，“列数”设置为 4，“表格宽度”设置为 700 像素，单击“确定”按钮，插入表格，如图 4-28 所示。

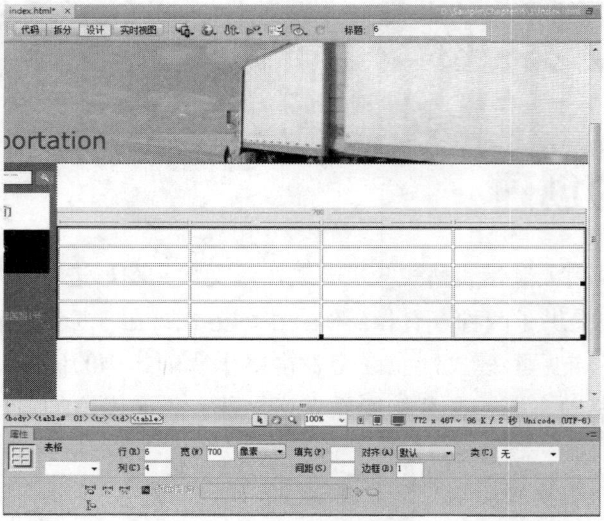

图 4-28

“表格”对话框中的参数介绍如下。

- 行数、列：在文本框中输入表格的行、列数。
- 表格宽度：用于设置表格的宽度。右侧的下拉列表框中包含百分比和像素。
- 边框粗细：用于设置表格边框的宽度。如果设置为 0，浏览时则看不到表格的边框。
- 单元格边距：单元格内容和单元格边框之间的像素数。
- 单元格间距：单元格之间的像素数。
- 标题：用于定义表头样式，4 种样式可以任选一种。

4.1.2 表格的基本代码

在 HTML 语言中，表格涉及多种标签，下面就一一进行介绍。

- <table> 元素：用来定义一个表格。每一个表格只有一对 <table> 和 </table>。一个网页中可以有多个表格。
- <tr> 元素：用来定义表格的行。一对 <tr> 和 </tr> 代表一行。一个表格中可以有多个行，所以 <tr> 和 </tr> 也可以在 <table> 和 </table> 中出现多次。
- <td> 元素：用来定义表格中的单元格。一对 <td> 和 </td> 代表一个单元格。每行中可以出现多个单元格，即 <tr> 和 </tr> 之间可以存在多个 <td> 和 </td>。在 <td> 和 </td> 之间，将显示表格每一个单元格中的具体内容。
- <th> 元素：用来定义表格的表头。一对 <th> 和 </th> 代表一个表头。表头是一种特殊的单元格，在其中添加的文本，默认为居中并加粗（实际中并不常用）。

以上讲的 4 个表格元素在使用时一定要配对出现，既要有开始标签，也要有结束标签。缺少其中任何一个，都将无法得到正确的结果。

表格基本结构的代码如下所示。

```
<table border="1">
    <tr>
<td> 第 1 行 </td>
    </tr>
    <tr>
<td> 第 2 行 </td>
</tr>
</table>
```

上面的代码表示一个 2 行 1 列的表格，在每行的 <tr> 内，有一个表格 <td>，在第 1 行的单元格内显示“第 1 行”文字，在第 2 行的单元格内显示“第 2 行”文字。

通常情况下，表格需要一个标题来说明它的内容。通常浏览器都提供了一个表格标题标签，在 <table> 标签后立即加入 <caption> 标签及其内容，但是 <caption> 标签也可以放在表格和行标签之间的任何地方。标题可以包括任何主体内容，这一点很像表格中的单元格。

4.1.3 选择表格

可以一次选择整个表、行或列，也可以选择一个或多个单独的单元格。当光标移动到表格、行、列或单元格上时，Dreamweaver CS6 中将高亮显示选择区域中的所有单元格，以便确切了解选中了哪些单元格。

1. 选择单元格

表格中的某个单元格被选中时，该单元格的四周将出现边框，选择一个单元格可通过以下几种方法来实现。

方法 1：按住鼠标左键不放，从单元格的左上角拖至右下角，可以选择一个单元格，如图 4-29 所示。

方法 2：按住 Ctrl 键，然后单击表格中的任意单元格可以选中一个单元格，如图 4-30 所示。

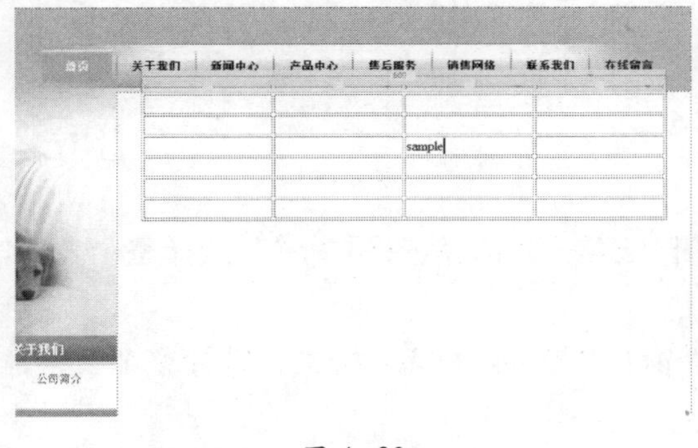

图 4—29

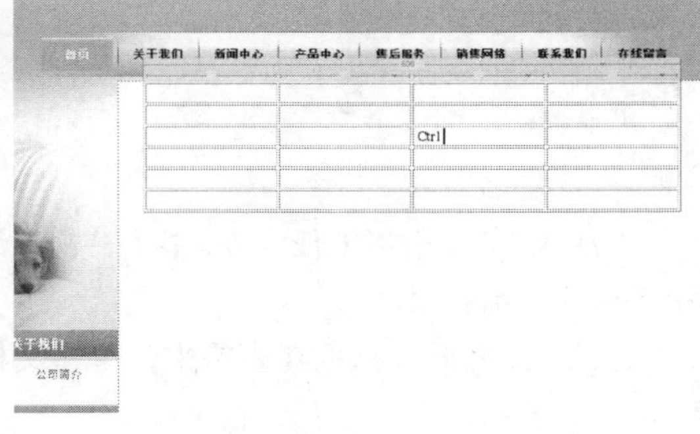

图 4—30

方法 3：将插入点放置在要选择的单元格内，单击文档窗口底部的 <td> 标签，可以选择一个单元格，如图 4-31 所示。

方法 4：将插入点放置在一个单元格内，按 Ctrl+A 快捷键可以选择该单元格，如图 4-32 所示。

图 4–31

图 4–32

2. 选择整个表格

要想对表格进行编辑，首先需要选中它，选择整个表格有以下几种方法。

方法 1：打开网页文档，将插入点置于要插入表格的位置，在文档中插入表格。单击表格中任意一个单元格的边框线选择整个表格，如图 4-33 所示。

方法 2：在“代码”视图下，找到表格代码区域，拖选整个表格代码区域（<table> 和 </table> 标签之间代码区域），如图 4-34 所示。

图 4–33

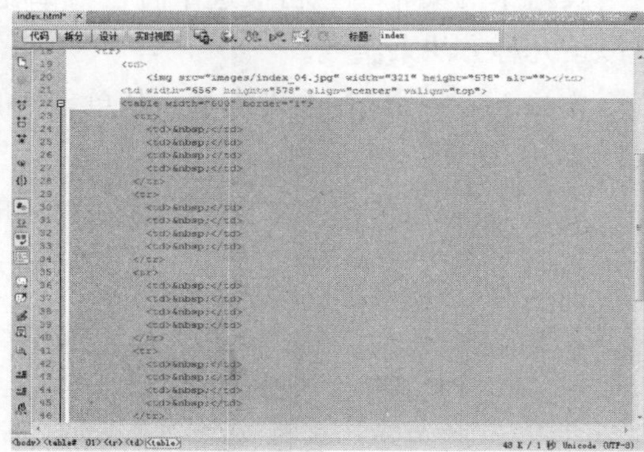

图 4–34

方法 3：单击表格中任一处，执行“修改”|“表格”|“选择表格”命令，选择整个表格，如图 4-35 所示。

方法 4：将插入点放在表格中，单击文档窗口底部的 <table> 标签，选择整个表格，如图 4-36 所示。

方法 5：右击单元格，在弹出的快捷菜单中执行“表格”|“选择表格”命令，选取

整个表格，如图 4-37 所示。

方法 6：将光标移动到表格边框的附近区域，单击鼠标右键即可选中，如图 4-38 所示。

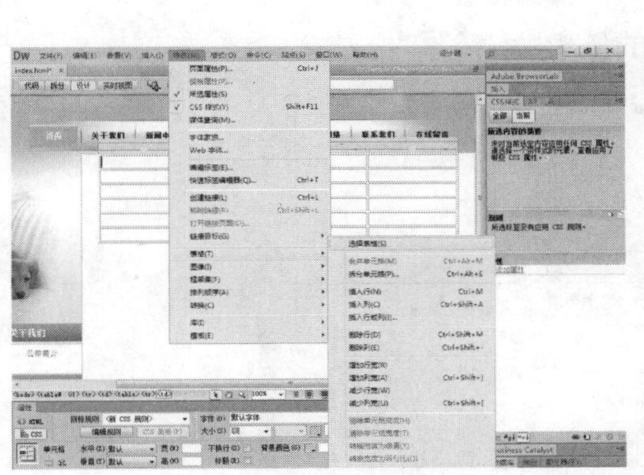
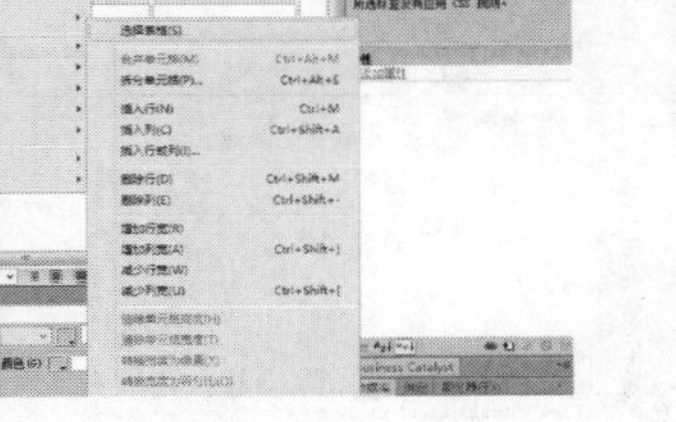

图 4—35

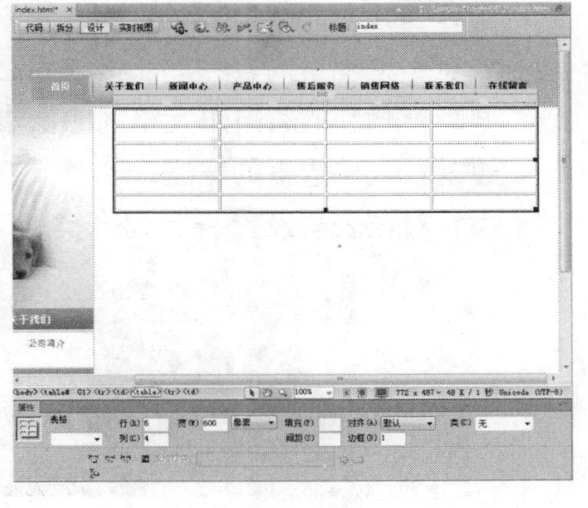

图 4—36

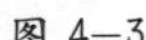

图 4—37

图 4—38

4.2 表格属性的设置

为了使创建的表格更加美观、醒目，需要对表格的属性（如表格的颜色或单元格的背景图像、颜色等）进行设置。

4.2.1 设置表格属性

要设置整个表格的属性，首先要选中整个表格，然后在“属性”面板中设置表格的属性。

选中插入的表格，打开“属性”面板，在“属性”面板中将表格的“填充”设置为 2 像素，“间距”设置为 2 像素，“边框”设置为 1 像素，“对齐”设置为“居中对齐”，如图 4-39 所示。

表格“属性”面板中各个选项的含义如下。

- 表格 ID：表格的名称。

- 行和列：表格中行和列的数量。
- 对齐：设置表格的对齐方式。包含“默认”“左对齐”“居中对齐”和“右对齐”4个选项。
- 填充：单元格内容和单元格边界之间的像素数。
- 间距：相邻的表格单元格间的像素数。
- 边框：表格边框的宽度。
- 类：对该表格设置一个 CSS 类。

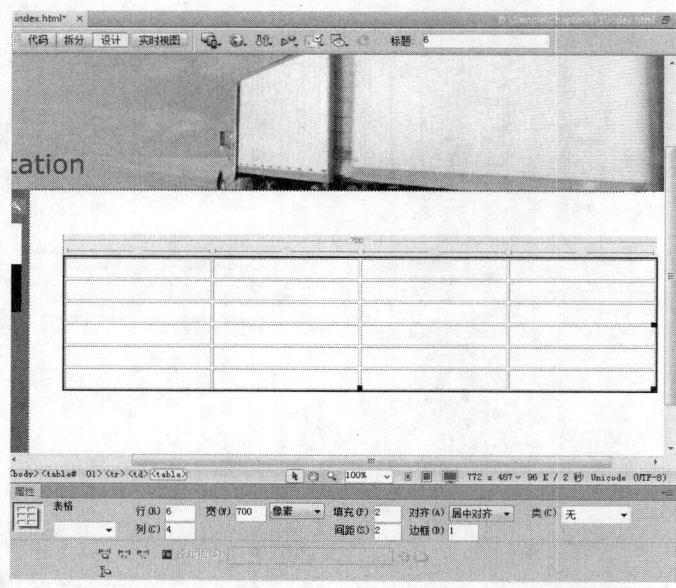

图 4—39

4.2.2 设置单元格属性

选中单元格，打开“属性”面板，从中可查看该单元格的属性，如图 4-40 所示。单元格“属性”面板中各选项含义介绍如下。

- 水平：设置单元格中对象的水平对齐方式，其下拉列表框中包含“默认”“左对齐”“居中对齐”和“右对齐”4 个选项。
- 垂直：设置单元格中对象的垂直对齐方式，包含“默认”“顶端”“居中”“底部”和“基线”5 个选项。
- 宽与高：用于设置单元格的宽与高。
- 不换行：表示单元格的宽度将随文字长度的增加而加长。
- 标题：用于将当前单元格设置为标题行。
- 背景颜色：用于设置表格的背景颜色。

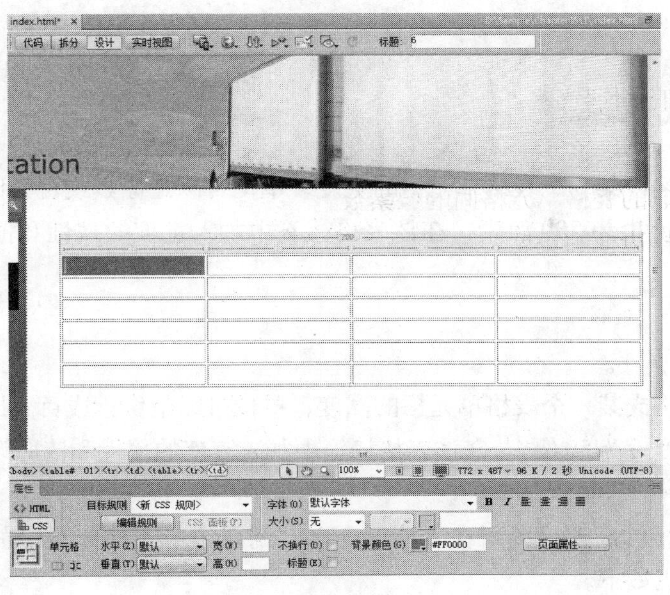

图 4—40

4.2.3 改变背景颜色

使用 onmouseout、onmouseover 可以创建鼠标指针经过时颜色改变效果，具体制作步骤如下。

STEP 01 打开网页文档，选中表格第 1 行的所有单元格，在“属性”面板中设置单元格的“背景颜色”为“#FF0000”，如图 4-41 所示。

STEP 02 在“代码”视图中修改 <td> 代码为以下阴影部分代码即可，如图 4-42 所示。

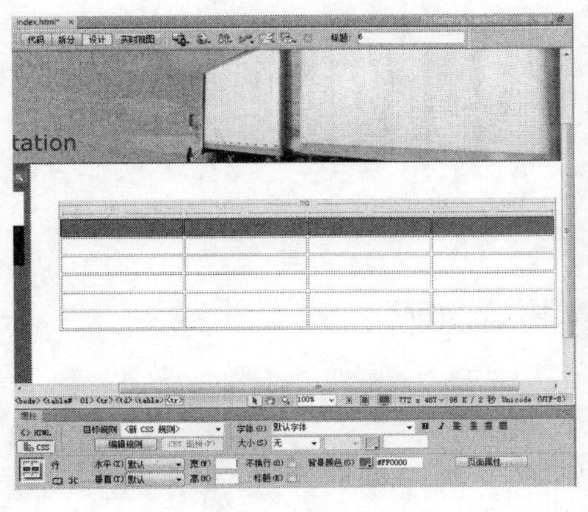

图 4—41

图 4—42

4.2.4 表格的属性代码

表格具有如下属性代码。

（1）width 属性。

用于指定表格或某一个表格单元格的宽度，单位可以是像素或百分比。

将表格的宽度设为 200 像素，在该表格标签中加入宽度的属性和值即可，具体代码如下。

<table width= “200” >

（2）height 属性。

用于指定表格或某一个表格单元格的高度，单位可以是像素或百分比。

将表格的高度设为 50 像素，在该表格标签中加入高度的属性和值即可，具体代码如下。

<table height= “50” >

将某个单元格的高度设为所在表格的 30%，则在该单元格标签中加入高度的属性和值即可，具体代码如下。

<td height= “30%” >

（3）border 属性。

用于设置表格的边框及边框的粗细。值为 0 代表不显示边框；值为 1 或以上代表显示边框，且值越大，边框越粗。

（4）bordercolor 属性。

用于指定表格或某一个表格单元格边框的颜色。值为 # 加上 6 位十六进制代码。

将某个表格边框的颜色设为黑色，则具体代码如下。

<table bordercolor= “#000000” >

（5）bordercolorlight 属性。

用于指定表格亮边边框的颜色。

将某个表格亮边边框的颜色设为绿色，则具体代码如下。

<table bordercololightr= “#00ff00” >

（6）bordercolordark 属性。

用于指定表格暗边边框的颜色。

将某个表格暗边边框的颜色设为蓝色，则具体代码如下。

<table bordercolordark= “#0000ff ” >

（7）bgcolor 属性。

用于指定表格或某一个表格单元格的背景颜色。

将某个单元格的背景颜色设为红色，则具体代码如下。

<td bgcolor= “#FF0000” >

（8）background 属性。

用于指定表格或某一个表格单元格的背景图像。

将 images 文件夹下名称为 tu1.jpg 的图像，设为某个与 images 文件夹同级的网页中表格的背景图像，则具体代码如下。

<table background= “images/tu1.jpg” >

（9）cellspacing 属性。

用于指定单元格间距，即单元格和单元格之间的距离。

将表格的单元格间距设为 5，则具体代码如下。

<table cellspacing= “5” >

（10）cellpadding 属性。

用于指定单元格边距（或填充），即单元格边框和单元格中内容之间的距离。

将表格的单元格边距设为 10，则具体代码如下。

<table cellpadding= “10” >

（11） align 属性。

用于指定表格或某一表格单元格中内容的垂直、水平对齐方式。属性值有 left（左对齐）、center（居中对齐）和 right（右对齐）。

将单元格中的内容设定为“居中对齐”，则具体代码如下。

<td align= “center” >

（12）valign 属性。

用于指定单元格中内容的垂直对齐方式。属性值有 top（顶端对齐）、middle（居中对齐）、bottom（底部对齐）和 baseline（基线对齐）。

将单元格中的内容设定为“顶端对齐”，则具体代码如下。

<td valign= “top” >

4.3 表格的编辑

在网页中，表格用于网页内容的排版，如果要将文字放在页面的某个位置，就可以使用表格，并将其设置为表格的属性。使用表格可以清晰地显示列表数据，从而更容易阅读信息。还可以通过设置表格及表格单元格的属性或将预先设置的设计应用于表格来更改表格的外观。在设置表格和单元格的属性前，注意格式设置的优先顺序为单元格、行和表格。

4.3.1 复制和粘贴表格

可以一次复制、粘贴单个单元格或多个单元格，并保留单元格的格式设置。也可以在插入点或现有表格中所选部分粘贴单元格。若要粘贴多个表格单元格，剪贴板的内容必须和表格的结构或表格中将粘贴这些单元格的部分兼容，具体操作步骤如下。

STEP 01 打开网页文档，选中要拷贝粘贴的表格，如图 4-43 所示。

STEP 02 执行“编辑”|“拷贝”命令。也可以使用Ctrl+C快捷键进行拷贝，如图4-44所示。

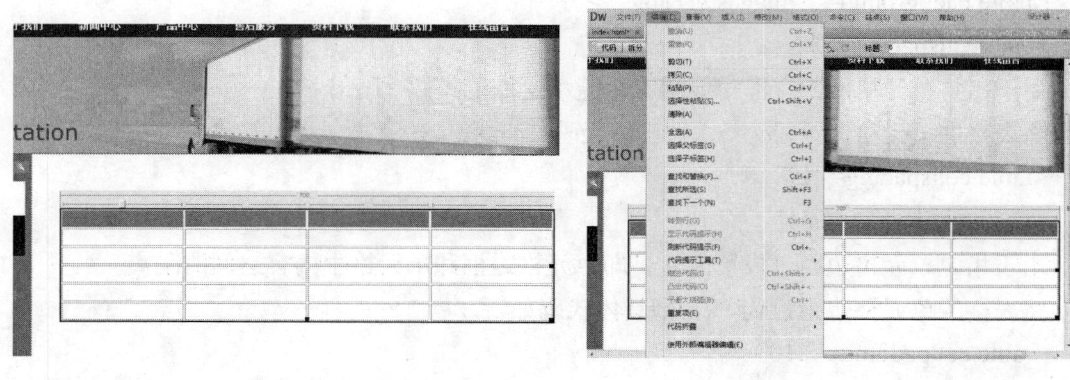

图 4—43　　图 4—44

STEP 03 将插入点放在表格需要粘贴的位置，执行“编辑”|“粘贴”命令。或使用Ctrl+V快捷键进行粘贴，如图4-45所示。

STEP 04 粘贴表格后的效果如图4-46所示。

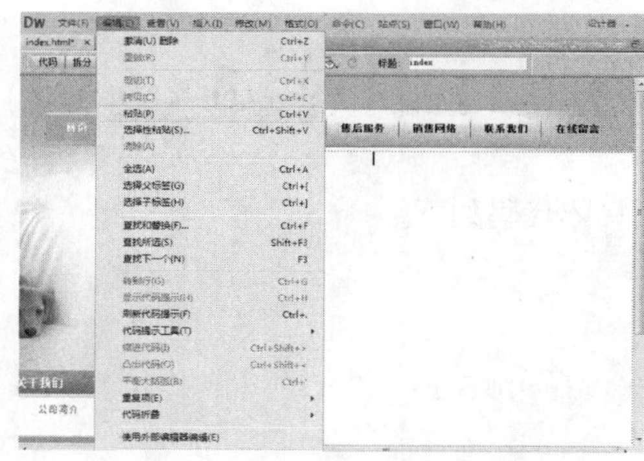

图 4—45

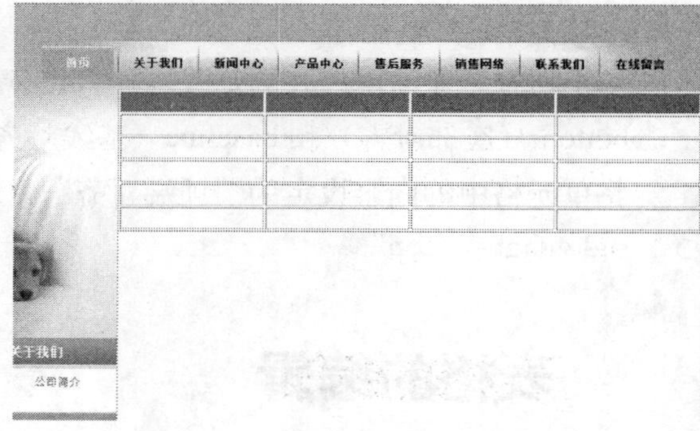

图 4—46

4.3.2 添加行和列

执行“修改”|“表格”|“插入行”命令，可以添加行；执行“修改”|“表格”|“插入列”命令，可以添加列，具体操作步骤如下。

STEP 01 打开网页文档，将插入点放置在需要增加行或列的位置，如图4-47所示。

STEP 02 执行“修改”|“表格”|“插入行”命令，插入1行表格，如图4-48所示。

STEP 03 执行“修改”|“表格”|“插入列”命令，插入1列表格，如图4-49所示。

STEP 04 执行“修改”|“表格”|“插入行或列”命令，在弹出的“插入行或列”对话框中进行设置，如图4-50所示。

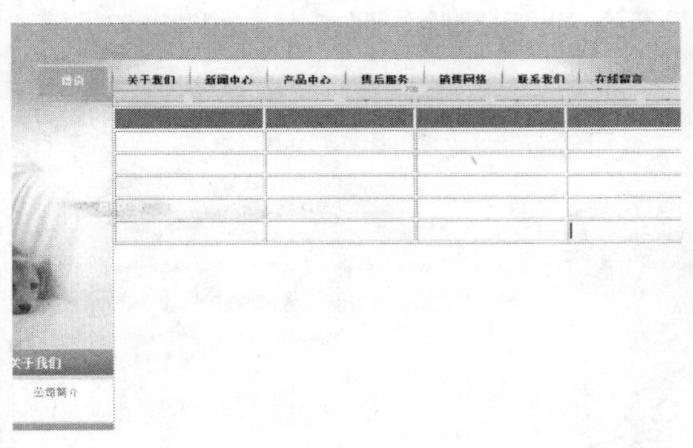

图 4-47

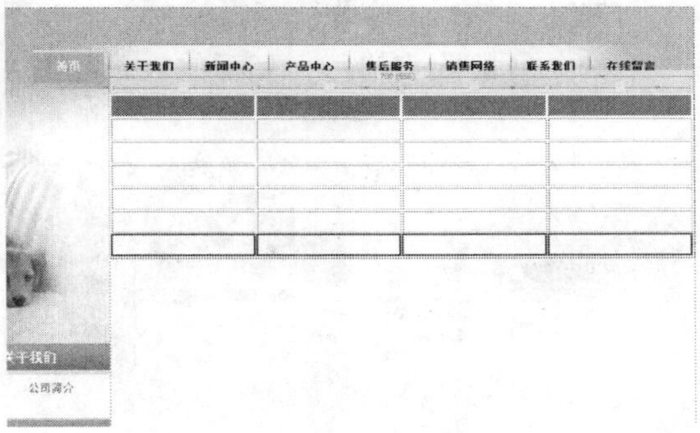

图 4-48

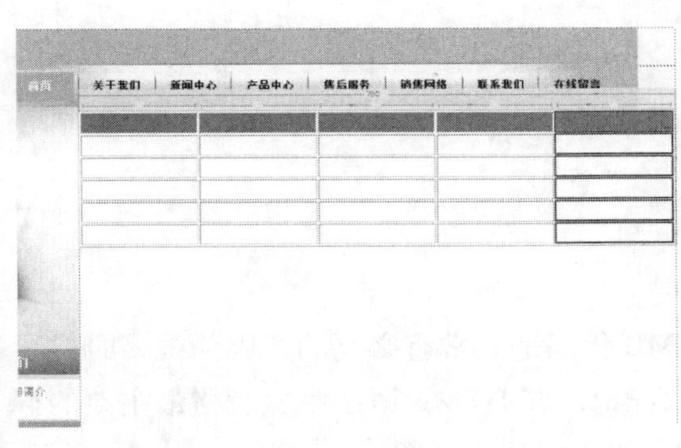

图 4-49

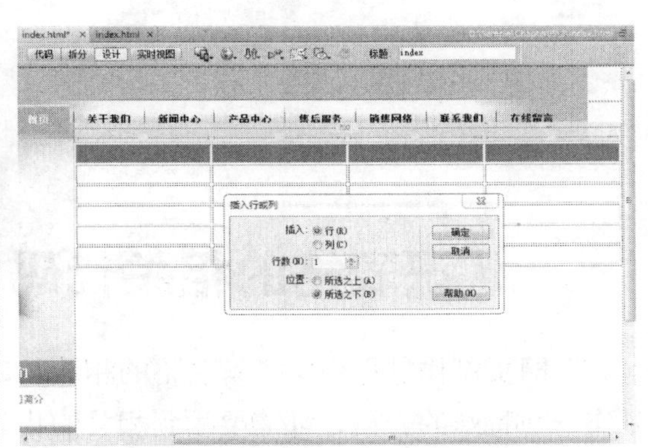

图 4-50

4.3.3 删除行和列

执行“修改”|“表格”|“删除行”命令，删除添加的行；执行“修改”|“表格”|“删除列”命令，删除添加的列，删除行、列的具体操作步骤如下。

STEP 01 打开网页文档，将插入点放在需要删除行的位置，如图 4-51 所示。

STEP 02 执行“修改”|“表格”|“删除行”命令，即可删除一行表格，如图 4-52 所示。

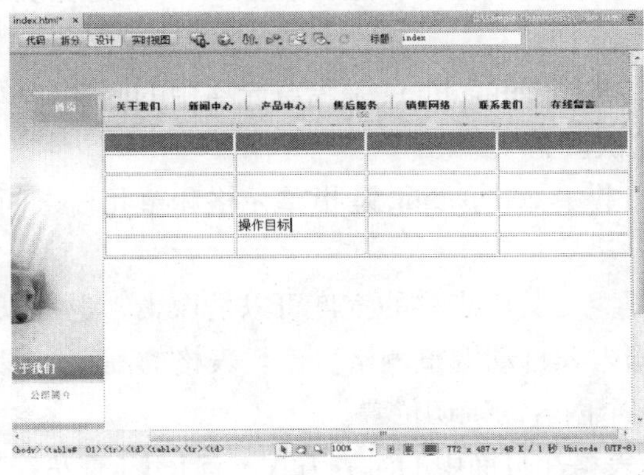

图 4-51

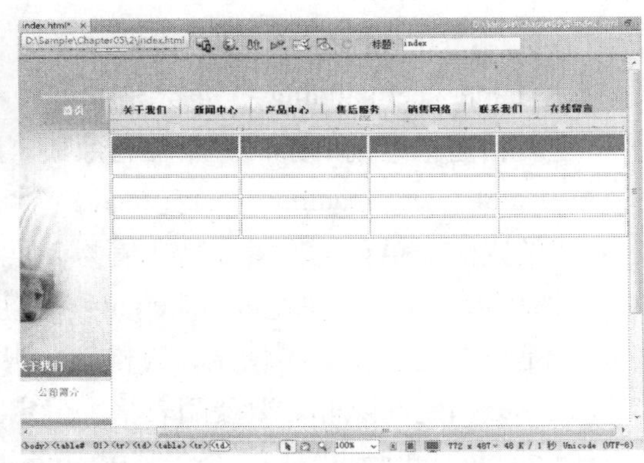

图 4-52

STEP 03 执行“修改”|“表格”|“删除列”命令，即可删除一列表格，如图 4-53 所示。

STEP 04 删除表格行、列后的效果如图 4-54 所示。

图 4-53

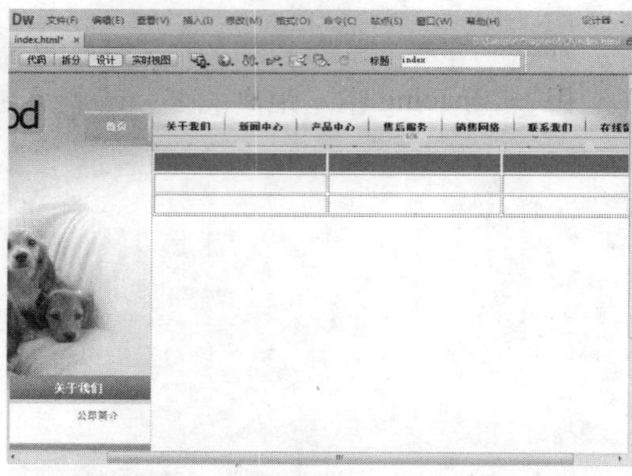

图 4-54

4.4 认识表格的相关代码

在网页制作过程中，了解表格的相关 HTML 代码是非常有必要的，因为很多时候要制作一些特殊的表格，都需要用到相关的代码标记。在 HTML 语法中，表格最主要的标记有 3 个，即表格标记、行标记、单元格标记。下面将逐一介绍。

4.4.1 表格标记及相关属性代码

表格在 HTML 中的代码如下：

<table >　</table> 表格开始与结束标记。

所有的表格内容都要写在这对标记中间，<table> 标记有很多属性用来定义表格的显示格式，如边框宽度、背景颜色、对齐方式等。

- <table　border=“边框宽度”>　其中“边框宽度”的单位是像素，如果“边框宽度”的值为 0，则表示不显示边框。
- <table　cellpadding=“单元格缩进”>　其中 cellpadding 是指单元格中的内容和单元格边框之间的距离，单位为像素，默认值为 1。
- <table　cellspacing=“单元格间距”>　其中 cellspacing 是指单元格和单元格之间的距离，单位为像素，默认值为 2。
- <table　width=“宽度”　height=“高度”>　其中表格的宽度可以是像素，也可以是百分比。如果不指定，表格就会根据内容自动调整表格宽度。表格的高度一般不必指定，除非需要使用表格来确定某个内容的确切位置。
- <table　align=“对齐”>　其中 align 是表格在页面中的对齐方式，有 left（靠左）、right（靠右）、center（居中）三种对齐方式。

- <table bordercolor=“边框颜色” bordercolorlight=“边框浅色” bordercolordark=“边框深色”> 其中如果不指定 bordercolorlight 和 bordercolordark，所有的边框都使用同样的 bordercolor。
- <table bgcolor=“背景色”> 其中在 IE 浏览器中，单元格之间的部分，就是使用 cellspacing 指定距离的部分，也填充这个背景色。
- <table background=“背景图像”> 其中 background 属性为一个图像文件，这个图像作为表格的背景图显示。

4.4.2 行标记及相关属性代码

行标记代码如下：

<tr> </tr> 行的开始与结束标记。

<tr> 的属性与表格的属性基本是通用的，如对齐方式、背景色等，主要属性可从下面的格式中体现：

<tr aligh=“水平对齐方式” valigh=“垂直对齐方式” bgcolor=“背景色” background=“背景图像”>，其中 aligh 的选项有 LEFT（靠左）、right（靠右）、center（居中）3 种对齐方式，valigh 的选项有 top（靠上）、bottom（靠下）、middel（居中）3 种对齐方式。

4.4.3 单元格标记

单元格代码如下：

<td> </td> 单元格开始与结束标记。

<td> 是表格中很重要的一个标记，很多属性与 <table> 和 <tr> 的属性相同，如高度（height）、宽度（width）、水平对齐（align）、垂直对齐（valign）、背景色（bgcolor）等，除此之外还有一些特别的属性。

- <td nowrap> 设置本单元格的内容不换行，即使已经超过了浏览器的右边界。但是，如果设置了 <td> 的 width，单元格的内容还是会根据 width 的数据产生换行。
- <td colspan=“合并列数”> 利用 colspan 可以合并同一行中的几个单元格，默认值为 1，即一个单元格占一列的位置。
- <td rowspan=“合并行数”> 利用 rowspan 可以合并同一列中的几个单元格，默认值为 1，即一个单元格占一行的位置。

4.5 表格式数据的导入 / 导出

在 Dreamweaver CS6 中，设计者不仅可以方便地导入表格式数据到当前网页文档，而且还可以把当前文档的表格导出到文本文件中，导出后以表格式数据存放，从而大大减轻了处理表格数据时的工作量。

表格式数据是指数据以行列方式排列，像表格一样，每个数据之间用制表符、冒号、逗号或分号等符号来隔开。

4.5.1 导入表格式数据

下面将对导入表格式数据的操作过程进行介绍。

STEP 01 将光标定位在需要导入表格式数据的位置，在“插入”面板的“数据”分类中，选择“导入表格式数据”命令，打开“导入表格式数据”对话框，单击“数据文件”右侧的“浏览”按钮，选择数据文件，单击“确定”按钮，如图 4-55 所示。

STEP 02 此时，在 Dreamweaver CS6 中显示导入的效果图，如图 4-56 所示。

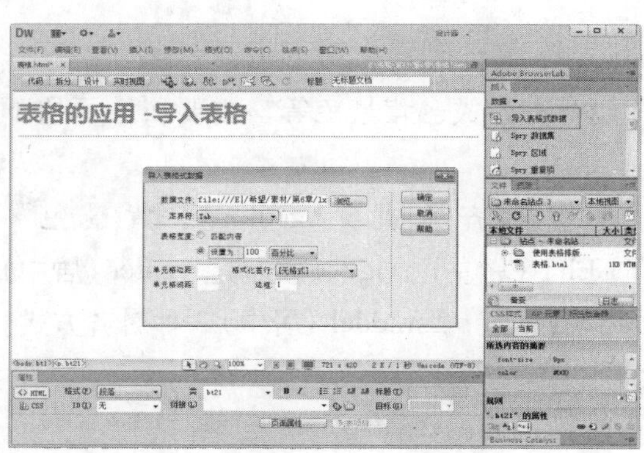

图 4—55

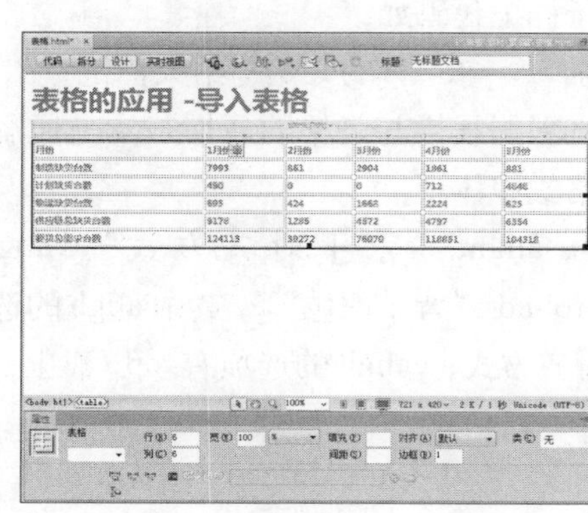

图 4—56

4.5.2 导出表格式数据

下面将对导出表格式数据的操作过程进行介绍。

STEP 01 将光标移至要导出表格式数据的位置，执行“文件”|“导出”|“表格”命令，如图 4-57 所示。

STEP 02 弹出“导出表格”对话框，设置定界符和换行符，单击“导出”按钮，如图 4-58 所示。

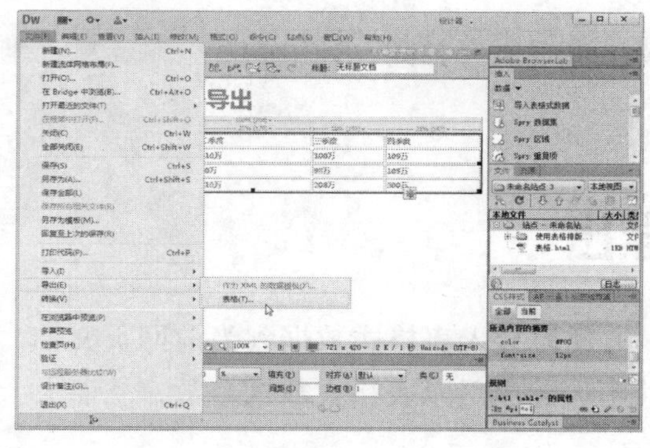

图 4—57

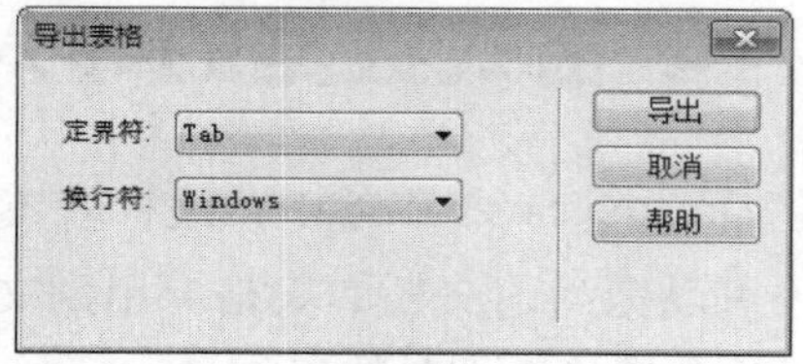

图 4—58

STEP 03 在“表格导出为”对话框中，设置存放导出文件的路径和名称，单击“保存”按钮即可，如图 4-59 所示。

图 4—59

【自己练】

CHAPTER 01 CHAPTER 02 CHAPTER 03 CHAPTER 04 CHAPTER 05

1. 利用表格布局网页

一个企业网页通常包括企业介绍、企业动态、产品展示等。主要目的就是让更多的浏览者了解该企业的信息，进而提高企业形象和知名度。在界面设计上，要求界面简洁大方，布局清晰明了。

操作提示

STEP 01 新建站点并创建文件夹，双击“index.html”文件，在打开的窗口中进行编辑。

STEP 02 对页面属性进行设置，执行“插入”|“表格”命令，插入表格，如图 4-60 所示。

STEP 03 对表格进行编辑并插入相应的内容，创建超链接，完成该页面的制作，如图 4-61 所示。

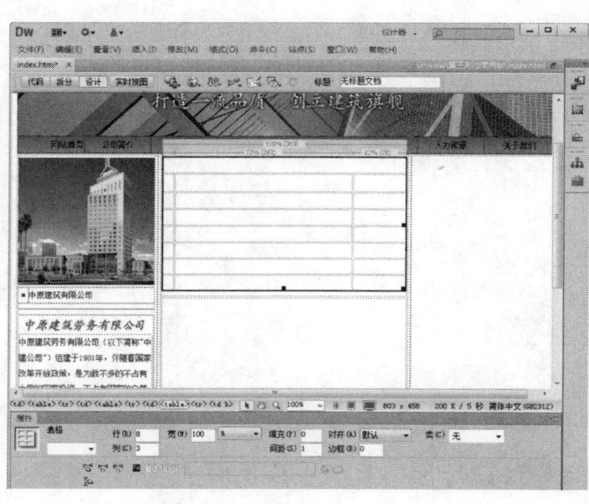

图 4—60

图 4—61

2. 制作细线表格

在设置表格边框时，用户会发现，即使将表格边框设为“1”，其边框还是有些粗，那么如何才能制作出更细的表格线呢？

操作提示

STEP 01 选中表格，在表格“属性”面板中，设置“边框”和“填充”分别为 0，“间距”为 1。

STEP 02 打开“快速标签编辑器”，添加代码“bgcolor="#000000"”，如图 4-62 所示。

STEP 03 选择所有的单元格，在单元格“属性”面板中的“背景颜色”文本框中输入“#FFFFFF”，如图 4-63 所示。保存即可。

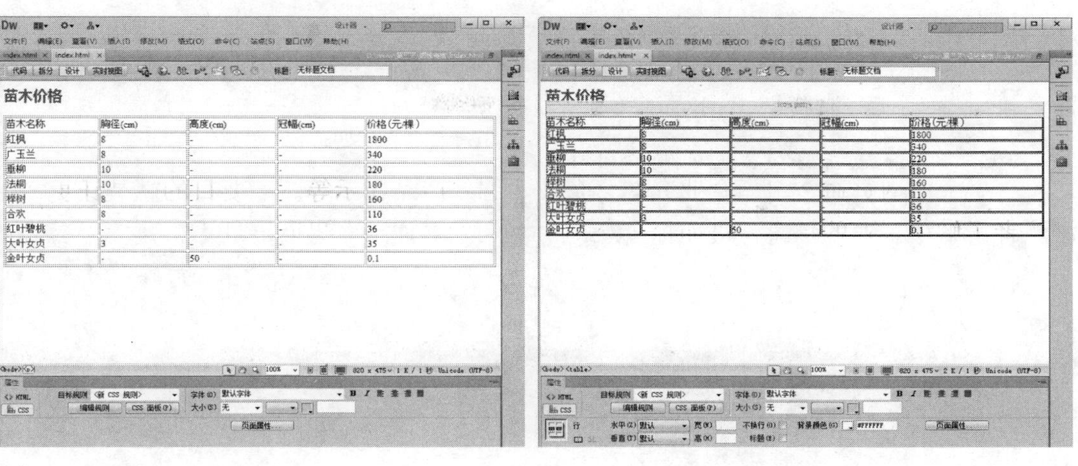

图 4—62　　图 4—63

第5章

制作网站首页——框架技术详解

本章概述：

在制作网页时，针对一些具有相同结构的页面，利用框架技术可以大大减少工作量，同时也方便修改网站的整体风格。本章将对框架技术相关的知识进行讲解。

要点难点：

框架的创建　★☆☆
框架属性的设置　★★☆
框架集属性的设置　★★★

案例预览：

制作公司网站首页

插入 Spry 菜单

【跟我学】 制作公司网站首页

作品描述

公司网站首页是企业的门面，这里主要是通过框架来制作，让大家了解框架及框架集，框架标签辅助属性等知识内容，以及 Spry 框架的使用。

制作过程

STEP 01 启动 Dreamweaver CS6，设置一个金融站点，并执行“文件”|“新建”命令，弹出“新建文档”对话框，如图 5-1 所示。

STEP 02 新建 HTML 文档，执行“插入”| HTML |“框架”|“上方及左侧嵌套”命令，如图 5-2 所示。

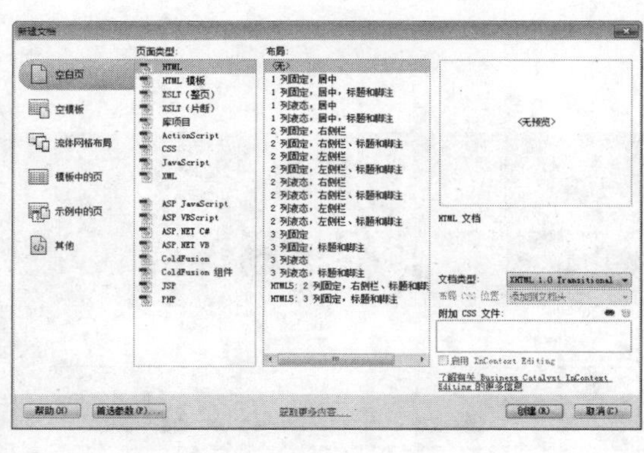

图 5−1

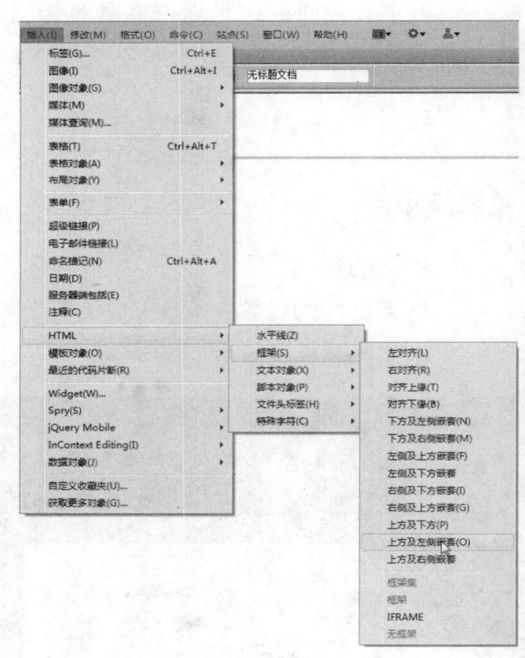

图 5−2

STEP 03 在弹出的“框架标签辅助功能属性”对话框中，为每个框架重新指定标题，单击“确定”按钮，如图 5-3 ～图 5-5 所示。

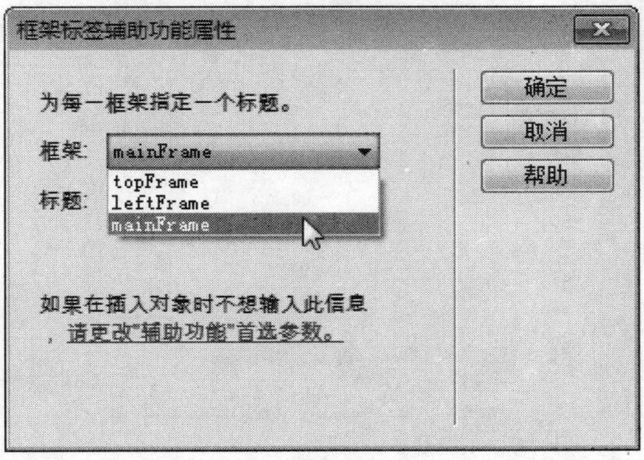

框架标签辅助功能属性
为每一框架指定一个标题。
框架: mainFrame
topFrame
leftFrame
mainFrame
标题:
确定
取消
帮助
如果在插入对象时不想输入此信息
，请更改"辅助功能"首选参数。

图 5—3

框架标签辅助功能属性
为每一框架指定一个标题。
框架: mainFrame
标题: mainFrame
确定
取消
帮助
如果在插入对象时不想输入此信息
，请更改"辅助功能"首选参数。

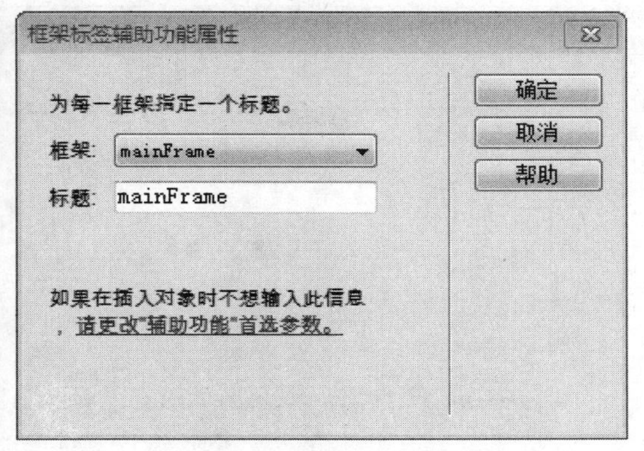

图 5—4

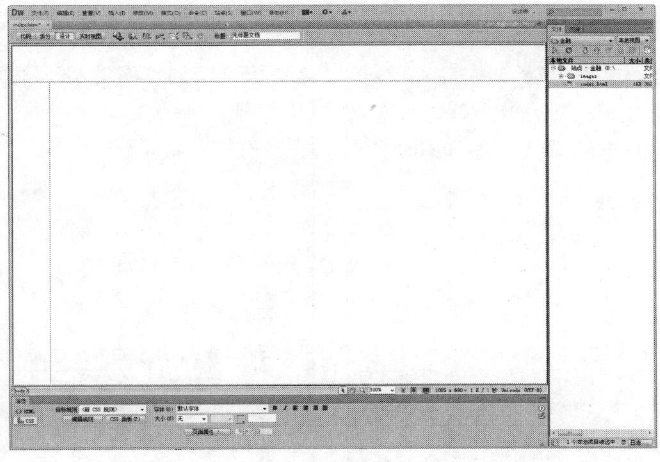

图 5—5

STEP 04 执行“文件”|“保存全部”命令，如图 5-6 所示。整个框架集内侧出现虚线，将其保存为 index.html，如图 5-7 所示。依次弹出其他框架“另存为”对话框，分别命名为 indexbody.html、index-left.html 和 index-top.html，注意所命名与框架相对应，单击“保存”按钮，如图 5-8 ～图 5-10 所示。

Dw 文件(F) 编辑(E) 查看(V) 插入(I) 修改(M)
新建(N)... Ctrl+N
新建流体网格布局(F)...
打开(O)... Ctrl+O
在 Bridge 中浏览(B)... Ctrl+Alt+O
打开最近的文件(T)
在框架中打开(F)... Ctrl+Shift+O
关闭(C) Ctrl+W
全部关闭(E) Ctrl+Shift+W
保存框架(S) Ctrl+S
框架另存为(A)... Ctrl+Shift+S
保存全部(L)
保存所有相关文件(R)
框架另存为模板(M)...
回复至上次的保存(R)
打印代码(P)... Ctrl+P

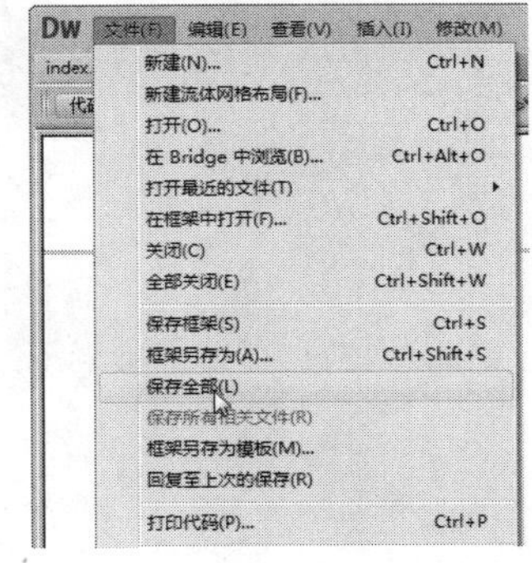

图 5—6

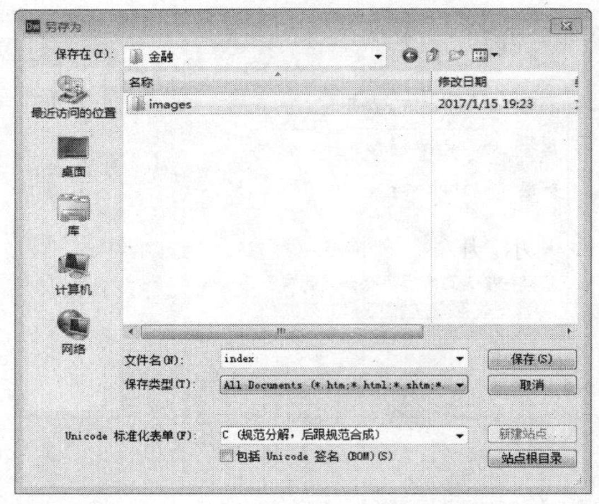

图 5—7

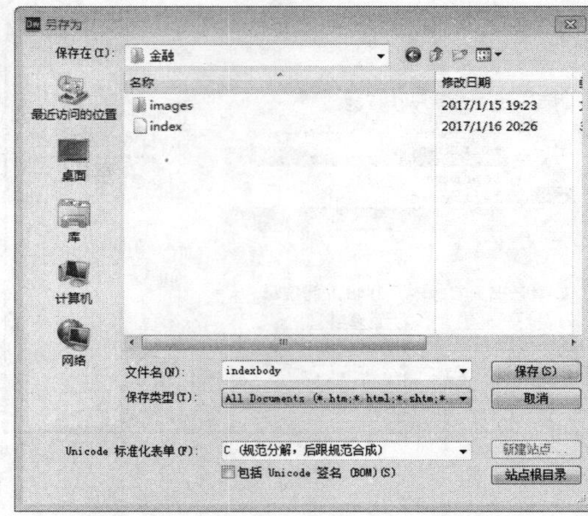

图 5—8

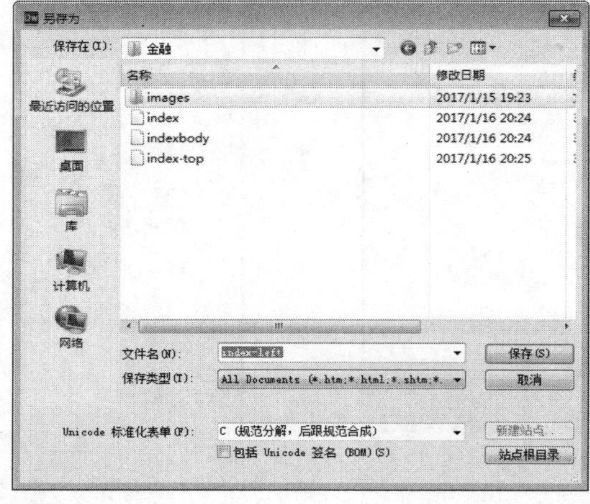

图 5—9

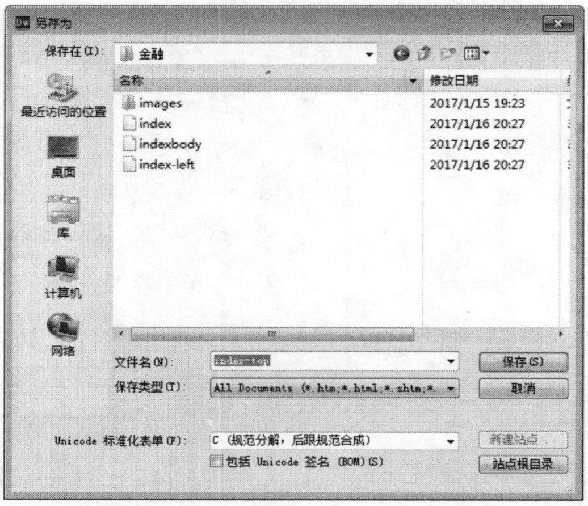

图 5—10

STEP 05 将光标移至框架边框上，出现双向箭头，按住鼠标左键上下拖曳，改变框架的大小，如图 5-11 所示。选中整个框架集，设置框架集的属性，在“边框”下拉列表框中选择“否”，在“边框宽度”文本框中输入 0，如图 5-12 所示。

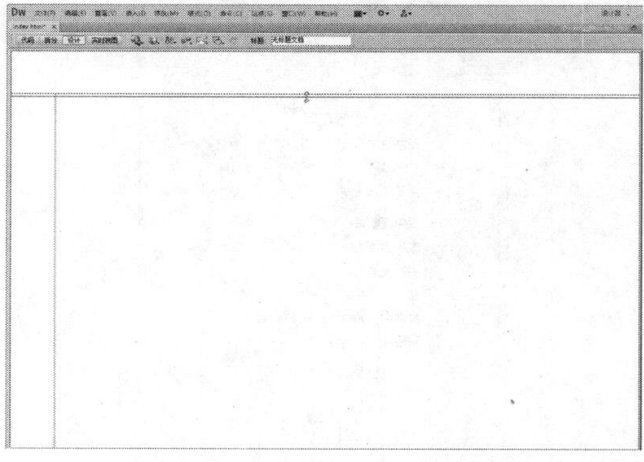

图 5—11

CHAPTER 01
CHAPTER 02
CHAPTER 03
CHAPTER 04
CHAPTER 05

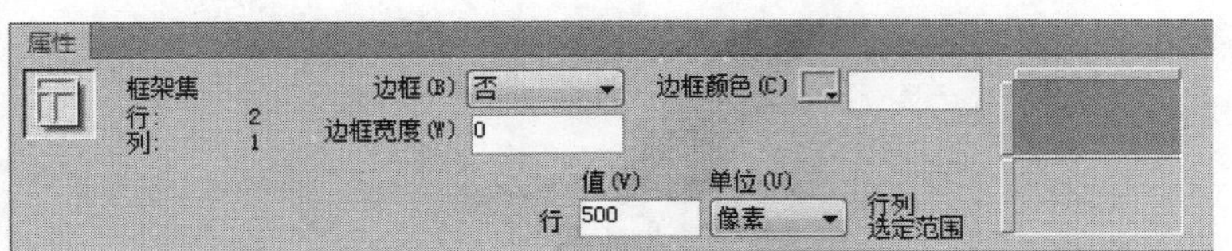

图 5—12

STEP 06 将光标置于top的框架中，如图5-13所示。开始绘制导航表格，如图5-14所示。

图 5—13

图 5—14

STEP 07 将光标置于left的框架中，执行“插入”|“表格”命令，弹出“表格”对话框，设置“行数”为1，“列”为1，“表格宽度”为263像素，“边框粗细”为0，“单元格间距”为0，单击“确定”按钮，如图5-15所示。

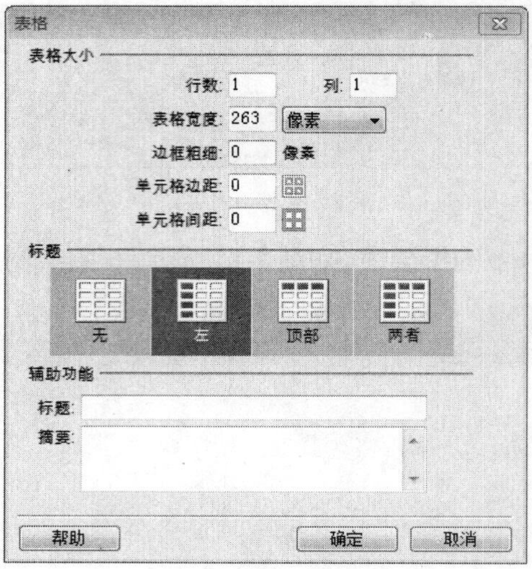

表格
表格大小
行数: 1
列: 1
表格宽度: 263
像素
边框粗细: 0
像素
单元格边距: 0
单元格间距: 0
标题
无
左
顶部
两者
辅助功能
标题:
摘要:
帮助
确定
取消

图 5—15

STEP 08 单击“拆分”按钮，在代码栏中输入“style="border:1px solid #dddddd;"”代码，为表格设置边框，如图 5-16 所示。

景萃金融有限公司
网站首页
公司简介
企业文化
新闻资讯
景萃金融
为您推荐革命性理财产品

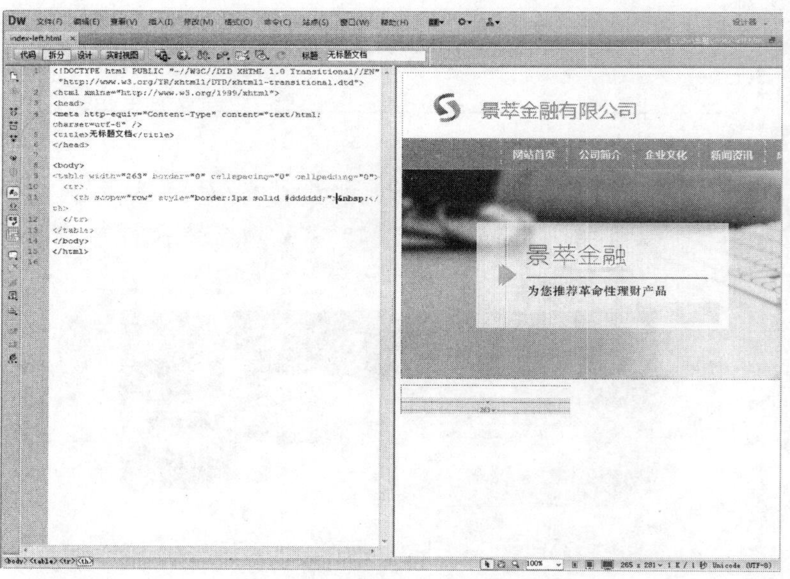

图 5—16

STEP 09 将光标定位在需要创建级联菜单的位置，选择“插入”面板中的 Spry 类别，切换到 Spry 工具面板，单击“Spry 菜单栏”按钮，如图 5-17 所示。

STEP 10 在弹出的“Spry 菜单栏”对话框中，选择“垂直”单选按钮，如图 5-18 所示，单击“确定”按钮，可以看到，在光标处插入了一个 Spry 菜单栏控件，如图 5-19 所示。

图 5-17

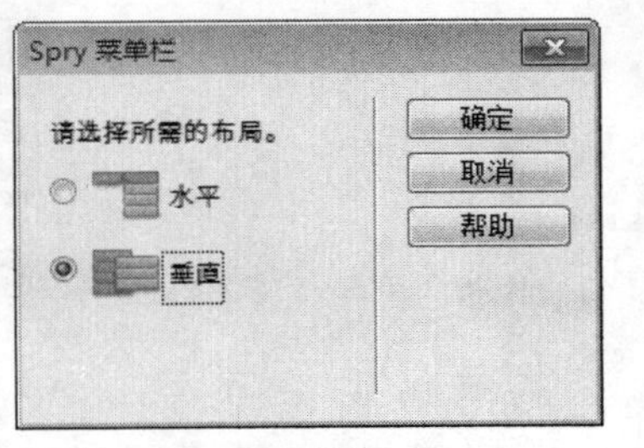

图 5-18

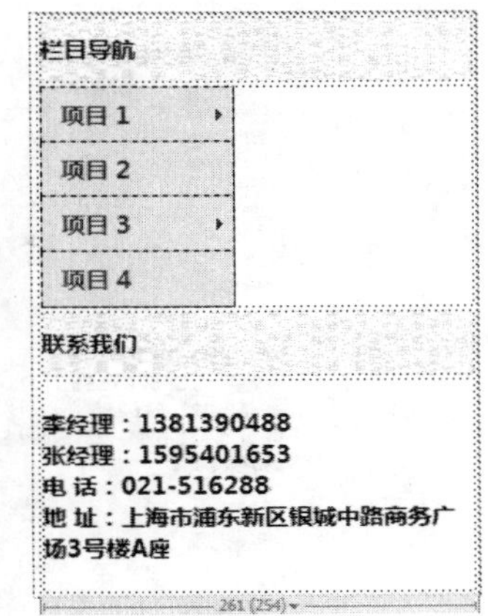

图 5-19

STEP 11 选中 Spry 菜单栏控件，在“属性”面板中选择“项目 1”，设置“文本”和“标题”均为“公司简介”，选择菜单栏目中的“项目 1.1”选项，设置其“文本”和“标题”均为“企业文化”，如图 5-20 和图 5-21 所示。

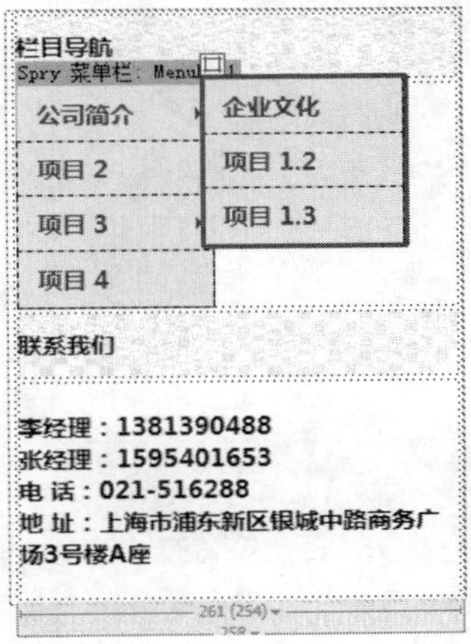

图 5-20

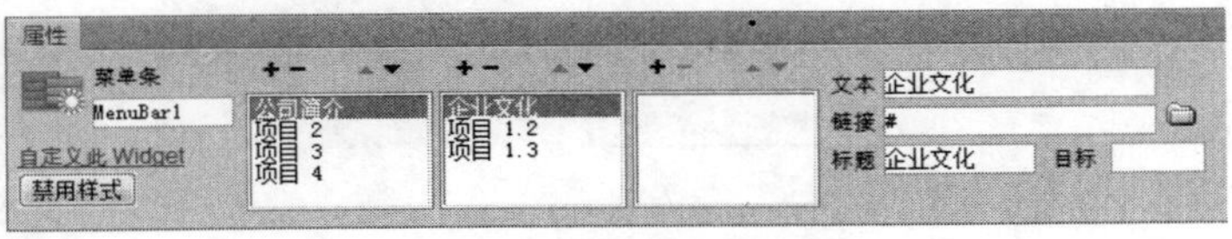

图 5-21

STEP 12 使用同样的方法，分别设置“项目 1.2”和“项目 1.3”选项的文本及标题为“组织架构”“人才计划”，如图 5-22 所示。若还需要添加项目，在“属性”面板中单击添加菜单命令按钮“+”即可。

STEP 13 按照上述方法，完善一级菜单和二级菜单选项，如图 5-23 所示。

STEP 14 将光标置于 body 的框架中，执行“插入”|“表格”命令，在弹出的“表格”对话框中，设置“行数”为 2，“列”为 1，“表格宽度”为 720 像素，“边框粗细”为 0，“单元格间距”为 0，单击“确定”按钮，如图 5-24 所示。

STEP 15 将光标置于新建表格的第一行，插入一个 3 行 1 列的表格，制作公司简介模块。在“拆分”视图的代码栏中输入“style=border:1px solid #dddddd;”，如图 5-25 所示。

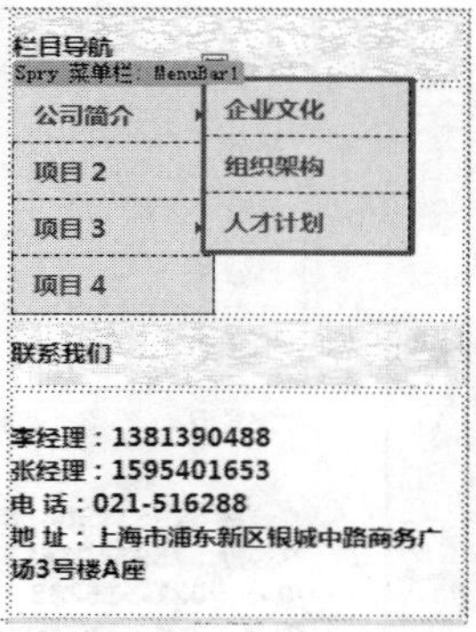

图 5-22

图 5-23

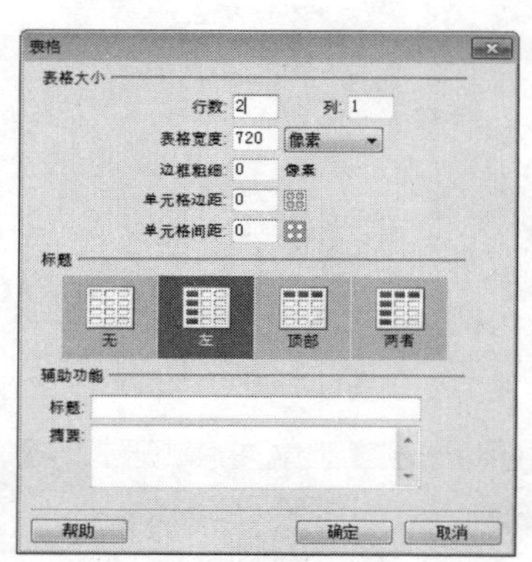

图 5-24

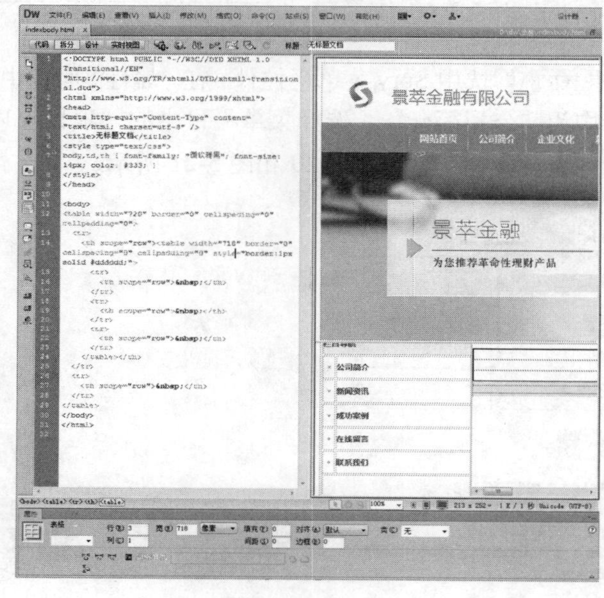

图 5-25

STEP 16 将光标置于新建表格的第一行，在“属性”面板中设置行高为 40 像素，背景色为 #F8F8F8，水平“左对齐”，垂直“居中”，并输入文字“公司简介”，如图 5-26 所示。效果如图 5-27 所示。

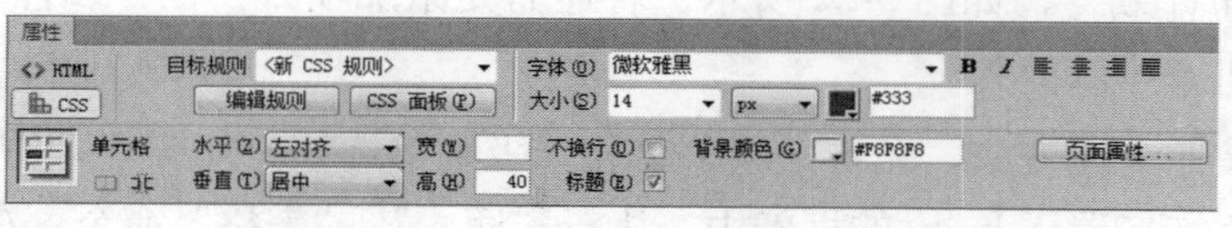

图 5-26

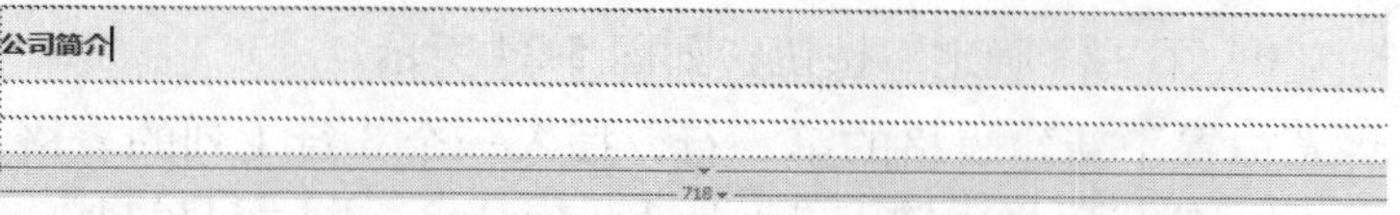

图 5-27

STEP 17 将光标置于新建表格的第二行，在“属性”面板中设置水平“左对齐”，垂直“居中”，输入公司简介内容，插入公司简介的图片，如图 5-28 所示。

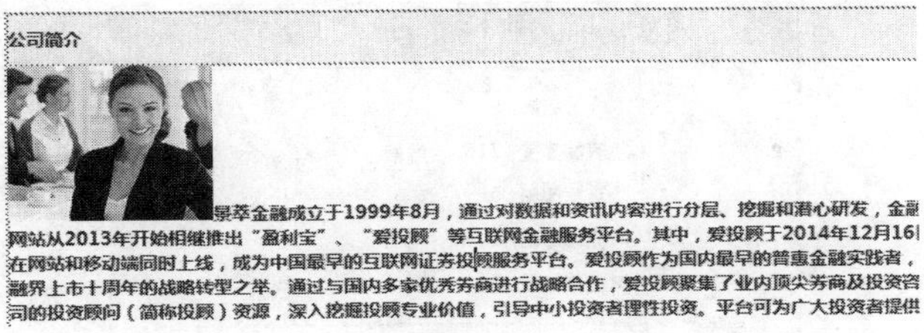

图 5-28

STEP 18 在“拆分”视图的代码栏中，编辑图片样式，输入代码“style="float:left; padding:10px;"”，如图 5-29 所示。

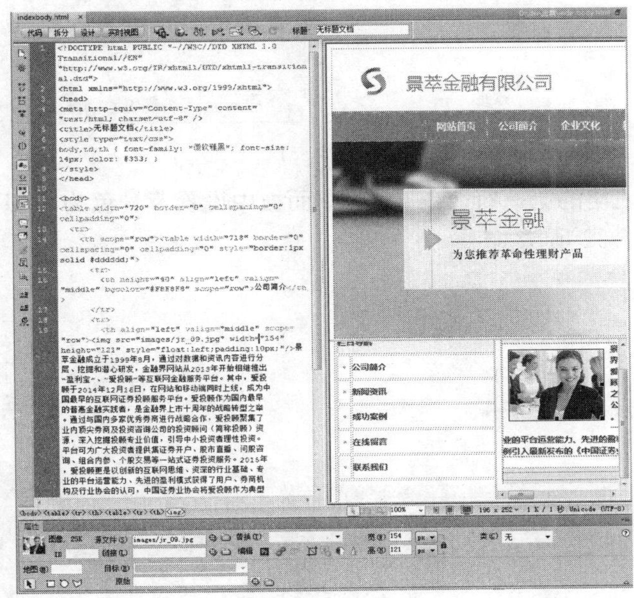

图 5-29

STEP 19 将光标移动到公司简介内容的下方，执行“插入”|“图片”命令，如图 5-30 示。

图 5-30

STEP 20 制作新闻模块和企业文化模块，执行“插入”|“表格”命令，设置“表格宽度”为 330 像素，58 像素，330 像素，如图 5-31 所示。

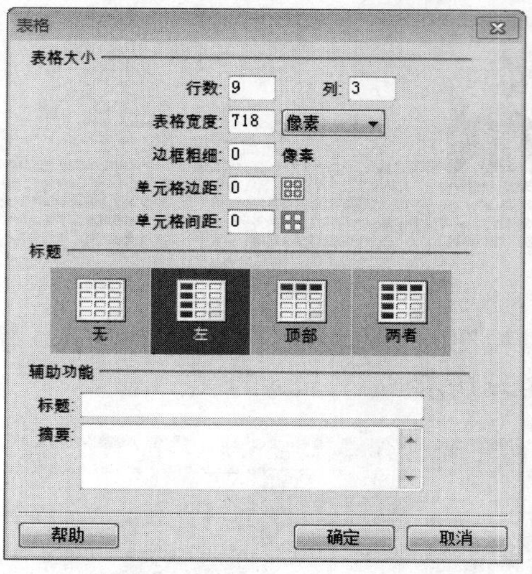

图 5−31

STEP 21 选中表格的第一行，在“属性”面板中设置背景色为 #F8F8F8，水平左对齐，并输入文字，如图 5-32 所示。

图 5−32

STEP 22 在表格下面每一行输入新闻相关的文字，在“属性”面板中设置水平居中对齐。并用同样的方法，制作企业文化的模块。如图 5-33 所示。

新闻中心		企业文化
这十条是夫妻共同财产吗？确认了再结婚也不迟！		这十条是夫妻共同财产吗？确认了再结婚也不迟！
现金流一断就会破产：一个“杠杆”理财者的自述		现金流一断就会破产：一个“杠杆”理财者的自述
当年马云成为首富后说的10句话 句句都价值连城！		当年马云成为首富后说的10句话 句句都价值连城！
北京商品房限购继续执行 世间最可怕的人是这种人		北京商品房限购继续执行 世间最可怕的人是这种人
这十条是夫妻共同财产吗？确认了再结婚也不迟！		这十条是夫妻共同财产吗？确认了再结婚也不迟！
现金流一断就会破产：一个“杠杆”理财者的自述		现金流一断就会破产：一个“杠杆”理财者的自述
当年马云成为首富后说的10句话 句句都价值连城！		当年马云成为首富后说的10句话 句句都价值连城！

图 5−33

STEP 23 执行“文件”|“保存全部”命令，按 F12 键浏览效果。如图 5-34 所示。

图 5—34

【听我讲】

5.1 框架的创建与保存

在 Dreamweaver CS6 中，用户可以使用系统提供的框架结构，也可以根据自己的需要创建框架。下面将详细介绍如何创建自定义框架。

5.1.1 创建框架

用户可以在 Dreamweaver CS6 中根据自己的设计，建立框架集，也可以利用 Dreamweaver CS6 中的预定义框架集，来创建各种框架网页。

1. 使用预定义框架集

使用预定义框架集，可以快速地创建基于框架的排版结构。将光标置于要插入框架集的编辑窗口，执行“插入”| HTML |“框架”命令，在“框架”的子菜单中选择“左侧及上方嵌套”命令，如图 5-35 所示。

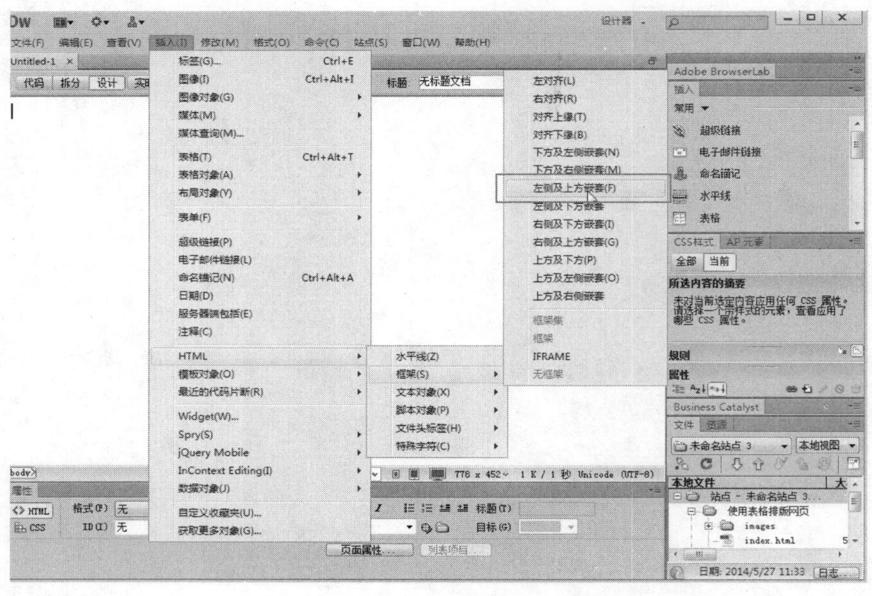

图 5—35

选择一个框架集之后，在弹出的“框架标签辅助功能属性”对话框中设置各个框架的标题，如图 5-36 所示。单击“确定”按钮，插入的预定义框架集显示效果如图 5-37 所示。

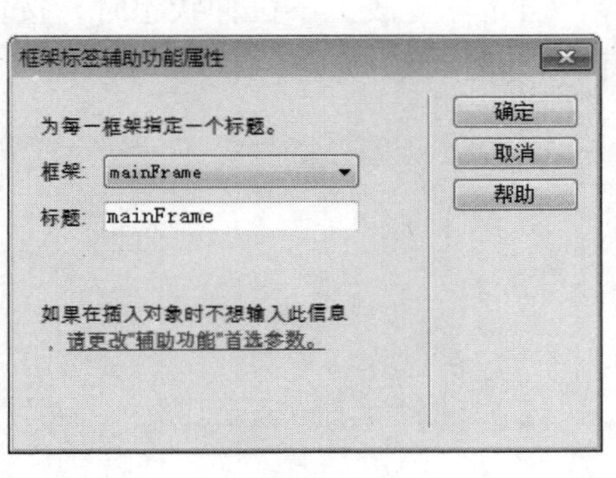

图 5—36

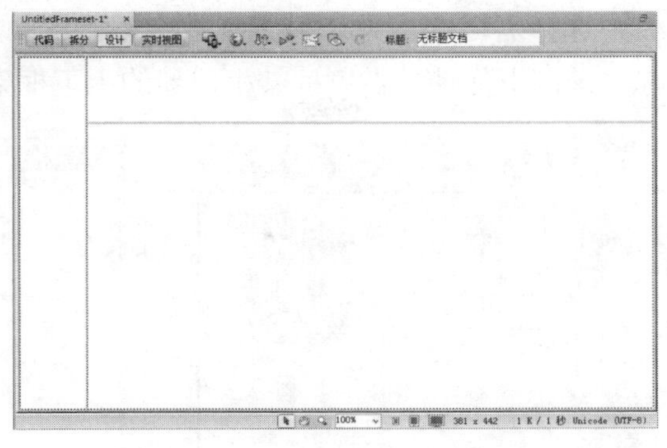

图 5—37

2. 自定义框架集

用户也可以根据自己的需求创建更符合自己需要的框架结构。自定义框架集的步骤如下。

STEP 01 新建一个网页文档，执行“查看”|“可视化助理”|“框架边界”命令，显示框架集边框。

STEP 02 将光标放在框架的左边界，当光标变成左右拉伸状态时，按住鼠标左键向右拖动，就会生成左右两个框架页面，如图 5-38 所示。

图 5—38

STEP 03 执行“窗口”|“框架”命令，打开“框架”面板，如图 5-39 所示。在该面

板中选择右面的框架，将光标放在框架的下边界，当光标变成上下拉伸状态时，按住鼠标左键向上拖动，右侧框架生成新的上下框架页面，如图 5-40 所示。

图 5—39

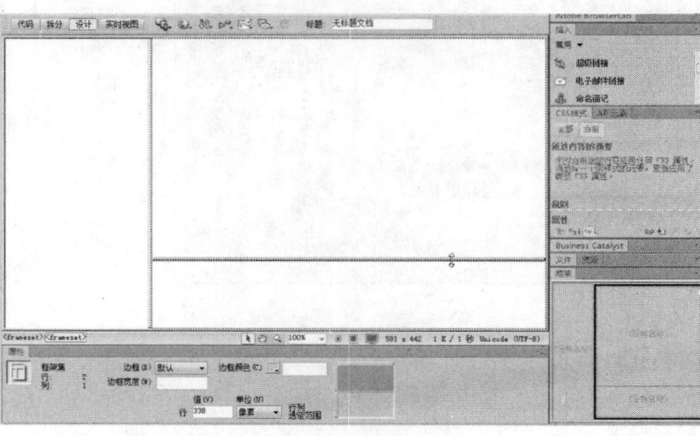

图 5—40

STEP 04 单击“框架”面板中的左侧框架，在“属性”面板的“框架名称”文本框中输入 left，如图 5-41 所示。

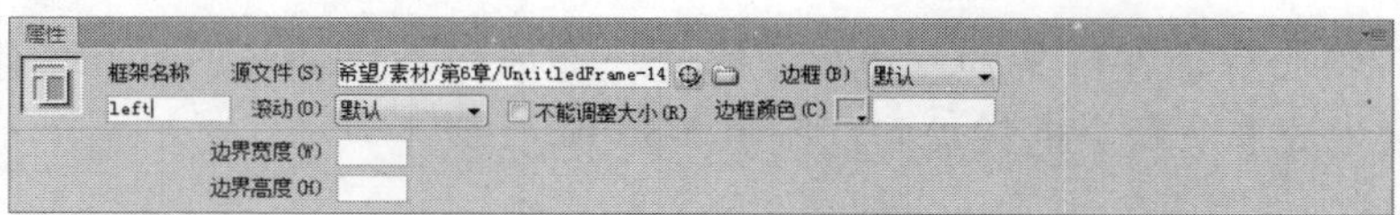

图 5—41

STEP 05 使用同样的方法，依次为主框架、底框架命名为 main、bottom。至此，自定义框架就完成了，如图 5-42 所示。

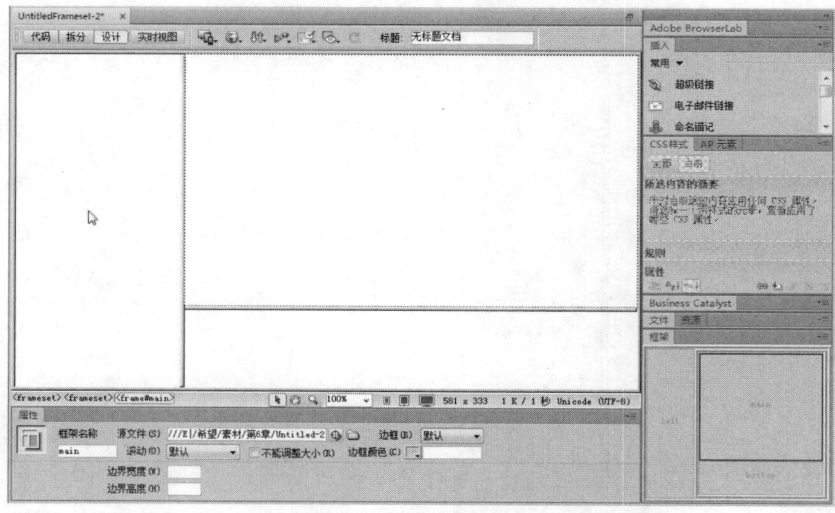

图 5—42

如果删除不需要的框架，可以按住鼠标左键拖动该框架的边框，拖至其父框架边框上时松开鼠标，该框架即被删除。

5.1.2 保存框架集

保存框架集文件和保存普通网页不同，保存框架集文件需要保存框架集以及在框架中显示的所有文档。具体操作步骤如下。

STEP 01 执行“文件” | “保存全部”命令，在弹出的“另存为”对话框中，设置保存路径与文件名，单击“保存”按钮，如图 5-43 所示。

图 5—43

STEP 02 将光标定位在左侧框架，执行“文件” | “保存框架”命令，在弹出的“另存为”对话框中，将左侧框架命名为 left.html。使用同样的方法，分别保存主框架和底框架，如图 5-44 所示。

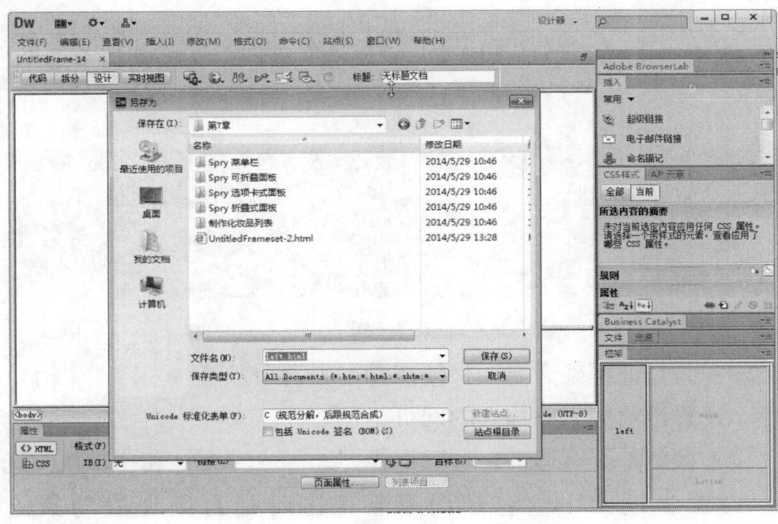

图 5—44

5.2 设置框架属性

框架创建完成后，可以通过“属性”面板设置框架大小是否固定、滚动条是否显示边框、添加滚动条等属性。

5.2.1 框架集属性

在“框架”面板中单击整个框架外边框，选中框架集，“属性”面板将切换到框架集的属性，如图 5-45 所示。

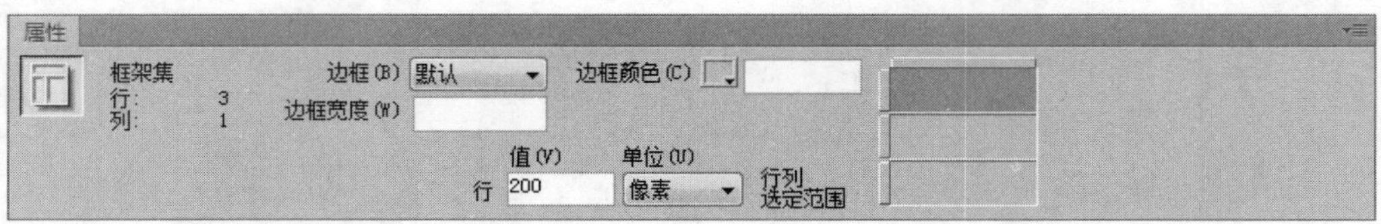

图 5—45

- 边框：设置框架是否有边框，可以选择“是”“否”和“默认”选项。“是”为有边框，“否”为无边框，“默认”则按浏览器的默认设置显示，通常默认为有边框。
- 边框宽度：设置框架边框的宽度，单位为像素。
- 边框颜色：设置框架边框的颜色。
- 框架拆分比：设置框架集内各框架的大小比例。页面如果是左右拆分，则显示“列”的数据。如果是上下拆分，则显示“行”的数据。

5.2.2 框架属性

在“框架”面板中选择其中一个框架，“属性”面板会切换到当前这个框架的属性，如图 5-46 所示。

图 5—46

- 框架名称：为当前框架命名，方便在脚本中调用。
- 源文件：设置当前框架中插入的网页路径。
- 边框：设置框架是否有边框，可以选择“是”、“否”和“默认”选项。
- 滚动：设置当框架中内容超出框架范围时是否出现滚动条。可选的值有“是”“否”“自动”和“默认”。“是”为有滚动条，“否”为无滚动条，“自动”为当内容超出框架范围时将有滚动条，“默认”则按浏览器的默认设置显示。

- 不能调整大小：如果勾选该复选框，会导致浏览者不能拖动框架的边框。默认情况下，浏览者可以拖动框架的边框调整框架的大小。
- 边框颜色：设置边框颜色。如果框架集设置边框颜色，框架属性也设置边框颜色，则按框架属性显示边框颜色。
- 边界高度：设置框架上、下边框与内容之间的距离。
- 边界宽度：设置框架左、右边框与内容之间的距离。

框架的最大特点就是可以将多个网页集中在同一浏览器窗口中显示，并可以实现不同的页面在某个框架区域内互相切换，而其他区域的框架不变。如果用户想在一个框架中使用链接，在另一个框架中打开文档，可以设置链接目标。链接的目标属性指定在其中打开所链接内容的框架或窗口。其具体操作过程如下。

选择要作为链接载体的对象，在“属性”面板中为该对象设置链接。在“属性”面板中“目标”的下拉列表中选择链接打开的目标位置，如图 5-47 所示。

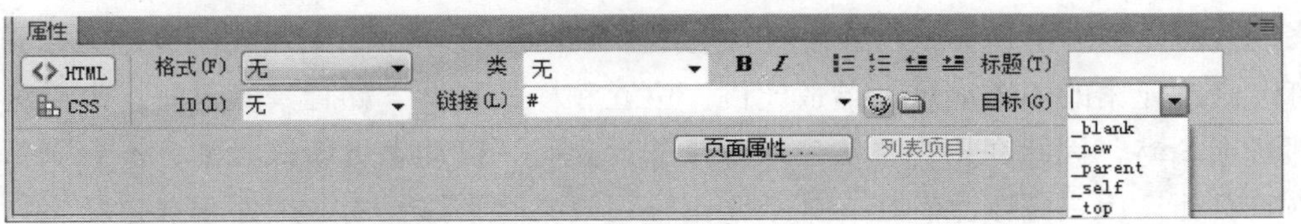

图 5—47

在“目标”下拉列表中，选择显示链接文档的框架或窗口，可选的值有以下几种。

- _blank：在新的浏览器窗口中打开链接的文档，同时保持当前窗口不变。
- _new：在新的浏览器窗口中打开链接的文档。
- _parent：在显示链接的框架的父框架集中打开链接的文档，同时替换整个框架集。
- _self：在当前框架中打开链接，同时替换该框架中的内容。
- _top：在当前浏览器窗口中打开链接的文档，同时替换所有框架。

5.3 Spry 框架技术

Spry 框架是一个 JavaScript 库，设计人员使用它可以构建更丰富的 Web 页，它支持一组用标准 HTML、CSS 和 JavaScript 编写的可重用构件，所以使用该技术可以方便地插入这些构件，并设置构件的样式。在设计上，Spry 框架的标记非常简单，便于具有 HTML、CSS 和 JavaScript 基础知识的用户使用。

5.3.1 Spry 效果

执行“窗口”|“行为”命令，打开“行为”面板，在该面板中单击“添加行为”按钮，从弹出的下拉菜单中可以看到“效果”，如图 5-48 所示。

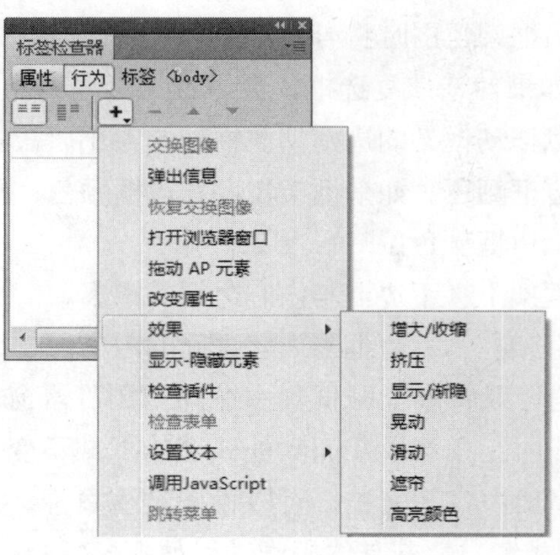

图 5-48

Spry 效果是视觉增强功能，可以将它们应用于使用 JavaScript 的 HTML 页面上几乎所有的元素中。效果通常用于在一段时间内高亮显示信息，创建动画过渡或者以可视方式修改页面元素。用户可以将效果直接应用于 HTML 元素，而无须其他自定义标签。效果可以修改元素的不透明度、缩放比例、位置和样式属性（如背景颜色）。由于这些效果都基于 Spry，因此在用户单击应用效果的元素时，仅动态更新该元素，不会刷新整个 HTML 页面。用户应该注意在向某个元素应用效果时，该元素必须处于选定状态，或者它必须具有一个 ID。

从图 5-48 可以看出，在 Dreamweaver CS6 中 Spry 包括如下效果。

（1）增大 / 收缩。

使元素变大或变小。“增大 / 收缩”效果可用于下列 HTML 元素：address、dd、div、dl、dt、form、p、ol、ul、applet、center、dir、menu 和 pre。在“增大 / 收缩”对话框中，“切换效果”命令可以实现效果的可逆（以下效果中该命令用途相同），如图 5-49 所示。

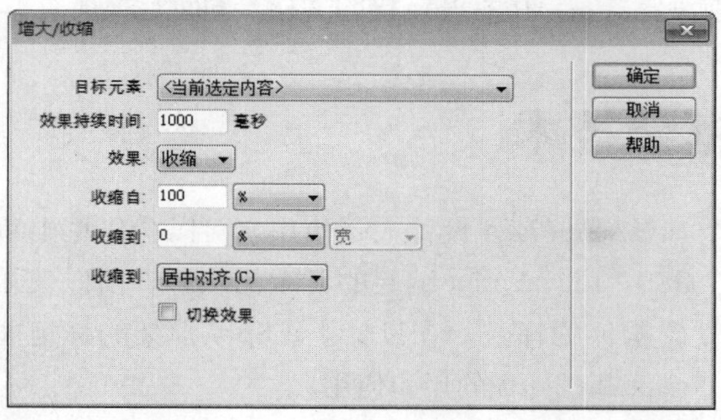

图 5-49

（2）挤压。

使元素从页面的左上角消失。“挤压”效果仅可用于下列 HTML 元素：address、dd、div、dl、dt、form、img、p、ol、ul、applet、center、dir、menu 和 pre，如图 5-50 所示。

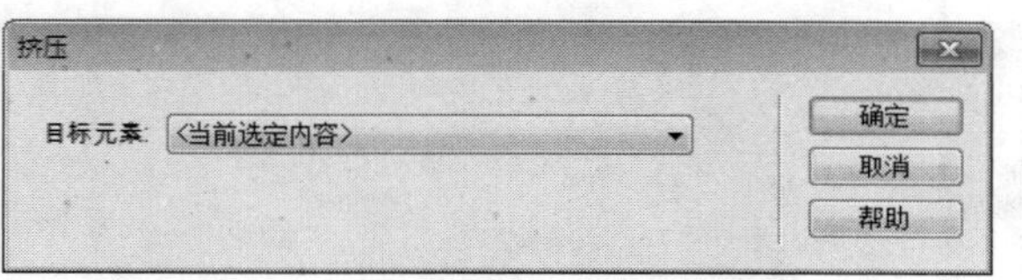

图 5—50

（3）显示 / 渐隐。

使元素显示或渐隐。“显示 / 渐隐”效果可用于除 applet、body、iframe、object、tr、tbody 和 th 元素之外的所有 HTML 元素，如图 5-51 所示。

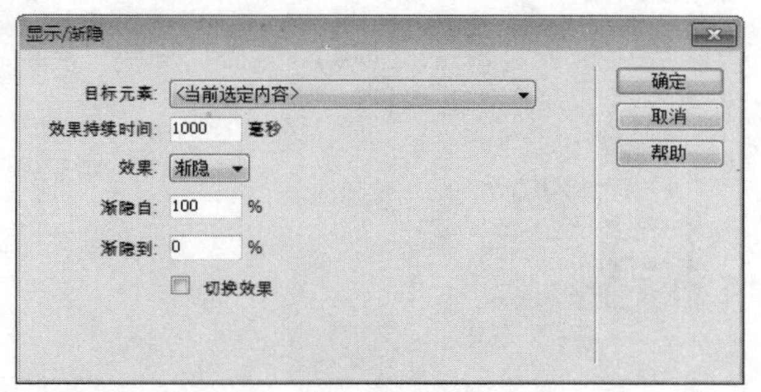

图 5—51

（4）晃动。

模拟从左向右晃动元素。“晃动”效果适用于下列 HTML 元素：address、blockquote、dd、div、dl、dt、fieldset、form、h1、h2、h3、h4、h5、h6、iframe、img、object、p、ol、ul、li、applet、dir、hr、menu、pre 和 table，如图 5-52 所示。

图 5—52

（5）滑动。

上下移动元素。要使滑动效果正常工作，必须将目标元素封装在具有唯一 ID 的容器标签中。用于封装目标元素的容器标签必须是 blockquote、dd、form、div 或 center 标签。目标元素标签必须是以下标签之一：blockquote、dd、div、form、center、table、span、input、textarea、select 或 image，如图 5-53 所示。

（6）遮帘。

模拟百叶窗。向上或向下滚动百叶窗来隐藏或显示元素。此效果仅可用于下列 HTML 元素：address、dd、div、dl、dt、form、h1、h2、h3、h4、h5、h6、p、ol、ul、li、applet、center、dir、menu 和 pre，如图 5-54 所示。

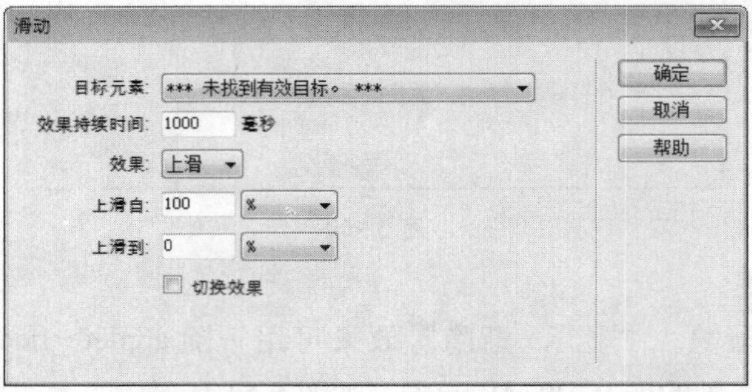

图 5—53

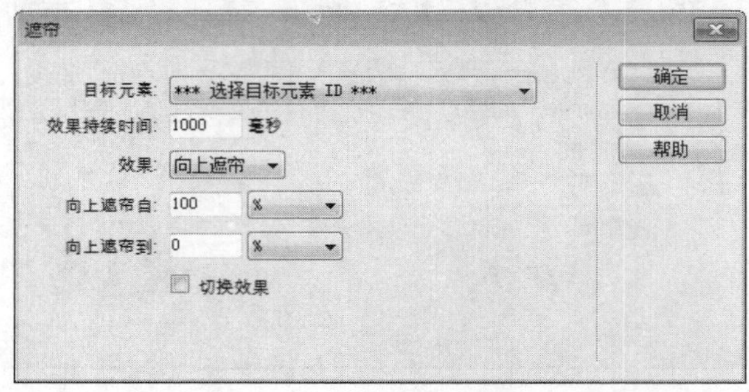

图 5—54

在“遮帘”对话框中，“向上遮帘自 / 向下遮帘自”文本框中，以百分比或像素值形式定义遮帘的起始滚动点。“向上遮帘到 / 向下遮帘到”文本框中，以百分比或像素值形式定义遮帘的结束滚动点。这些值是从元素的顶部开始计算的。

（7）高亮颜色。

更改元素的背景颜色。“高亮颜色”效果可用于除 applet、body、frame、frameset 和 noframes 元素之外的所有 HTML 元素，如图 5-55 所示。

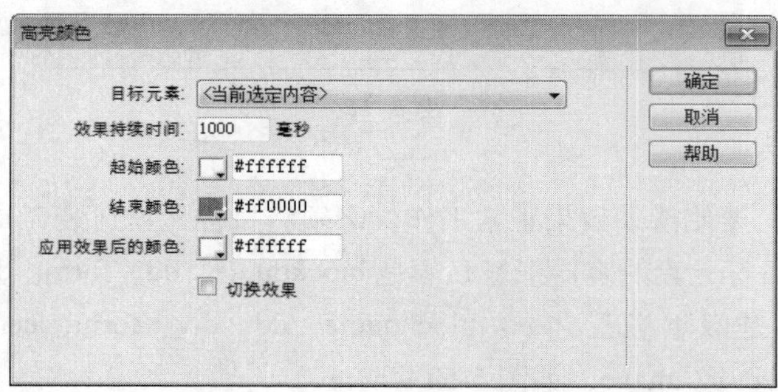

图 5—55

在“高亮颜色”对话框中，“效果持续时间”定义效果持续的时间，用毫秒表示。用户还可以设置以哪种颜色开始高亮显示，以哪种颜色结束高亮显示。

以上均是为 HTML 元素添加 Spry 效果操作，若要删除 Spry 效果，其方法很简单：选择应用效果的内容或布局元素，在“行为”面板（执行“窗口”|“行为”命令，打开

该面板）中，选择要删除的效果，在子面板的标题栏中单击“删除事件”按钮 ，或右键单击要删除的行为，在弹出的快捷菜单中选择“删除行为”命令即可，如图 5-56 和图 5-57 所示。

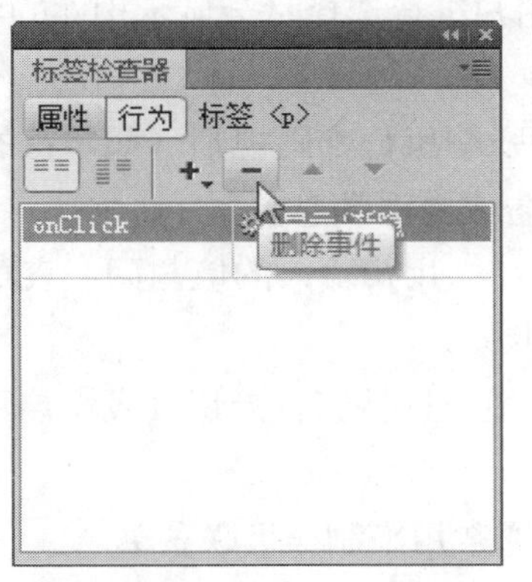

图 5-56

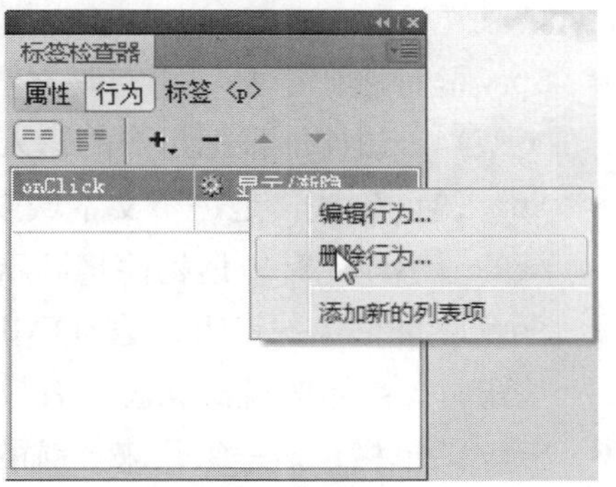

图 5-57

知识点拨

当用户使用效果时，系统会在“代码”视图中将不同的代码添加到相应的文件中。其中的一行代码用来标识 SpryEffects.js 文件。注意，不要从代码中删除该行，否则这些效果将不起作用。

5.3.2 Spry 控件

执行“插入”| Spry 命令或单击“插入”面板工具栏中的 Spry 按钮，可看到 Spry 下拉菜单中的所有控件，如图 5-58 所示。

图 5-58

对这些控件的介绍如下。

- Spry 数据集：用于容纳所指定数据集合的 JavaScript 对象，由行和列组成的标准表格形式生成数组。
- Spry 区域：有两种类型的区域，一个是围绕数据对象（如表格和重复列表）的 Spry 区域；另一个是 Spry 详细区域，该区域与主表格对象一起使用时，可允许对 Dreamweaver CS6 页面上的数据进行动态更新。
- Spry 重复项：是一个数据结构，用户可以设置它的格式来显示数据。
- Spry 重复列表：将数据显示为经过排序的列表、未经排序的（项目符号）列表、定义列表或下拉列表。
- Spry 验证文本域：用于站点浏览者输入文本时，显示文本的状态（有效或无效）。
- Spry 验证文本区域：是一个文本区域，用户输入文本时，显示文本的状态（有效或无效）。

- Spry 验证复选框：是 HTML 表单中的一个或一组复选框，启用（或没有启用）复选框时，显示验证的状态（有效或无效）。
- Spry 验证选择：是一个下拉菜单，该菜单在用户进行选择时会显示构件的状态（有效或无效）。
- Spry 验证密码：是一个密码文本域，可用于强制执行密码规则（如字符的数目和类型）。该控件根据用户的输入信息提供警告或错误消息。
- Spry 验证确认：是一个文本域或密码表单域，当用户输入的值与同一表单中类似域的值不匹配时，该构件将显示有效或无效状态。
- Spry 验证单选按钮组：是 HTML 表单中的一组单选按钮，启用（或没启用）单选按钮时，显示验证的状态（有效或无效）。
- Spry 菜单栏：是一组用来导航的菜单按钮，通常用来制作级联菜单。
- Spry 选项卡式面板：是一组面板，用来将内容存储到紧凑的空间中，通常用来制作选项面板。
- Spry 折叠式：一组可折叠的面板，可以将大量内容存储到一个紧凑的空间中，通常用来制作可折叠面板。
- Spry 可折叠面板：是一个面板，能够节省页面空间。
- Spry 工具提示：当用户将鼠标指针悬停在网页中的特定元素上时，Spry 工具提示构件会显示其他信息。用户移开鼠标指针时，信息消失。

5.3.3 Spry 菜单栏的插入与设置

菜单栏构件是一组可导航的菜单按钮，当站点访问者将鼠标指针悬停在其中的某个按钮上时，将显示相应的子菜单。使用菜单栏可在紧凑的空间中显示大量可导航信息，并使站点访问者无须深入浏览站点即可了解站点上提供的内容。

插入 Spry 菜单栏的操作方法如下。

STEP 01 打开一个网页文档，将光标定位在需要创建级联菜单的位置，单击“插入”工具栏中的Spry类别，切换到Spry 控件面板，单击“Spry 菜单栏 ”按钮，如图 5-59 所示。

STEP 02 在弹出的“Spry 菜单栏”对话框中，选择“垂直”单选按钮，单击“确定”按钮，如图 5-60 所示。

STEP 03 光标所在位置就插入了一个 Spry 菜单栏控件，如图 5-61 所示。插入 Spry 菜单栏控件后，选中该控件，在“属性”面板可以设置菜单栏的属性，如添加菜单项、更改菜单项的顺序或删除菜单项等。

STEP 04 选中 Spry 菜单栏控件，在“属性”面板中选择“项目 1”，设置“文本”和“标题”均为“手机销售排行”，如图 5-62 所示。

图 5—59

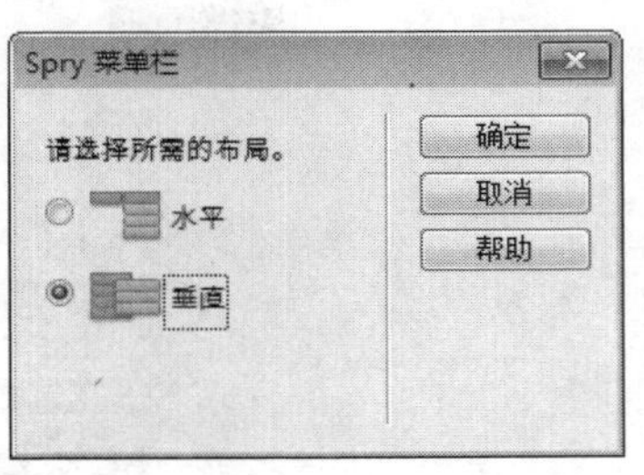

图 5—60

图 5—61

图 5—62

STEP 05 在“属性”面板中选择一级菜单栏目中的“项目 1.1”选项，设置“文本”和“标题”均为“三星”，如图 5-63 所示。

STEP 06 使用同样的方法，设置其他菜单项，如图 5-64 所示。

图 5—63

图 5—64

STEP 07 如果菜单条个数不符合要求，可以通过“菜单条”右侧“+”和“–”按钮进行增加和删除菜单项目。通过单击上下箭头调整菜单的顺序，还可以为每个菜单设置相应的链接。

STEP 08 保存文件，按 F12 快捷键预览网页，Spry 菜单栏效果如图 5-65 所示。

图 5-65

Spry 菜单栏控件“属性”面板中各选项的含义如下。

- 菜单条：默认菜单栏名称为 MenuBar1，该名称不能以汉字重新命名，可以使用字母或者数字重新命名。
- 禁用样式：单击该按钮，菜单栏变成项目列表，按钮名称则更改为“启用样式”。
- 菜单栏目：包括主菜单栏目、一级菜单栏目和二级菜单栏目。
- 文本：设置栏目的名称。
- 标题：鼠标指针停留在菜单栏目上显示的提示文本。
- 链接：为菜单栏目添加链接文件，默认情况下为空链接，单击“浏览”按钮可以选择链接文本。
- 目标：指定要在何处打开所链接的文件，可以设置为 self（在同一个浏览器窗口中打开链接文件）、parent（在父窗口或父框架中打开要链接的文件）和 top（在框架集的顶层窗口中打开链接文件）。

除了制作 Spry 菜单栏之外，还可以制作 Spry 选项卡式面板、Spry 折叠式面板等常用的板块。如图 5-66 和图 5-67 所示。

图 5-66

图 5-67

【自己练】

1. 利用框架布局页面

在此，利用前面所学的知识，练习框架页面的创建方法和框架在网页布局中的实际应用等操作，如图 5-68 所示。

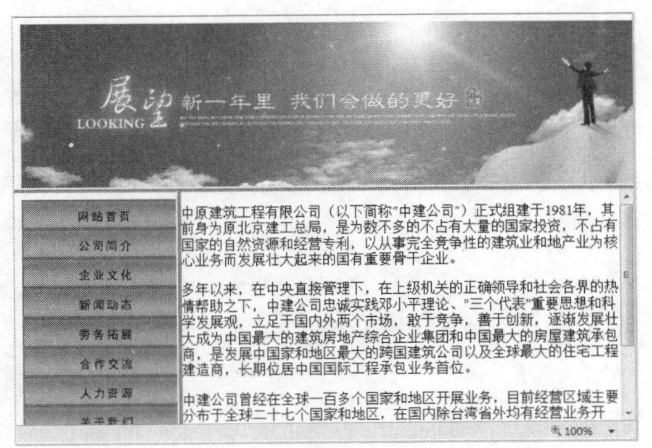

图 5—68

操作提示

STEP 01 新建一个网页文档，并保存。执行"插入"|HTML|"框架"|"上方及左侧嵌套"命令。在"框架标签辅助功能属性"对话框中进行相应的设置。

STEP 02 在顶部框架插入一个 1 行 1 列的表格并设置其属性，随后插入图像文件。

STEP 03 保存框架集和框架，在"属性"面板中设置框架边框，最后保存。

2. 使用 Spry 折叠式控件

本章介绍了 Spry 控件及 Spry 菜单栏的应用。下面利用之前所学的知识练习使用 Spry 折叠式控件，如图 5-69 所示。

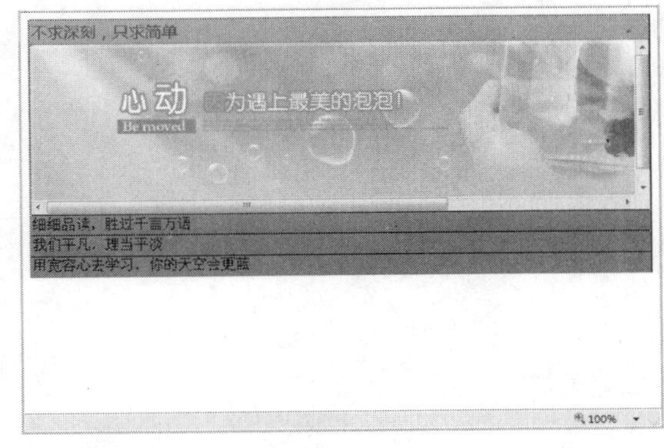

图 5—69

操作提示

STEP 01 执行"插入" | Spry | "Spry 折叠式"命令，插入 Spry 折叠式控件。

STEP 02 选中 Spry 控件，在"属性"面板中进行设置，如文本的字体、大小与颜色，以及图片的插入等。

STEP 03 最后保存并预览页面效果。

第 6 章

制作宣传页面
——Div 与 CSS 技术详解

本章概述：

如今，使用 Div+CSS 排版网页已经成为一种趋势，CSS 可以有效控制网页中各元素的样式，使得网页元素的修改更加方便快捷。而 Div 技术是利用构造块做容器来放置网页元素，通过每个构造块的定位来实现页面的排版。构造块是通过 div 标记来创建的，元素的样式则通过 CSS 样式表进行定义，这样就实现了内容和表现的分离。本章我们将学习这方面的相关知识。

要点难点：

CSS 样式表 ★☆☆
创建 CSS 样式 ★★☆
定义 CSS 样式 ★★★
管理 CSS 样式表 ★★★
Div+CSS 布局 ★★★

案例预览：

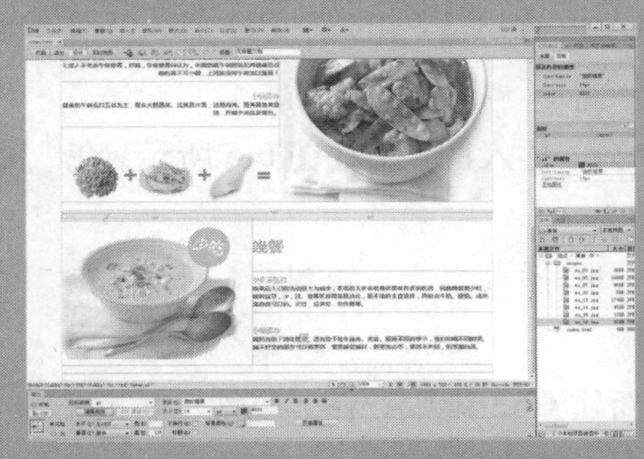
布局网页

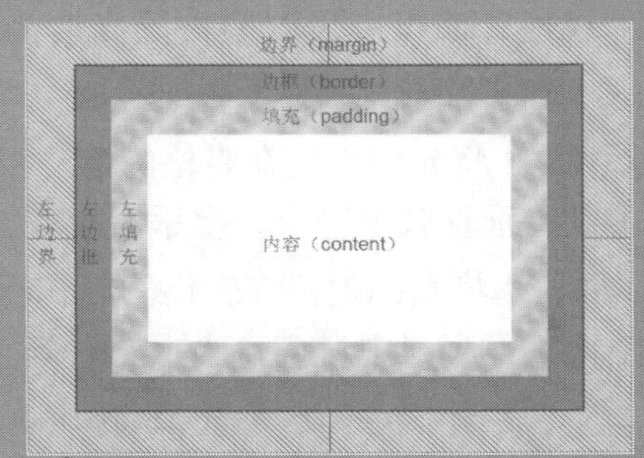

盒子模型

【跟我学】 制作图文混排的网页

作品描述

图文混排是网页中常见的一种排版方式，这种排版方式既可以丰富内容，又可以通过漂亮的文字更好地展示网站的美感，本案例将对图与文字的基本排版方式进行介绍。

制作过程

STEP 01 启动 Dreamweaver CS6，设置一个美食的站点，并新建一个网页，保存为 index.html，如图 6-1 所示。

STEP 02 在“属性”面板中单击“页面属性”按钮，在打开的“页面属性”对话框中，设置网页的上、下、左、右边距均为 0 像素，如图 6-2 所示。

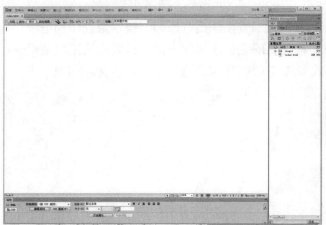

图 6—1

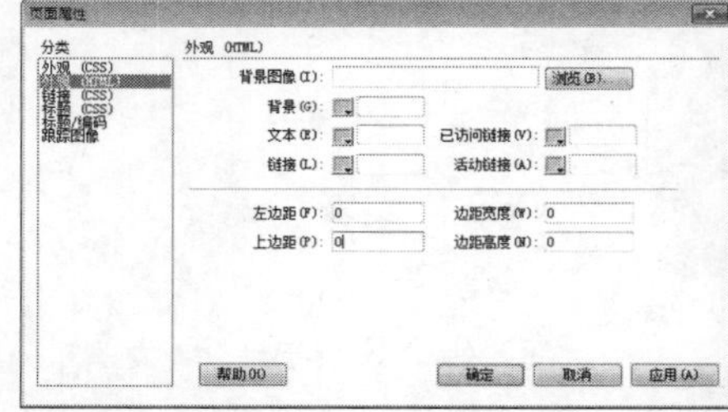

图 6—2

STEP 03 执行“插入”|“表格”命令，插入一个 8 行 1 列的表格，设置“表格宽度”为 1000 像素，如图 6-3 所示，并选择“居中对齐”。

STEP 04 将表格的第一行背景色设置为 #f0f0f0，拆分第一行的单元格，拆分成 3 列，并在“属性”面板中设置表格的高度为 187 像素，设置这 3 列的宽度分别为 312 像素、24 像素、664 像素，如图 6-4 所示。

STEP 05 将光标定位在表格的第一行最左侧一列，插入图像，如图 6-5 所示。在“属性”面板中设置垂直底部居中，水平右对齐。

STEP 06 将光标定位在表格的第二行最右侧一列，插入文字，如图 6-6 所示。在“属性”面板中设置垂直居中对齐，水平左对齐。

STEP 07 选中英文大标题“Superb cuisine”，新建 CSS 规则，在“属性”面板下方“目标规则”中选择 .htx, 并单击“编辑规则”按钮，设置 CSS 的样式，如图 6-7 所示。

STEP 08 选中英文大标题“Superb cuisine”下方的副标题，新建 CSS 规则，在“属性”面板下方“目标规则”中选择 .htx1, 并单击“编辑规则”按钮，设置 CSS 的样式，如图 6-8 所示。

这样顶部的效果就制作完成了，效果如图 6-9 和图 6-10 所示。

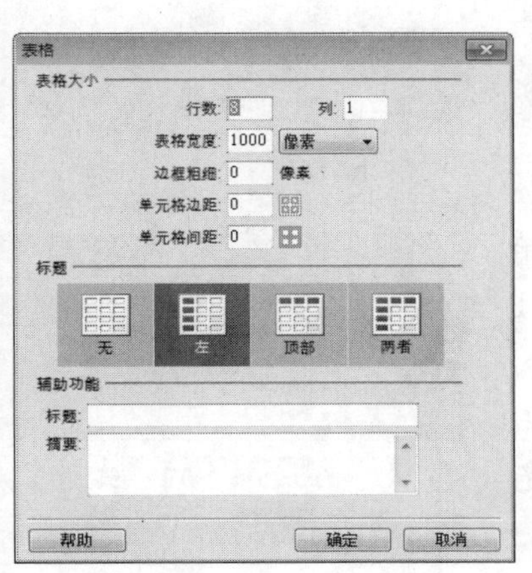

图 6—3

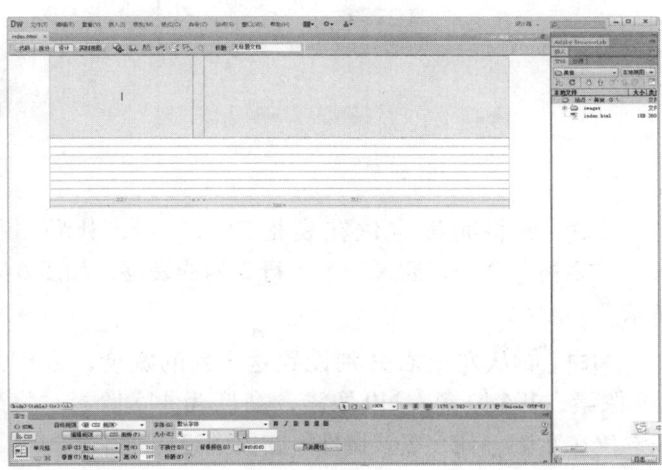

图 6—4

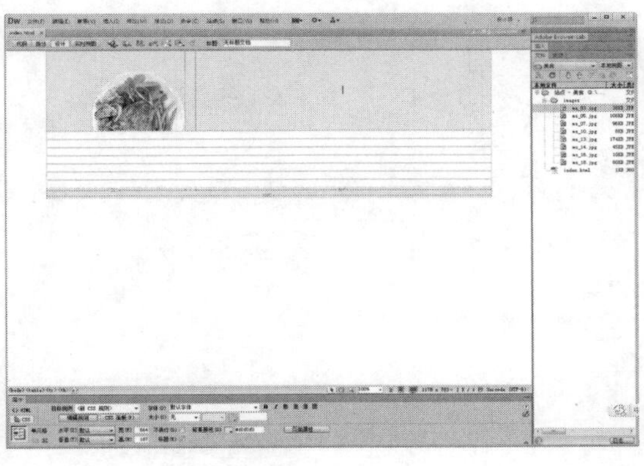

图 6—5

图 6—6

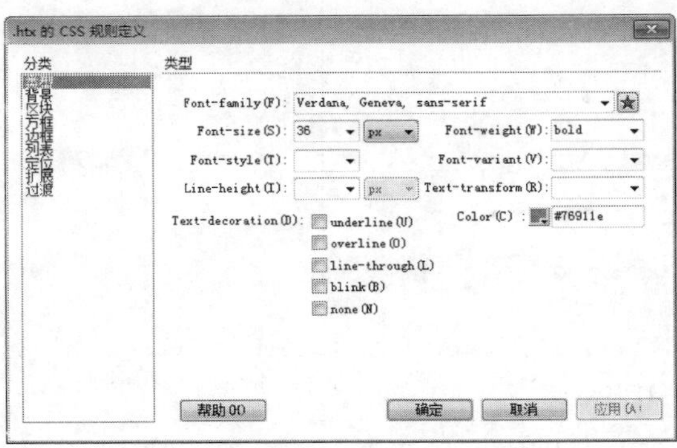

图 6—7

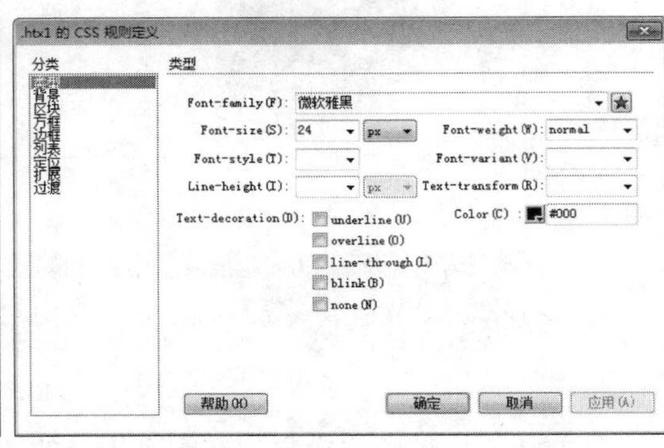

图 6—8

图 6—9

图 6—10

STEP 09 将光标定位在表格的第二行，执行“插入”|“表格”命令，插入一个 1 行 3 列的表格，如图 6-11 所示。

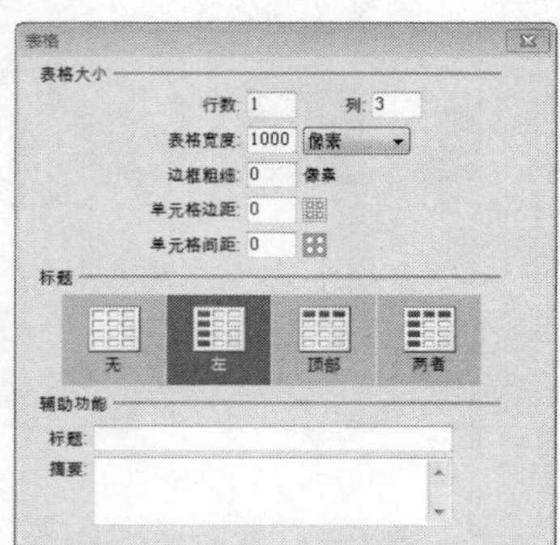

图 6—11

STEP 10 从左至右分别设置这 3 列的宽度，分别为 356 像素、404 像素、240 像素，高度为 445 像素。将光标定位在左侧一列，在“属性”面板中设置水平左对齐，垂直居中对齐，并执行“插入”|“图像”命令，如图 6-12 所示。

STEP 11 将光标定位在第二列，在“拆分单元格”对话框中拆分表格为 3 行，如图 6-13 所示。

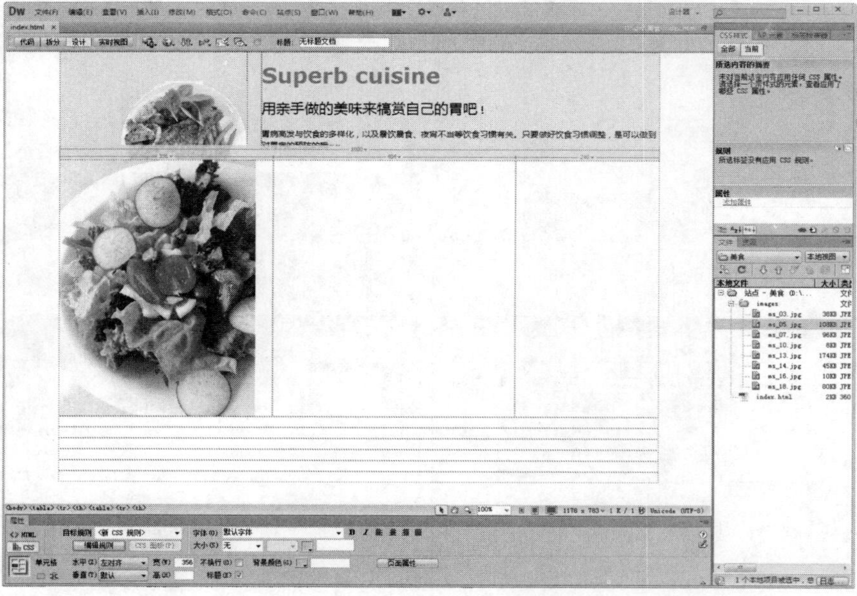

图 6—12

STEP 12 将光标依次定位在刚刚拆分的 3 行，分别输入相关文字，如图 6-14 所示。

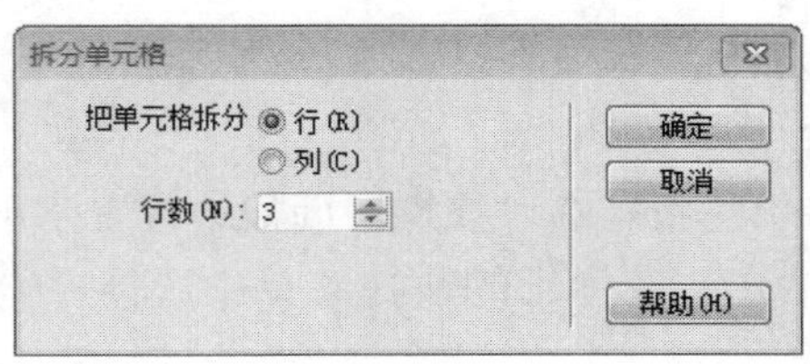

图 6—13

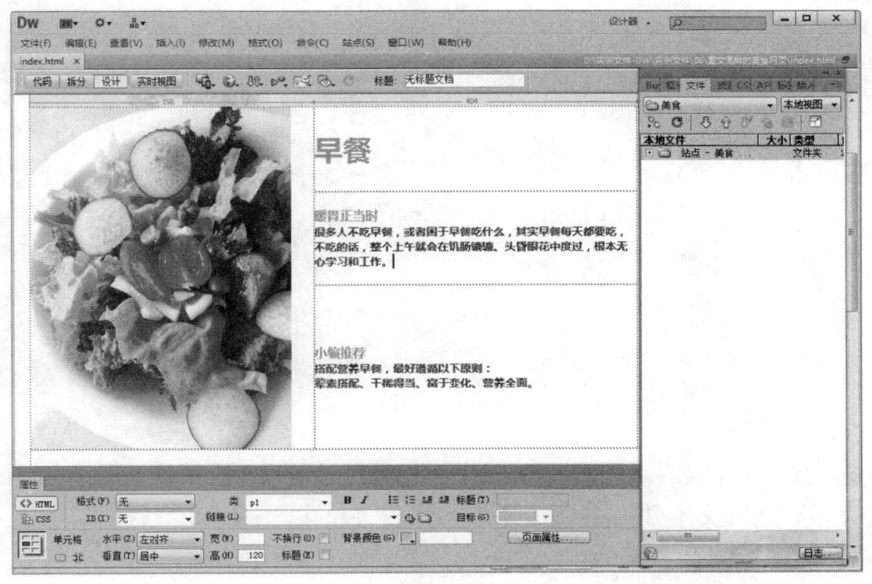

图 6—14

STEP 13 将光标定位在刚新建表格的第一行，在“属性”面板中设置水平左对齐，垂直居中对齐，选中“早餐”标题，新建 CSS 规则，在“属性”面板下方“目标规则”中选择 .T1，并单击“编辑规则”按钮设置 CSS 的样式，如图 6-15 所示。

STEP 14 将光标定位在刚新建表格的第二行，在“属性”面板中设置水平左对齐，垂直居中对齐，选中“暖胃正当时”标题，新建 CSS 规则，在“属性”面板下方的“目标规则”中选择 .T2，并设置 CSS 的样式，如图 6-16 所示。

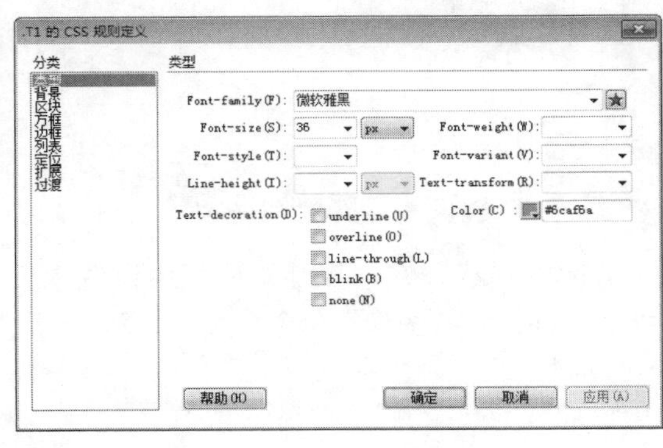

图 6—15

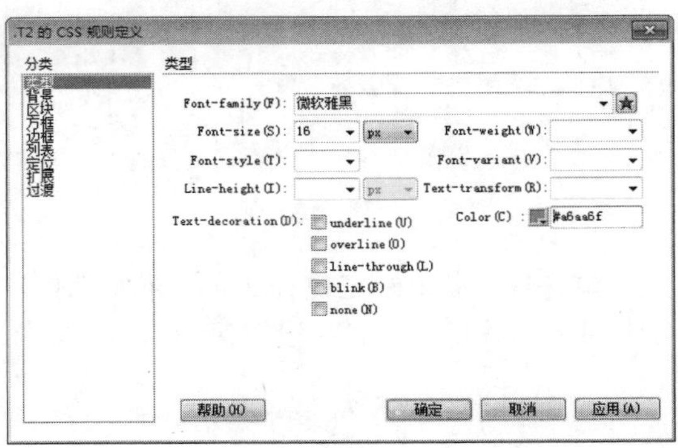

图 6—16

STEP 15 将光标定位在刚新建表格的第二行，选中“很多人”这段文本，新建CSS规则，定义为 .p1，并设置 CSS 的样式，如图 6-17 所示。

STEP 16 将光标定位在第三行，在“属性”面板中设置水平左对齐，垂直居中对齐，选择“小编推荐”标题并右击，在弹出的快捷菜单中选择“CSS 样式”，并在子菜单中选择 T2，如图 6-18 所示。

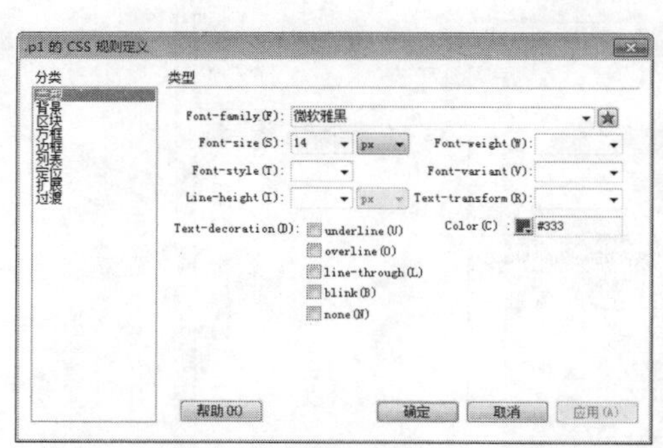

图 6-17

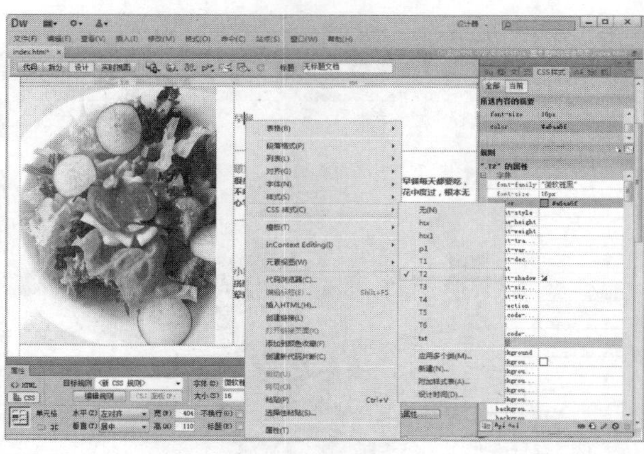

图 6-18

STEP 17 将光标定位在第三行，在“属性”面板设置水平左对齐，垂直居中对齐，选择“搭配营养”这段文本并右击，在弹出的快捷菜单中选择“CSS 样式”，在子菜单中选择 p1，如图 6-19 所示。

STEP 18 将光标定位在右侧一列，执行“插入”|“图像”命令，效果如图 6-20 所示。

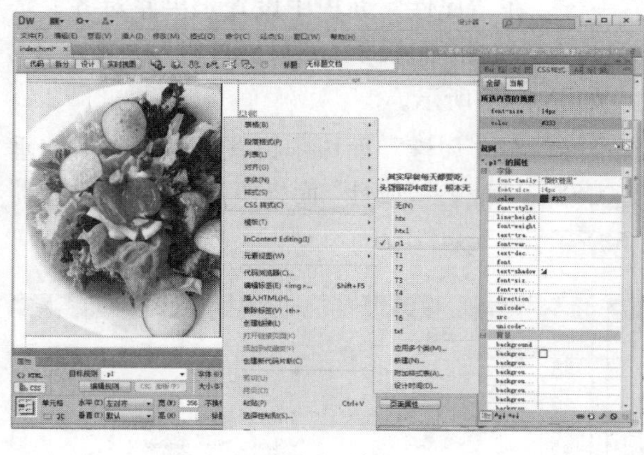

图 6-19

图 6-20

STEP 19 将光标定位在下面一行，制作一个分隔的横线，在“属性”面板中设置水平居中对齐，垂直居中，并设置高度为 46 像素，执行“插入”|“图像”命令，如图 6-21 所示。

图 6−21

STEP 20 将光标定位在下面一行，执行“插入”|“表格”命令，插入一个 1 行 2 列的表格，如图 6-22 所示。

STEP 21 从左至右分别设置这两列的宽度，分别为 507 像素和 493 像素，高度为 515 像素。将光标定位在左侧一列，在“属性”面板中设置水平右对齐，垂直居中对齐，并在右侧一列执行“插入”|“图像”命令，如图 6-23 所示。

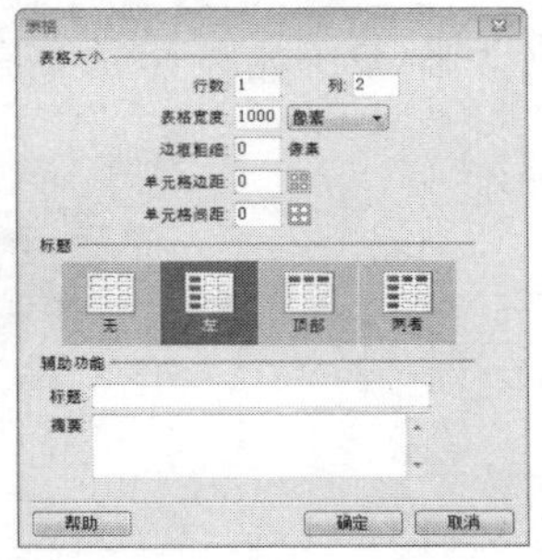

图 6−22

图 6−23

STEP 22 将光标定位在左侧一列，在“拆分单元格”对话框中拆分单元格，拆分为 4 行单元格，如图 6-24 所示，从上到下设置高度为 125 像素、100 像素、110 像素和 180 像素，如图 6-25 所示。

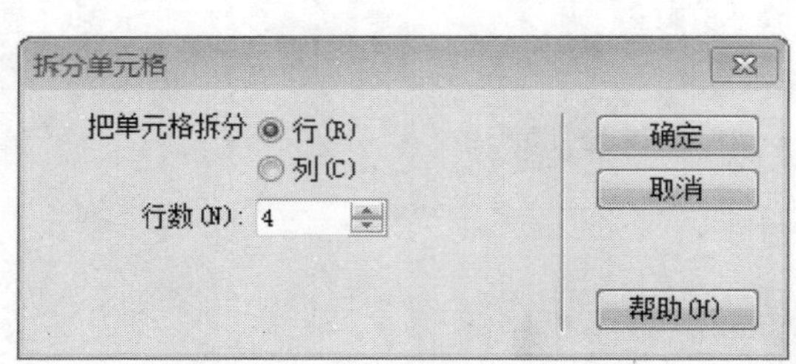

图 6—24

图 6—25

STEP 23 在刚新建表格的前 3 行，分别输入相关文字，在第 4 行，执行“插入”|“图像”命令，如图 6-26 所示。

图 6—26

STEP 24 选中“午餐”文本，定义为 .T3，并设置 CSS 的样式，如图 6-27 所示。

STEP 25 选中“护胃最重要”文本，定义为 .T4，并设置 CSS 的样式，如图 6-28 所示。

STEP 26 选中“据调查显示……”文本，单击鼠标右键，在弹出的快捷菜单中选择“CSS 样式”，并在弹出的子菜单中选择 p1，如图 6-29 所示。

STEP 27 选中“小编推荐”标题，按上述步骤操作，在子菜单中选择 T4，如图 6-30 所示。

STEP 28 选中“健康的午餐……”文本，按上述步骤操作，在子菜单中选择 p1，如图 6-30 所示。

图 6—27

图 6—28

图 6—29

图 6—30

STEP 29 将光标定位在下面一行，制作一个分隔的横线，在“属性”面板中设置水平居中对齐，垂直居中，并设置高度为 46 像素。执行“插入”|“图像”命令，如图 6-31 所示。

图 6—31

STEP 30 将光标定位在下面一行，执行“插入”|“表格”命令，插入一个1行2列的表格，如图6-32所示。

STEP 31 从左至右分别设置这两列的宽度为443像素和557像素，高度为352像素。将光标定位在左侧一列，在“属性”面板中设置水平左对齐，垂直居中对齐，并在左侧一列执行“插入”|“图像”命令，如图6-33所示。

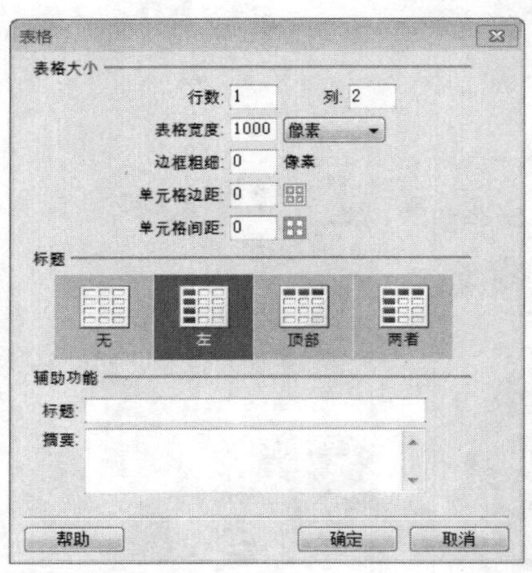

图 6—32

图 6—33

STEP 32 将光标定位在第二列，在“拆分单元格”对话框中将表格拆分为3行，如图6-34所示。

STEP 33 将光标依次定位在刚刚拆分的3行，分别输入相关文字，从上至下分别设置行高为125像素、102像素和125像素，如图6-35所示。

STEP 34 选中“晚餐”文本，定义为.T5，并设置CSS的样式，如图6-36所示。

STEP 35 选中“少吃不伤胃”文本，定义为.T6，并设置CSS的样式，如图6-37所示。

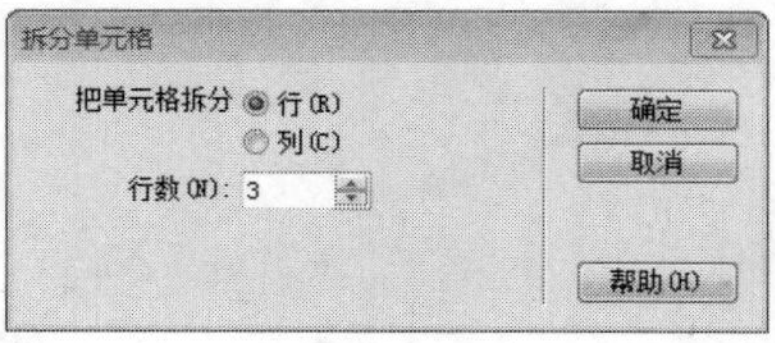

拆分单元格
把单元格拆分 ◉ 行(R) ○ 列(C)
行数(N): 3
确定 取消 帮助(H)

图 6—34

图 6—35

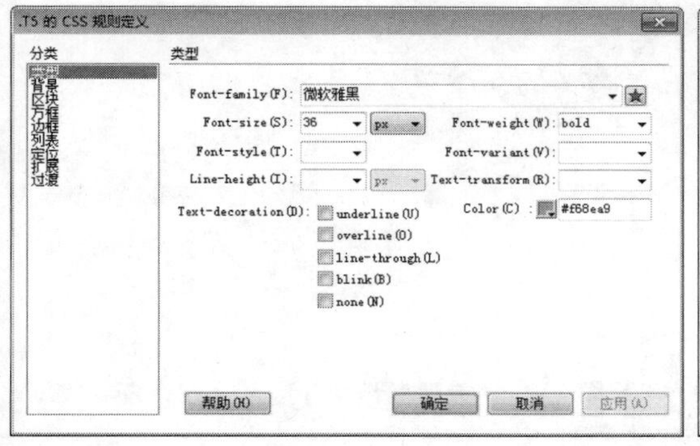

图 6—36

图 6—37

STEP 36 选中“晚餐后人们……”文本，单击鼠标右键，在弹出的快捷菜单中选择“CSS 样式”，在子菜单中选择 p1，如图 6-38 所示。

STEP 37 选中“小编推荐”标题，按上述操作步骤，在子菜单中选择 T6。选中“喝粥有助于……”文本，按上述操作步骤选择 p1，如图 6-39 所示。

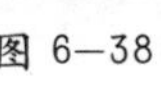

图 6—38

图 6—39

STEP 38 选择预览浏览器，最终预览效果如图 6-40 所示。

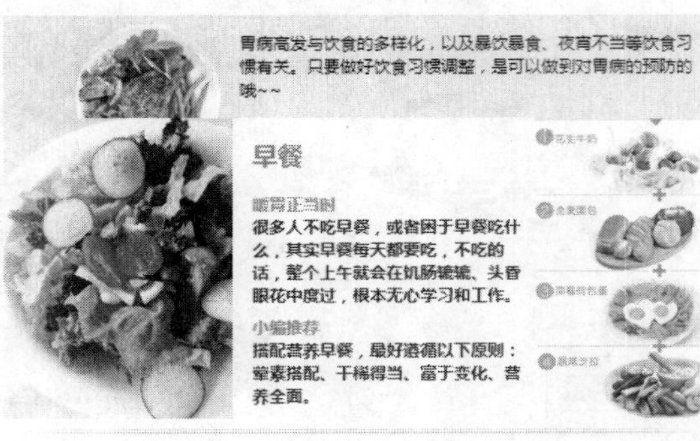

胃病高发与饮食的多样化，以及暴饮暴食、夜宵不当等饮食习惯有关。只要做好饮食习惯调整，是可以做到对胃病的预防的哦~~
早餐
很多人不吃早餐，或者困于早餐吃什么，其实早餐每天都要吃，不吃的话，整个上午就会在饥肠辘辘、头昏眼花中度过，根本无心学习和工作。
小编推荐
搭配营养早餐，最好遵循以下原则：荤素搭配、干稀得当、富于变化、营养全面。

午餐
护胃最重要
据调查显示，我国仅有28.1%的职场人在吃午餐时会考虑荤素搭配、健康营养。近七成人不考虑午餐营养，对此，专业营养师认为，长期忽略午餐的搭配对健康造成的伤害不可小觑，上班族应对午餐加以重视！
小编推荐
健康的午餐应以五谷为主，配合大量蔬菜、瓜类及水果，适量肉类、蛋类及鱼类食物，并减少油盐及糖分。

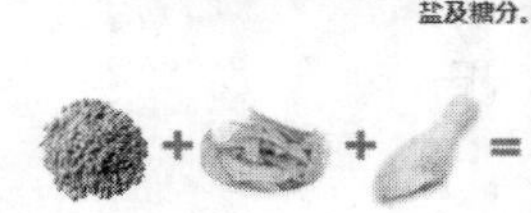

晚餐
少吃不伤胃
晚餐后人们的活动量大为减少，若吃的太多会给身体带来许多的伤害，因此晚餐要少吃，晚餐宜早，少，淡。营养粥和面条易消化，是不错的主食选择，再加点牛奶、酸奶、或水果亦是可以的。记住，忌多吃，勿伤胃哦。
小编推荐
喝粥有助于消化吸收，还有助于延年益寿、美容。根据不同的季节，我们和喝不同的粥。睡不好觉的朋友

图 6—40

【听我讲】

6.1 认识 CSS 样式表

所谓样式就是层叠样式表，即 CSS（Cascading Style Sheets），是设置页面元素对象格式的一系列规则，利用这些规则可以设置页面元素的显示方式和位置，也可以控制 Web 页面的外观，帮助设计者完成页面布局。使用样式表不但可以定义文字，还可以定义表格、层以及其他元素。通过直观的界面，设计者可以定义超过 70 种不同的 CSS 样式，这些样式可以影响到网页中的任何元素，从文本的间距到类似于多媒体的转换。用户可以创建自己的样式表并随时调用。

CSS 样式表的功能主要有以下几点：

- 弥补了 HTML 语言对网页格式定义的不足，如设置段间距、行间距等。
- 可以在大部分浏览器上使用。
- 使得需要通过图片转换才能实现的功能，用 CSS 就可以轻松实现，从而更快地下载页面。
- 可以使页面的字体变得漂亮，更容易编排。
- 可以轻松地控制页面的布局，准确地进行排版定位。
- 可以将很多网页的风格格式同时更新。用户可以将站点上所有的网页风格都使用一个 CSS 文件进行控制，如果需要更改网页风格，只需要修改 CSS 文件中相应的行即可。

组成 CSS 的显示规则主要由选择器和声明两部分组成。选择器用于标识站点中需要定义样式的一些 HTML 标记，如 <body>、<table>、<hr>、元素 ID 以及类的名称等。声明常以包含多个声明的声明块的形式存在。声明由属性和值两个部分组成。下面将具体介绍 CSS 的 3 种写法。

第一种：位于 HTML 文件的头部，即 <head> 与 </head> 之间，以 <style> 开始，</style> 结束，例如下面的代码：

```
<style type="text/CSS">
h1 {font-size: 9pt;  color: #00F}
</style>
```

<style></style> 标记之间是样式的内容，type 表示使用的是 text 中的 CSS 书写的代码。{} 前面的是样式的类型和名称，{} 中的内容是样式的具体属性。上述代码定义了 <h1> 标记使用的字号为 9pt，颜色为 #00F。

第二种：在 <body> 中直接书写，比如要让 <h1> 标记字体为 18pt，可以直接在 <body></body> 中输入如下代码：

```
<h1 style="font-size:18pt">
```

第三种：从外部调用，CSS既可以在HTML文档内容中定义，也可以单独成立文件，网页文件可以直接调用CSS样式表文件。

6.2 创建CSS样式

在Dreamweaver CS6中提供了3种基本的工具来实现层叠样式表，即"CSS样式"面板、"编辑样式表"对话框和"样式定义"对话框。其中通过"CSS样式"面板定义页面元素可以实现元素简单的CSS样式定义，但是这个功能并不能从根本上减少设计人员的工作量，要定义完整的CSS样式表，仍然需要使用CSS样式编辑器进行定义。本节将对相关的知识进行介绍。

6.2.1 "CSS样式"面板

在Dreamweaver CS6中，CSS样式的操作及其属性都集中在"CSS样式"面板中。执行"窗口"|"CSS样式"命令，将打开"CSS样式"面板。在该面板中集中了CSS样式的基本操作，分别为"全部"模式和"当前"模式，如图6-41所示。下面将分别介绍这两种模式。

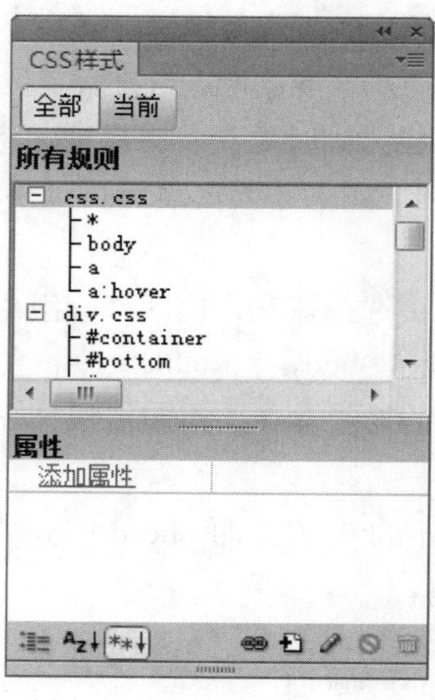

图 6—41

1. 全部模式

单击"CSS样式"面板中的"全部"按钮，将显示"全部"模式下的"CSS样式"面板。该面板分为上、下两部分，即"所有规则"部分和"属性"部分。"所有规则"部分显示当前文档中定义的所有CSS样式规则，以及附加到当前文档样式表中所定义的所有规则。使用"属性"部分可以编辑"所有规则"部分中所选的CSS属性。拖动两部分之间的边框可以调整各部分的大小。

用户在“所有规则”部分中选择某个规则时，该规则中定义的所有属性都将出现在“属性”部分中，用户可以使用“属性”部分快速修改 CSS。默认情况下，“属性”部分仅显示先前已设置的属性，并按字母顺序进行排列。

用户可以选择在两种视图下显示属性。即类别视图和列表视图。类别视图显示按类别分组的属性（如“字体”“背景”“区块”等），已设置的属性位于每个类别的顶部。列表视图显示所有可用属性的按字母顺序排列的列表，已设置的属性排在每个类别的顶部。若要在两种视图之间切换，可以单击位于“CSS 样式”面板底部的“显示类别视图”按钮、“显示列表视图”按钮或“只显示设置属性”按钮。

2. 当前模式

单击“当前”按钮，切换到“当前”模式，如图 6-42 所示。

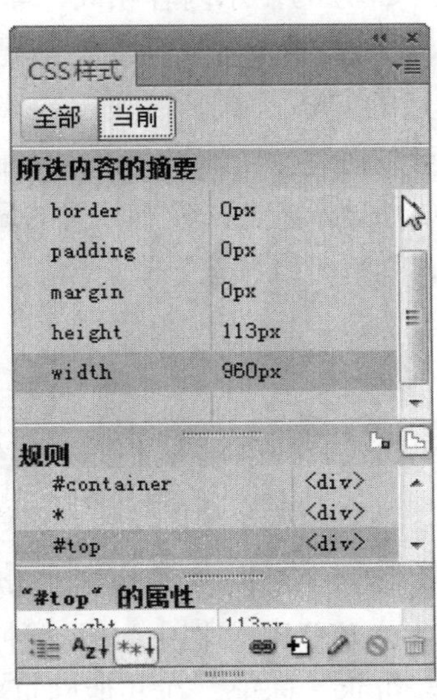

图 6—42

在“当前”模式下，“CSS 样式”面板可以分为三部分：第一部分显示了文档中当前所选对象的 CSS 属性，即“所选内容的摘要”部分；第二部分显示了所选 CSS 属性的应用位置，即“规则”部分；第三部分显示了用户编辑当前 CSS 属性的工作窗口，即“属性”部分。各部分的功能介绍如下。

（1） “所选内容的摘要”部分。

显示活动文档中当前所选对象的 CSS 属性的设置，这些设置可以直接应用于所选内容，“所选内容的摘要”是按逐级细化的顺序排列属性的。

（2） “规则”部分。

分为“关于视图”（默认视图）和“规则视图”两种不同的视图。其中“关于视图”中显示了所选 CSS 属性的规则名称，以及使用了该规则的文件名称，如图 6-43 所示。单击“关于视图”右上角的“显示层叠”按钮，切换到规则视图，此时显示直接或间接应用于当前所选内容的所有规则的层次结构，如图 6-44 所示。当用户将鼠标指针悬浮于规则视图上方时，将显示出使用了当前 CSS 样式的文件名称。

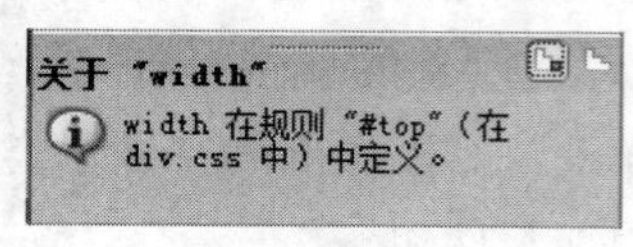

图 6—43

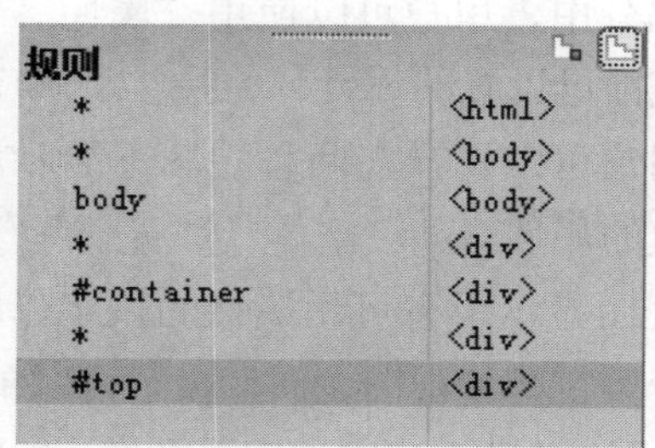

图 6—44

（3）“属性”部分。

与“全部”模式下“属性”部分的显示内容相同，当在“所选内容的摘要”部分中选择了某个属性后，所定义 CSS 样式的所有属性都将出现在“属性”部分中，用户可以使用“属性”部分快速修改所选的 CSS 样式。“属性”部分仅显示那些已设置的属性，并按字母顺序将其进行排列，可以通过按钮切换为不同的显示视图。

在所有视图中，已设置的属性显示蓝色，没有设置的属性显示黑色。用户对“属性”部分所做的操作都会立即应用，同时可以预览效果。

6.2.2 创建样式表

下面将对内部样式表与外部样式表的创建方法进行介绍。

1. 创建内部样式表

在指定将网页中的内容只用于一个网页的样式的情况下，可将样式表放在标记 <style> 和 </style> 内，直接包含在 HTML 文档中。以这种方式使用的样式表必须出现在 HTML 文档的 head 中。不需要 <link/> 标记，在其他网页中不能引用该样式表（除非将其复制到该文档的 head 部分）。下面将讲解创建内部样式表的方法。

STEP 01 启动 Dreamweaver CS6 的应用程序，打开页面文档。在文档编辑窗口中单击鼠标右键，在弹出的快捷菜单中选择“CSS 样式”|“新建”命令，如图 6-45 所示。

STEP 02 打开“新建 CSS 规则”对话框。在“选择器类型”下拉列表框中选择“类（可应用于任何 HTML 元素）”，在“选择器名称”下拉列表框中输入 .title，在位置处选择“（仅限该文档）”选项，单击“确定”按钮，如图 6-46 所示。

STEP 03 在“分类”列表框中选择“类型”选项，设置字体大小为 12 px，颜色为 #060，单击“确定”按钮，如图 6-47 所示。

STEP 04 在“CSS 样式”面板中单击“全部”按钮 全部 ，出现 style 的样式表，如图 6-48 所示。

STEP 05 选中正文文本，单击“属性”面板中的 CSS 按钮 CSS ，切换到 CSS“属性”

面板。在“目标规则”下拉列表框中选择定义的 .title 样式，效果如图 6-49 所示。

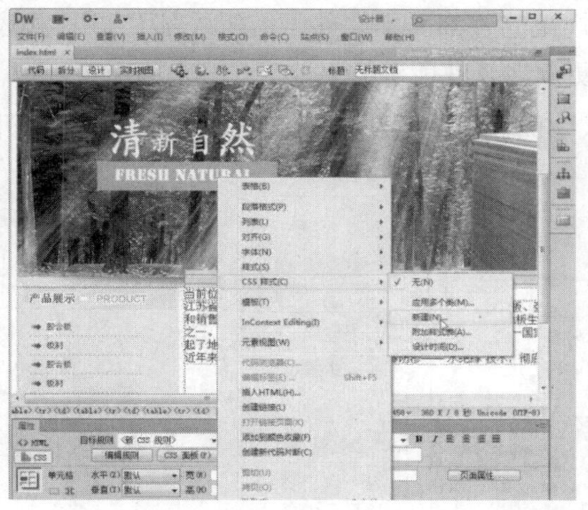

图 6—45

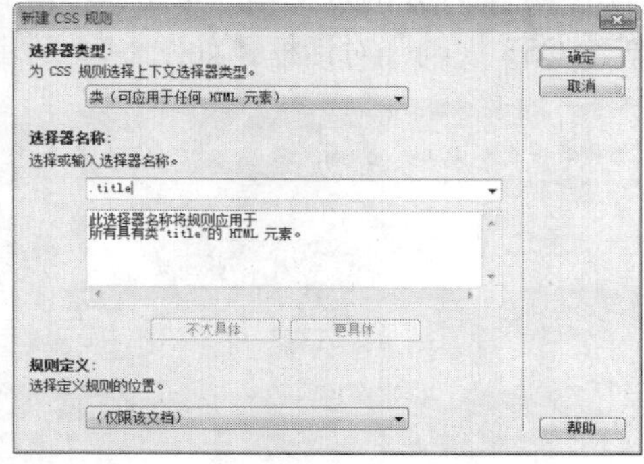

图 6—46

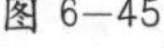

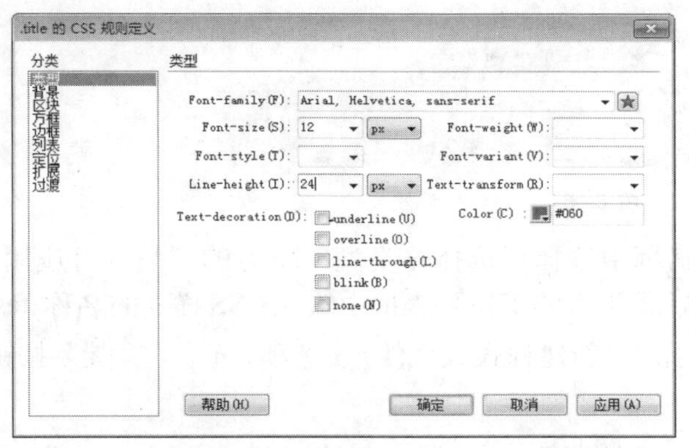

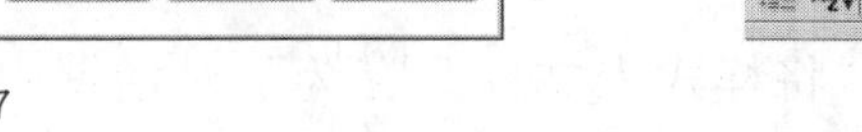

图 6—47

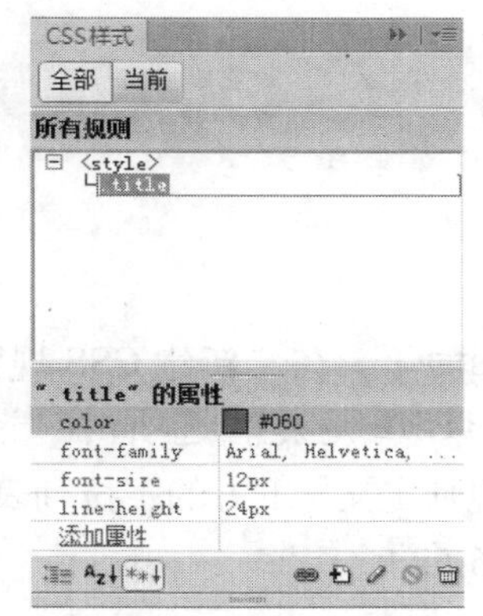

图 6—48

STEP 06 单击“代码”视图按钮，可以看到生成的代码，如图 6-50 所示。

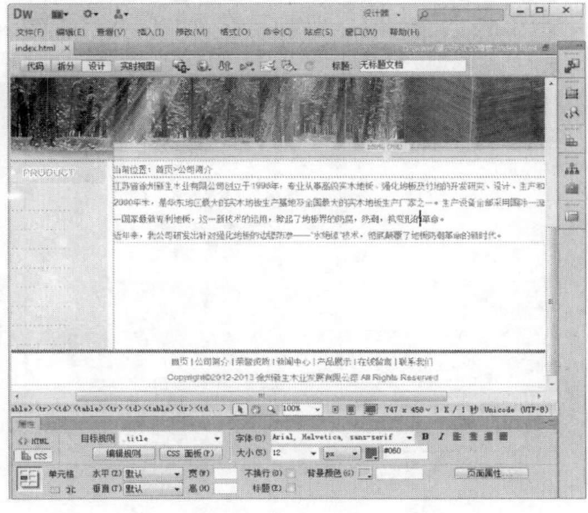

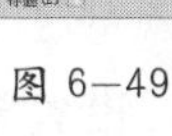

图 6—49

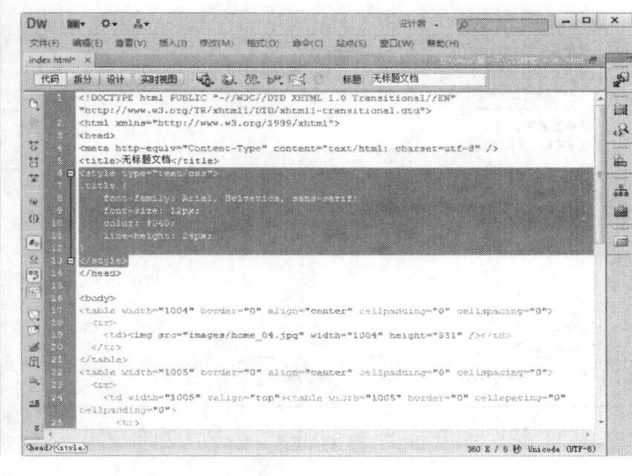

图 6—50

CHAPTER 06 CHAPTER 07 CHAPTER 08 CHAPTER 09 附 录

2. 创建外部样式表

CSS 外部样式表是一个包含样式和格式规范的外部文本文件，编辑外部 CSS 样式表时，链接到该 CSS 样式表的所有文档将全部更新以反映所做的更改。

STEP 01 打开网页文档，单击“CSS 样式”面板中的“新建 CSS 规则”按钮，打开“新建 CSS 规则”对话框，如图 6-51 所示。

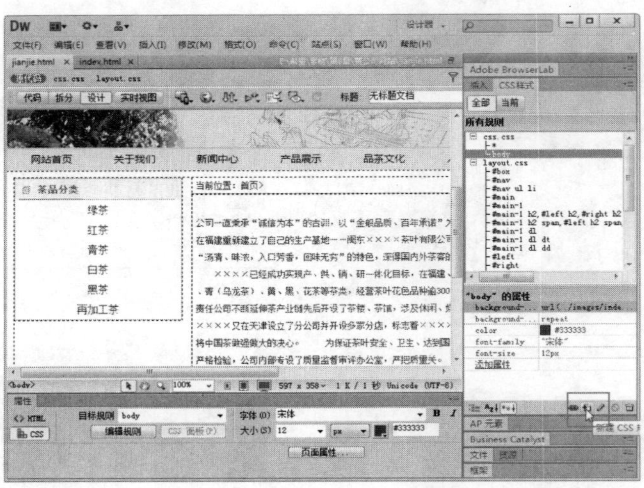

图 6—51

STEP 02 在“新建 CSS 规则”对话框中选择“选择器类型”下方的“类（可应用于任何 HTML 元素）”选项，在“选择器名称”下方的下拉列表框中输入 CSS 样式的名称 .test，在“规则定义”下方的下拉列表框中选择“（新建样式表文件）”选项，单击“确定”按钮，如图 6-52 所示。

STEP 03 在弹出的“将样式表文件另存为”对话框中，输入样式表文件名称，如 lx.css，单击“保存”按钮，如图 6-53 所示。

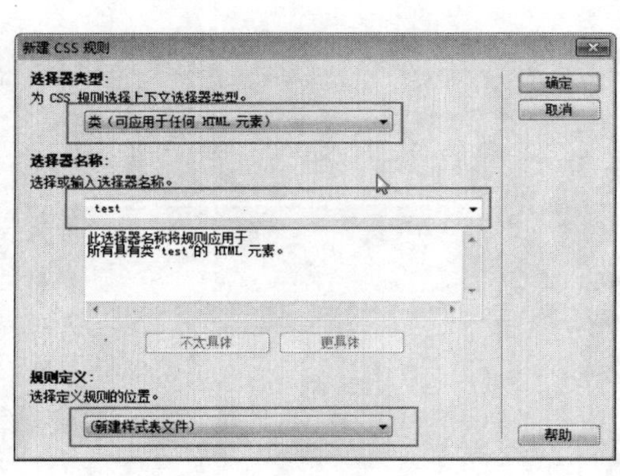

图 6—52

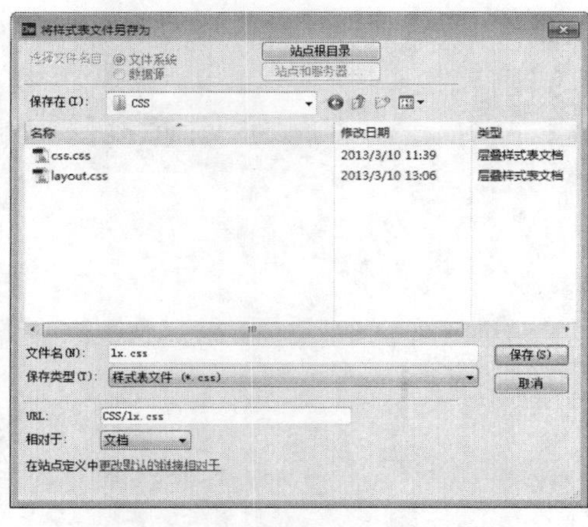

图 6—53

STEP 04 在弹出的 CSS 规则定义对话框中，选择“类型”选项，设置字体为“微软雅黑”，大小为 12 px，颜色为 #000，如图 6-54 所示。单击“确定”按钮，效果如图 6-55 所示。

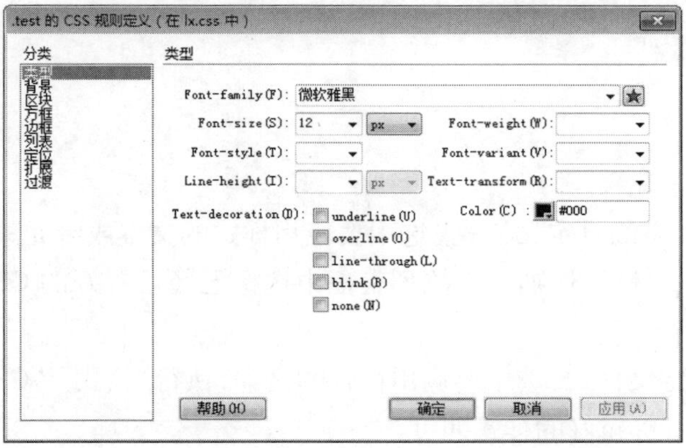

图 6—54

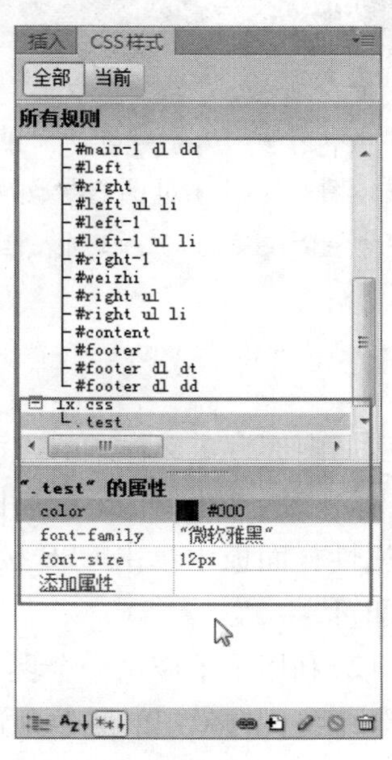

图 6—55

STEP 05 套用该 CSS，选择要应用样式的文本，单击“属性”面板中的 CSS 按钮 CSS，切换到 CSS“属性”面板。在“目标规则”下拉列表中选择 test 样式即可，如图 6-56 所示。

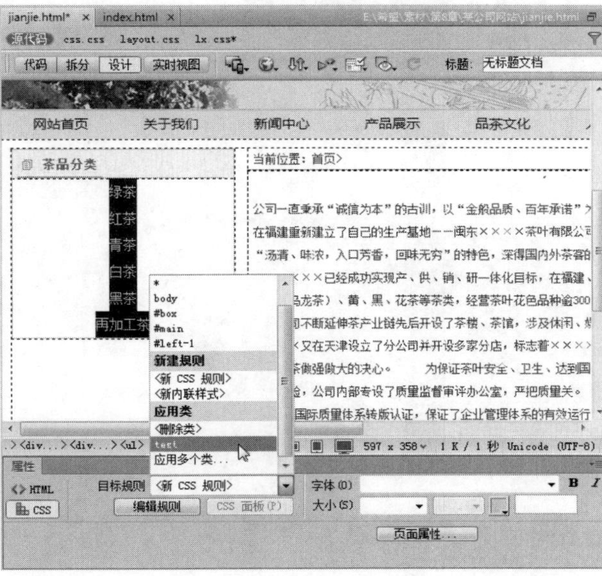

图 6—56

知识点拨

在“名称”项后的文本框中输入CSS样式名称时，注意前面应输入“.”，如果不输入“.”，系统会自动添加。在设置字体时，如果没有所选择字体，可以在字体的下拉列表框中选择“编辑字体列表”，打开“字体添加”对话框，选择字体，单击“添加”按钮添加字体。就能把所选字体放入要选择的下拉列表框中了。

6.2.3 应用内部样式表

应用内部自定义样式的方法有以下几种。

(1) 在“属性”面板中应用一个现有的自定义样式。选中要应用样式的文本或者元素，在“属性”面板中单击CSS按钮，在“目标规则”下拉列表框中选择已经设置好的CSS样式即可。

(2)利用菜单应用一个现有的自定义样式。选中要应用样式的文本，执行“格式”|“CSS样式”命令，在弹出的菜单中选择一种编辑好的样式即可。

(3) 利用“CSS样式”面板应用现有的样式。选中需要应用样式的标签或者文本，在“CSS样式”面板中用鼠标右键单击“样式”，从弹出的快捷菜单中选择“应用”命令即可，如图6-57所示。

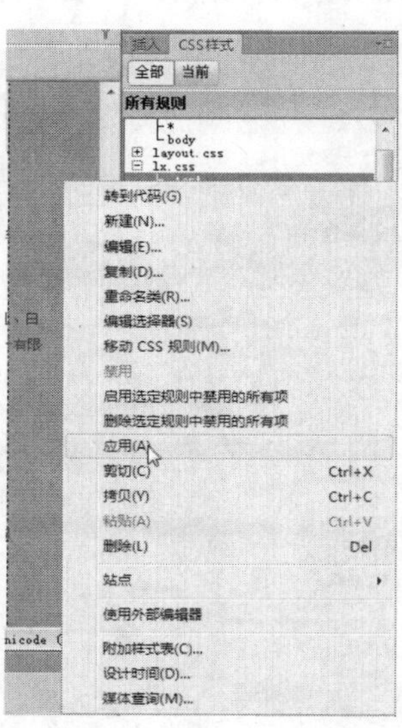

图 6—57

6.2.4 链接外部CSS样式表

链接外部样式表是指把已经存在的文件外部样式使用到选定的文档中，其具体操作过程如下。

STEP 01 打开网页文档，单击“CSS 样式”面板中的“附加样式表”按钮，打开“链接外部样式表”对话框，单击“浏览”按钮，打开“选择样式表文件”对话框，选定一个 CSS 样式表文件，单击“确定”按钮，如图 6-58 和图 6-59 所示。

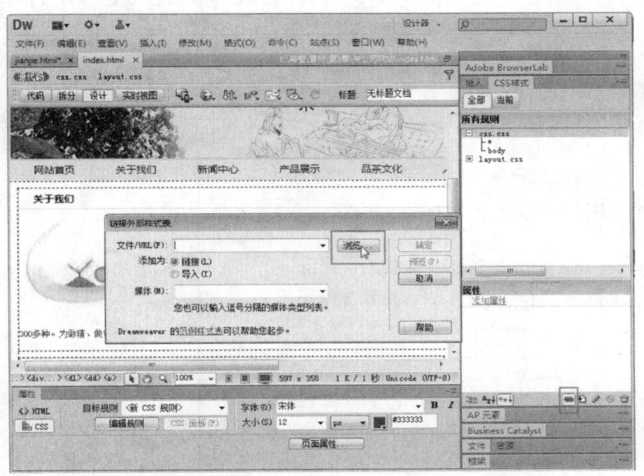

图 6—58

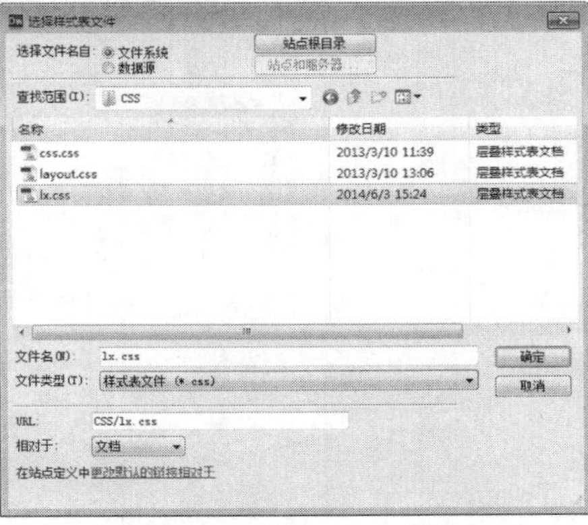

图 6—59

STEP 02 返回“链接外部样式表”对话框，单击“确定”按钮，选择的样式文件会被链接到当前文档中，如图 6-60 所示。

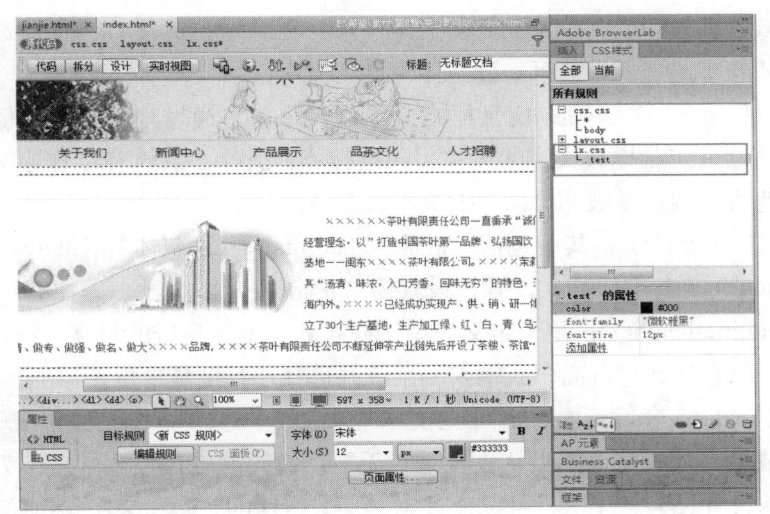

图 6—60

6.3 定义 CSS 样式

在 Dreamweaver CS6 中，CSS 样式可以通过多种方式来定义，常用的方式是通过“属性”面板来定义。CSS 样式定义包括 CSS 样式的类型、背景、区块、方框等，下面将具体介绍。

6.3.1 定义 CSS 样式的类型

选择一个已经创建完成的 CSS 样式，双击此文件即可打开 CSS 规则定义对话框，如图 6-61 所示。在“分类”列表框中选择“类型”选项，从中可以定义 CSS 样式的字体和类型。

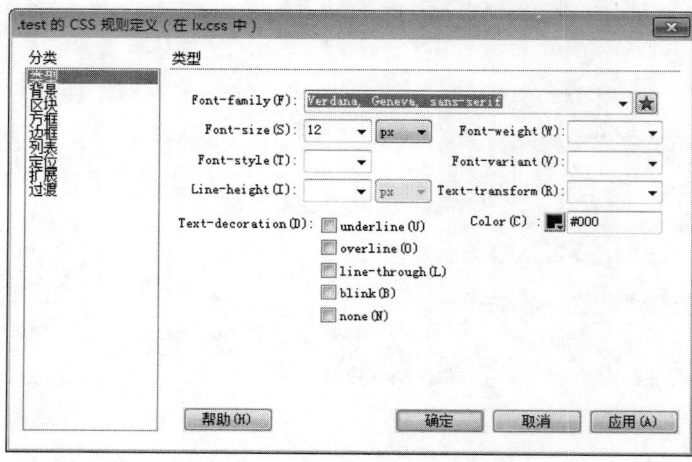

图 6-61

在 CSS 规则定义对话框中的“类型”选项区中，各选项的含义如下。

- 字体（Font-family）：用于定义字体样式，在默认情况下，浏览器选择用户系统上安装的字体列表中的第一种字体来显示文本。
- 大小（Font-size）：可以定义样式文本的大小，可通过输入一个数值并选择一种度量单位来控制样式文字的大小，或选择相对大小。若选择以像素为单位，可以有效地防止浏览器破坏页面中的文本。
- 样式（Font-style）：其中包括“正常”（normal）、“斜体”（italic）和“偏斜体”（oblique）3 种字体样式，默认设置为“正常”。
- 行高（Line-height）：用于定义应用了样式的文本所在行的行高，可选择“正常”选项，以自动计算行高，或输入一个值并选择一种度量单位。
- 修饰（Text-decoration）：可用于向文本中添加“下划线”“上划线”“删除线”或“闪烁”效果。常规文本的默认设置是“无”。链接的默认设置是“下划线”。若要将链接设置设为“无”，可以通过定义一个特殊的“类”来删除链接中的下划线。
- 粗细（Font-weight）：用来设置文本是否应用加粗，有“正常”和“粗体”两种选项。
- 变体（Font-variant）：用来设置文本变量。
- 大小写（Text-transform）：用来设置所选内容中的每个单词首字母大写或将文本设置为全部大写或小写。
- 颜色（Color）：用于设置文本的颜色。

6.3.2 定义 CSS 样式的背景

打开 CSS 规则定义对话框，在“分类”列表框中选择“背景”选项，在右侧的“背景”选项区中设置所需要的样式属性，即可完成背景的设置，如图 6-62 所示。

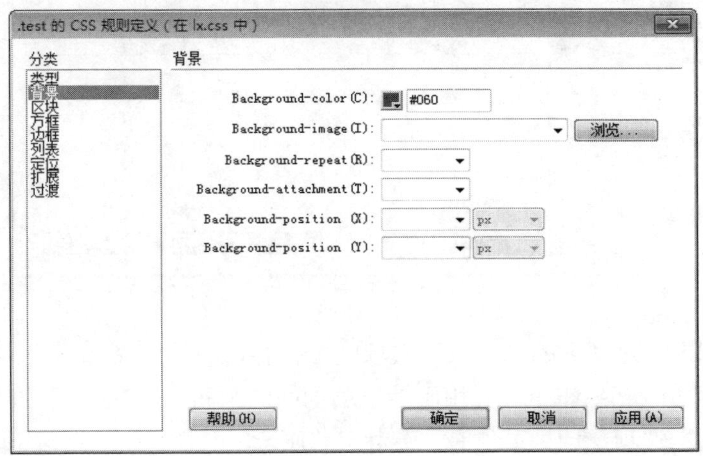

图 6-62

在 CSS 规则定义对话框的“背景”选项区中，各选项的含义如下。

- 背景颜色（Background-color）：用于设置元素的背景颜色。
- 背景图像（Background-image）：用于设置一幅图像作为网页的背景。
- 重复(Background-repeat)：用于控制背景图像的平铺方式，包括4种选项。若选择“不重复”选项，则只在文档中显示一次图像；若选择“重复”选项，则在元素的后面水平和垂直方向平铺图像；若选择“横向重复”或“纵向重复”选项，则将分别在水平方向和垂直方向进行图像的重复显示。
- 附件(Background-attachment)：用于控制背景图像是否随页面的滚动而滚动。有“固定”（文字滚动时，背景图像保持固定）和“滚动”（背景图像随文字内容一起滚动）两个选项。
- 水平位置和垂直位置（Background-position X/Y）：指定背景图像的初始位置，可用于将背景图像与页面中心垂直或水平对齐。如果“附件”设置为“固定”，则其位置是相对于文档窗口的。

6.3.3 区块、方框、边框等的设置

在“分类”列表框中对应 CSS 样式的类型，下面将介绍各选项区的含义。

1．设置区块

选择 CSS 规则定义对话框中“分类”列表框中的“区块”选项，在对话框右侧的“区块”选项区中设置各个选项，即可完成区块的设置，如图 6-63 所示。

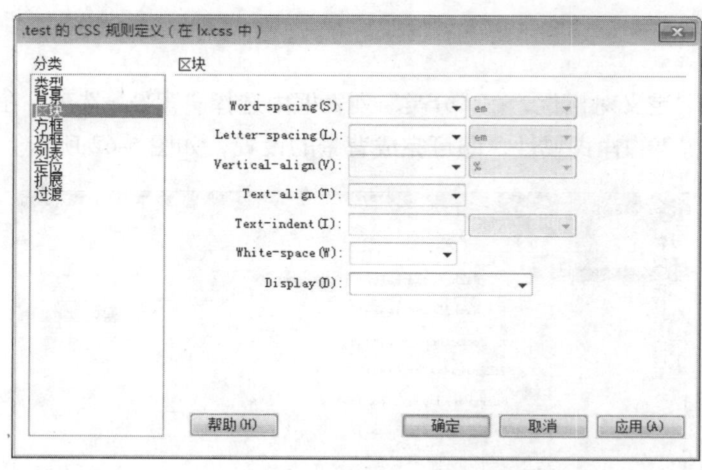

图 6—63

在 CSS 规则定义对话框的“区块”选项区中，各选项的含义如下。

- 单词间距（Word-spacing）：用于控制单词间的距离。有“正常”和“值”两个选项。选择“值”选项，计量单位有“英寸”“厘米”“毫米”“点数”“12pt 字”“字体高”“字母 x 的高”和“像素”。
- 字母间距（Letter-spacing）：作用与字符间距相似，有“正常”和“值”两个选项。
- 垂直对齐（Vertical-align）：用于控制文字或图像相对于其主体元素的垂直位置。例如：将一个 2 像素 ×3 像素的 GIF 图像同文字的顶部垂直对齐，则该 GIF 图像将在该行文字的顶部显示。

知识点拨

“垂直对齐”选项中还包括若干子选项，其功能描述如下。

基线（baseline）：将元素的基准线同主体元素的基准线对齐。

下标（sub）：将元素以下标的形式显示。

上标（super）：将元素以上标的形式显示。

顶部（top）：将元素顶部同最高的主体元素对齐。

文本顶对齐（text-top）：将元素的顶部同主体元素文字的顶部对齐。

中线对齐（middle）：将元素的中点同主体元素的中点对齐。

底部（bottom）：将元素的底部同最低的主体元素对齐。

值：用户可以输入一个值，并选择一种计量单位。

- 文本对齐（Text-align）：用于设置块的水平对齐方式。共有“左对齐”（left）、“右对齐”（right）、“居中”（center）和“均分”（justify）4 个选项。
- 文字缩进（Text-indent）：用于控制“块”的缩进程度。
- 空格（White-space）：用于控制空格的输入。选项有“正常”（normal）、“保留”（pre）和“不换行”（nowrap）。

- 显示（Display）：指定是否以及如何显示元素。

2．设置方框

通过设置 CSS 规则定义对话框中的“方框”属性，可以控制元素在页面上的放置方式及各元素的标签和属性定义设置。在“分类”列表框中选择“方框”选项，便可在右侧的“方框”选项区中显示其所有属性，如图 6-64 所示。

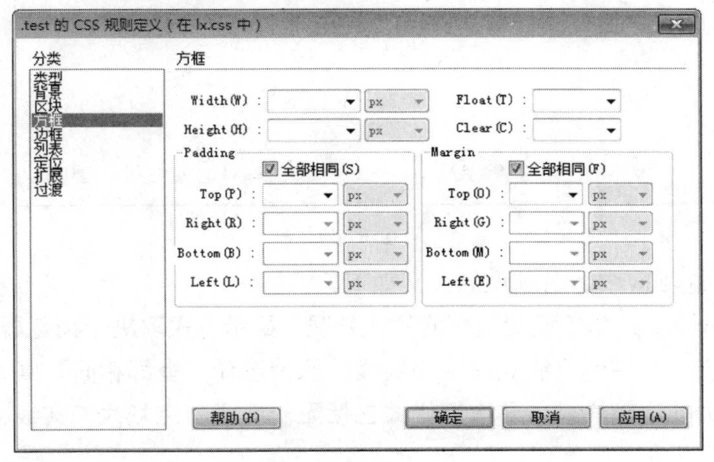

图 6—64

在“方框”选项区中共有 6 个选项，各选项的含义如下。

- 宽（Width）：确定方框本身的宽度，可以使方框的宽度不依靠它所包含的内容。
- 高（Height）：确定方框本身的高度。
- 浮动（Float）：设置块元素的浮动效果，也可以确定其他元素（如文本、层、表格）围绕主体元素的一个边浮动。
- 清除（Clear）：用于清除设置的浮动效果。
- 填充（Padding）：指定元素内容与元素边框之间的间距（如果没有边框，则为边距）。若选中“全部相同”复选框，则为应用此属性元素的“上”“右”“下”和“左”侧设置相同的边距属性；若取消选择“全部相同”复选框，可为应用此属性元素的四周分别设置不同的填充属性。
- 边界（Margin）：指定一个元素的边框与另一个元素之间的间距（如果没有边框，则为填充）。当应用于块级元素（段落、标题、列表等）时，Dreamweaver 才在文档窗口中显示该属性。取消选择“全部相同”复选框，可设置元素各个边的边距。

3．设置边框

使用 CSS 规则定义对话框中的“边框”属性，可以定义元素周围的边框（如宽度、颜色和样式）。在“分类”列表框中选择“边框”选项，则可以在其右侧的“边框”选项区中设置各个选项，如图 6-65 所示。

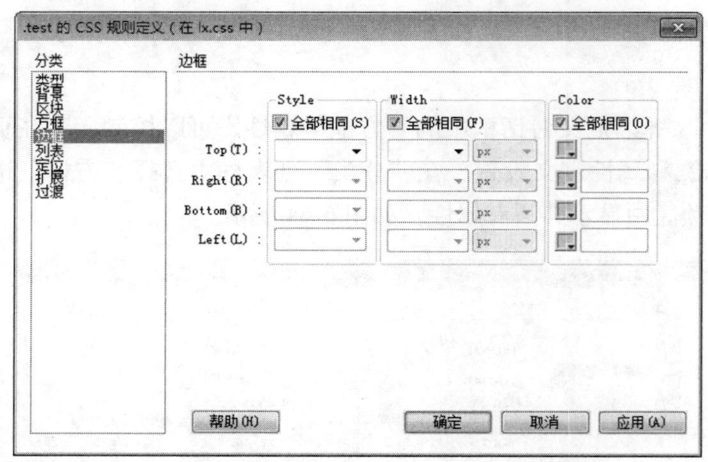

图 6-65

在“边框”选项区中，各选项的含义如下。

- 样式（Style）：用于设置边框的样式外观，显示方式取决于浏览器。Dreamweaver 在文档窗口中将所有样式呈现为实线。取消选择“全部相同”复选框，可设置元素各个边的边框样式，其边框样式包括无、虚线、点划线、实线、双线、槽状、脊状、凹陷和凸出。
- 宽度（Width）：用于设置元素边框的粗细，其中有 4 个属性，顶边框的宽度、右边框的宽度、底边框的宽度和左边框的宽度。若取消选择“全部相同”复选框，可设置元素各个边的边框宽度，其边框宽度包括“细”“中”“粗”和“值”4 种。
- 颜色（Color）：用于设置边框的颜色。若取消选择“全部相同”复选框，可设置元素各个边的边框颜色，显示方式取决于浏览器。

4. 设置列表

通过 CSS 规则定义对话框中的“列表”属性，可以对列表标签进行设置（如项目符号的大小和类型）。在 CSS 规则定义对话框中的“分类”列表框中，选择“列表”选项，可在其右侧的“列表”选项区中显示相应的选项，如图 6-66 所示。

在“列表”选项区中包含 3 个选项，其各自的含义如下。

- 类型（List-style-type）：用来设置项目符号或编号的外观，类型有“圆点”“圆圈”“方形”“数字”“小写罗马数字”“大写罗马数字”“小写字母”和“大写字母”等选项。
- 项目符号图像（List-style-image）：用于将列表前面的符号换为图形。单击“浏览”按钮，可在打开的“选择图像源文件”对话框中，选择所需图像，或在其下拉列表框中输入图像的路径。
- 位置（List-style-Position）：用于描述列表的位置。有“内”和“外”两个选项。例如，可以设置文本是否换行和缩进（外部）以及文本是否换行靠近左边距（内部）。

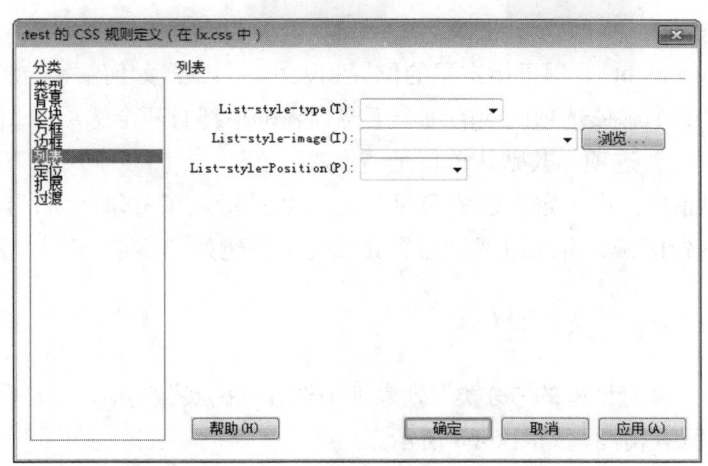

图 6—66

5．设置定位

在 CSS 规则定义对话框的“分类”列表框中选择“定位”选项，即可在该对话框右侧的“定位”选项区中显示其所有属性项，如图 6-67 所示。

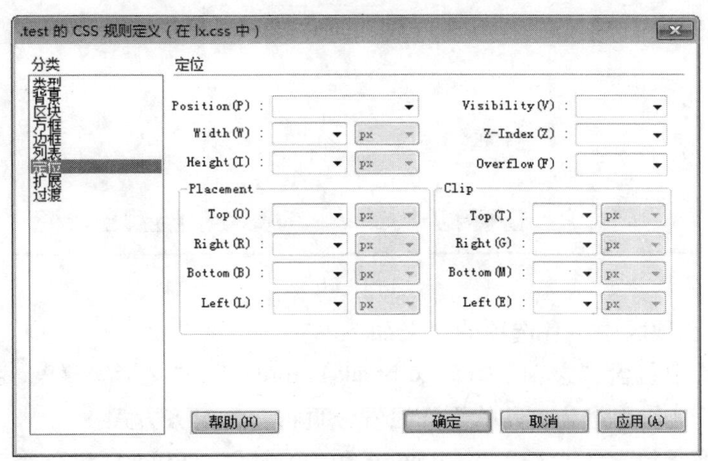

图 6—67

在“定位”选项区中，各选项的含义如下。

- 类型（Position）：用于确定浏览器定位层的类型。类型有 3 个选项：“绝对”“相对”和“静态”。
- 显示（Visibility）：用于确定层的初始显示条件。显示包括 3 个选项：“继承”“可见”及“隐藏”，默认情况下浏览器会选择“继承”选项。
- 宽和高（Width 和 Height）：用于指定应用该样式的层的长度与高度。
- Z 轴（Z-Index）：用于控制网页中层元素的叠放顺序。该属性的参数值使用纯整数，值可以为正，也可以为负，适用于绝对定位或相对定位的元素。
- 溢出（Overflow）：用于确定该层的内容超出层的大小时所采用的处理方式，共有 4 个选项："可见""隐藏""滚动"和"自动"。

- 置入（Placement）：用于指定层的位置和大小，浏览器如何解释位置取决于"类型"选项中的设置。该选项区中的每个下拉列表框中都有两个选项："自动"和"值"。若选择"值"选项，其默认单位是"像素"。
- 裁切（Clip）：用于定义层的可见部分。如果指定了剪辑区域，可以通过脚本语言访问剪辑区域，并可以通过设置其属性来创建如"擦除"等特效。

6.3.4 设置 CSS 样式的扩展

在 CSS 规则定义对话框的"分类"列表框中选择"扩展"选项，即可在右侧的"扩展"选项区中显示其所有属性，如图 6-68 所示。

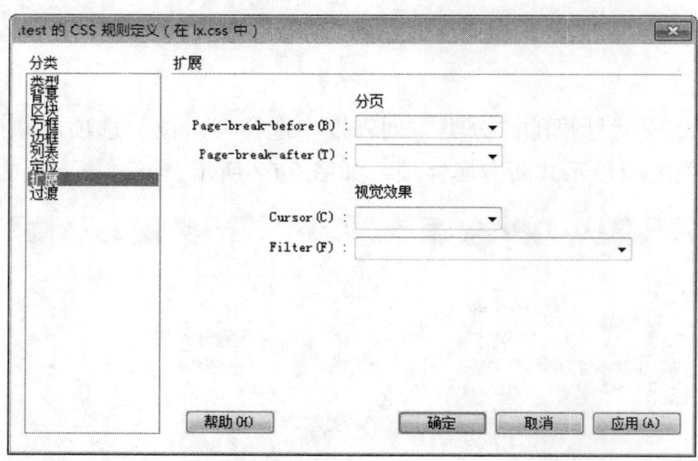

图 6－68

在"扩展"选项区中，各选项的含义如下。

- 分页：其中包含"之前"（Page-break-before）和"之后"（Page-break-after）两个选项。其作用是为打印的页面设置分页符，如对齐方式。
- 视觉效果：包含"光标"（Cursor）和"滤镜"（Filter）两个选项。"光标"选项用于指定在某个元素上要使用的光标形状，共有 15 种选择方式，分别代表了鼠标指针在 Windows 操作系统中的各种形状；"滤镜"选项用于为网页中的元素应用各种滤镜效果，共有 16 种滤镜，如"模糊""反转"等。

6.3.5 设置 CSS 样式的过渡

在 CSS 规则定义对话框的"分类"列表框中选择"过渡"选项，即可在右侧的"过渡"选项区中显示其所有属性，如图 6-69 所示。

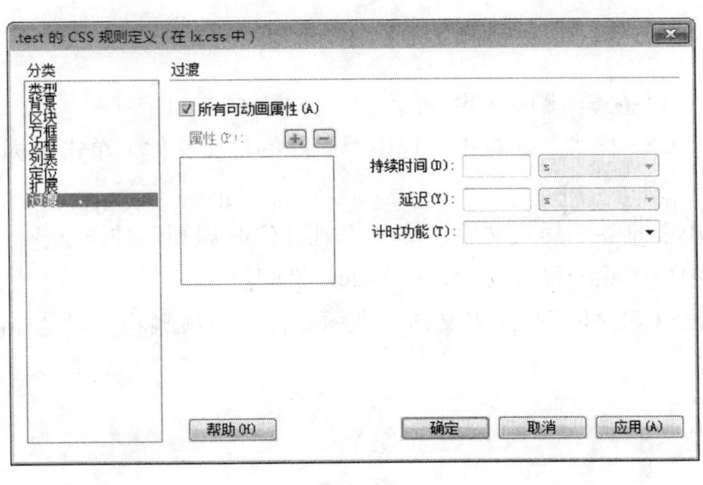

图 6-69

在“过渡”选项区中，各选项的含义如下。

- 持续时间：以秒 (s) 或毫秒 (ms) 为单位输入过渡效果的持续时间。
- 延迟：时间以秒或毫秒为单位，在过渡效果开始之前。
- 计时功能：从可用选项中选择过渡效果样式。

6.4 管理 CSS 样式表

管理 CSS 样式表，是指对 CSS 样式进行编辑、删除、复制等操作，这些操作可以直接在“CSS 样式”面板中找到相应的命令来完成，下面将具体介绍上述操作。

6.4.1 编辑 CSS 样式

定义完 CSS 样式后，用户可以通过以下几种方法对其进行编辑。

方法 1：执行“窗口”｜“CSS 样式”命令，选中要编辑的 CSS 样式，单击“编辑样式”按钮，打开 CSS 规则定义对话框，可对在“CSS 样式”面板中选中的 CSS 样式进行编辑。

方法 2：双击要修改的样式，打开 CSS 规则定义对话框进行修改，完成后单击“确定”按钮。

方法 3：选择要修改的样式，在属性面板下方的属性列表中修改属性值，如图 6-70 所示。

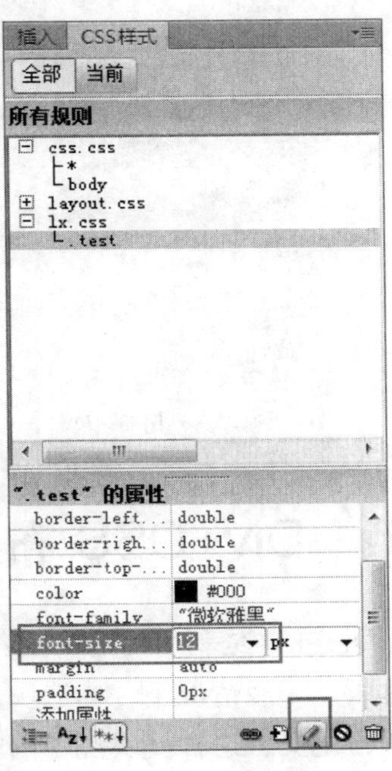

图 6-70

6.4.2 删除 CSS 样式

用户可以通过以下方法删除 CSS 样式。

方法 1：在“CSS 样式”面板中，选中要删除的样式文件，单击鼠标右键，在弹出的快捷菜单中选择“删除”命令。

方法 2：选中要删除的样式文件，单击“删除 CSS 规则”按钮。

方法 3：选中要删除的样式文件，按 Delete 键即可。

如果删除的是 CSS 外部样式表文件，则源文件不会被删除，只是删除与文档之间的链接关系。

6.4.3 复制 CSS 样式

如果在一个网站中有很多文档的设置是一样的，可以使用复制样式的方式，对文档统一设置。具体操作过程如下。

选中要复制的样式，单击鼠标右键，从弹出的快捷菜单中选择“复制”命令，如图 6-71 所示。弹出“复制 CSS 规则”对话框，如图 6-72 所示。选择“选择器类型”，并输入“选择器名称”，单击“确定”按钮。此时，在“CSS 样式”面板中出现了复制的样式。

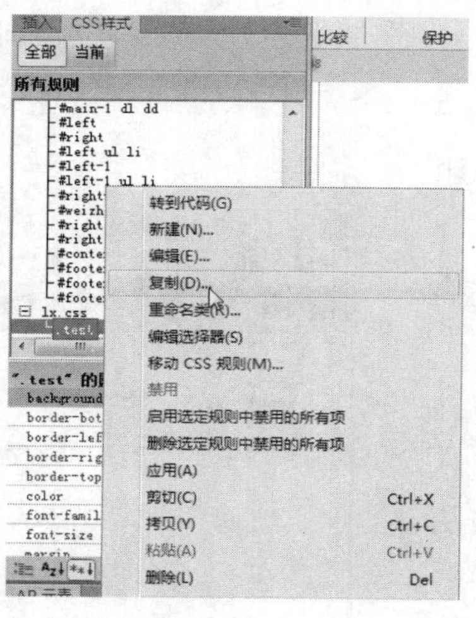

图 6—71

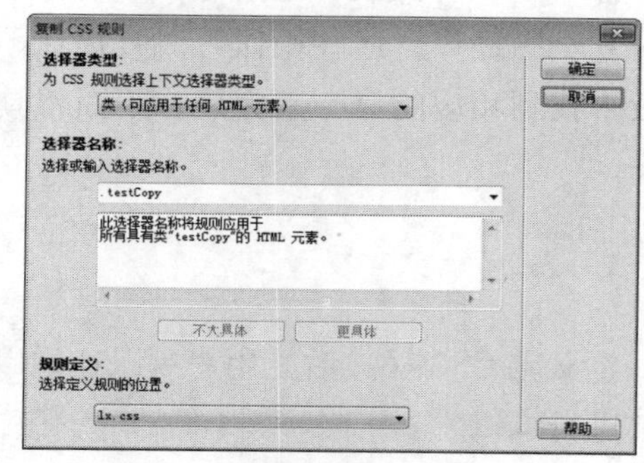

图 6—72

6.5 Div+CSS 布局基础

Div 布局是利用构造块做容器来放置网页元素，通过一个个构造块的定位来实现页面的排版。一般情况下，构造块是通过 Div 标记来创建的，而元素的样式则通过 CSS 样式表进行定义，这样就实现了内容和表现的分离。使用 Div+CSS 布局代码结构清晰，因为样式设计的代码都写在独立的 CSS 文件里，所以网站版面布局的修改也变得简单方便。

6.5.1 Div 简介

在 CSS 出现前，Div 标记并不常用，随着 CSS 的加入，Div 标记才渐渐发挥出优势。Div 来源于英文 Division，意思是区分、分开、部分。Div 标记可以理解为分割文档的不同区域。网页设计师通常是在规划网页的结构时用 Div 标签来创建构造块，并给 Div 分配一个 id 选择器名称，例如 id="main"、id="sider" 等，这样使得文档具有了结构的意义并获得了样式。

Div 标记作为容器应用在 HTML 中，即 <div></div> 之间相当于一个容器，可以放置段落、标题、表格、图片等 HTML 元素在其中。把 <div></div> 中的内容看作一个整体，通过 CSS 声明就可以进行样式的控制。

例如，将以下代码放入文档主体部分，就在 HTML 中创建了一个 div 元素，该元素中包含一个 h1 标题元素。

```
<div
<h1> 这样就定义了一个 div 标题元素 </h1>
</div>
```

在 Div 中，可以通过创建 ID 选择器来控制元素样式，通过 id="name" 或 class="name" 应用选择器。

```
<style type="text/CSS">
#container{
   background-color: #CCCCFF;
   border: 1px solid #000000;
}
</style>

<div id="container">
<h1> 定义标题 </h1>
</div>
```

通过将选择器中定义的样式应用于标记，容器显示灰色背景黑色边框，标题 <h1> 中的内容在其中。<div> 标记创建的容器效果，如图 6-73 所示。

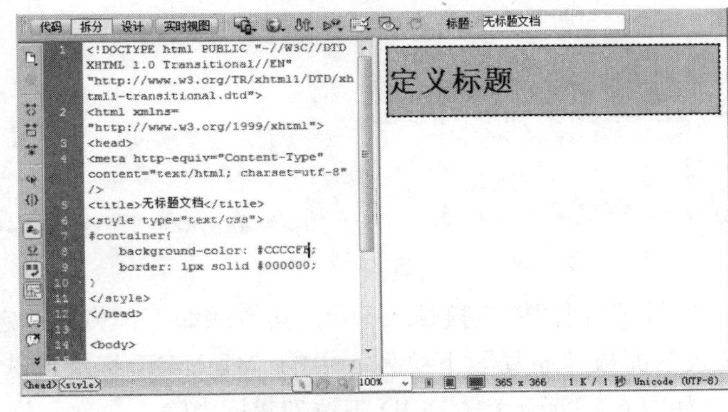

图 6—73

CHAPTER 06
CHAPTER 07
CHAPTER 08
CHAPTER 09
附录

<div>标记可以嵌套，也就是可以一个容器包含着一个子容器。如下面的代码是父容器中包含了两个子容器。

```
<div id="container">
<h1>文章标题</h1>
<div >段落一</div>
<div >段落二</div>
</div>
```

如果需要两个子容器样式一样，可以定义一个类选择器，两个子容器都引用。

```
<style type="text/CSS">
#container{
   background-color: #CCCCFF;
   border: 1px solid #0000CC;
}
.content{
   background-color: #9999FF;
   border: 1px solid #990000;
   margin: 10px;
}
</style>

<div id="container">
<h1>标题</h1>
<div class="content">子容器一</div>
<div class="content">子容器二</div>
</div>
```

查看显示效果，如图 6-74 所示。

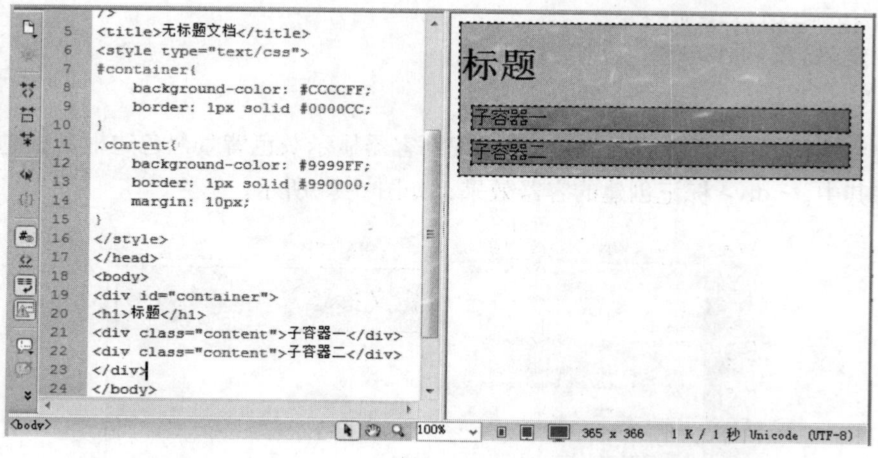

图 6－74

用户还可以在“设计”视图中直接插入 Div，其方法如下：将光标定位在要插入 Div 的位置，选择“插入”面板“布局”下拉列表中的“插入 Div 标签”选项，弹出“插入 Div 标签”对话框（如图 6-75 所示），在 ID 下拉列表框中输入名称，单击“确定”按钮，即可插入一个 Div，如图 6-76 所示。

图 6—75

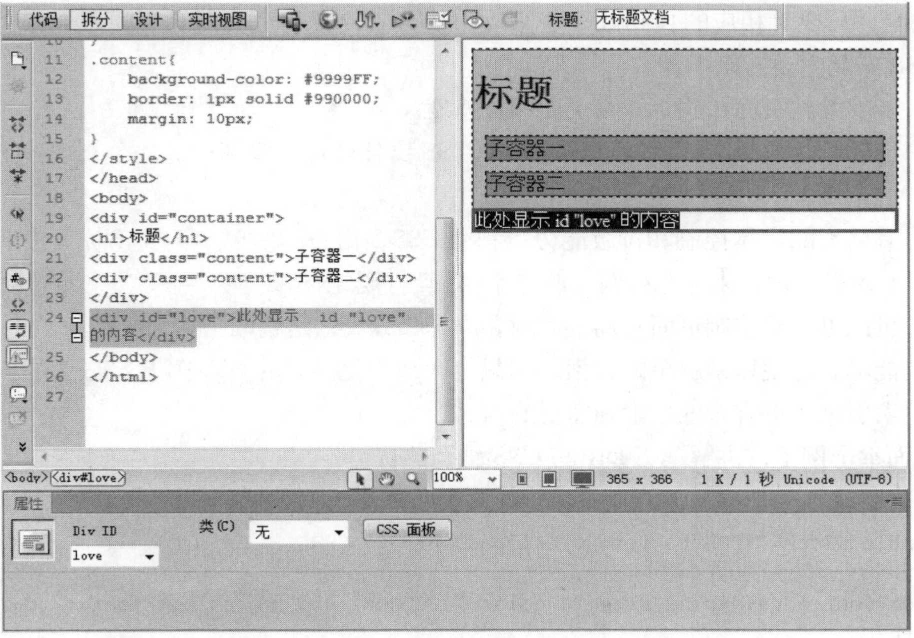

图 6—76

插入 Div 是在当前位置插入固定层，而绘制 AP Div 是在当前位置插入可移动层，这个层是浮动的，可以根据 top 和 left 来确定这个层的显示位置，如图 6-77 所示。

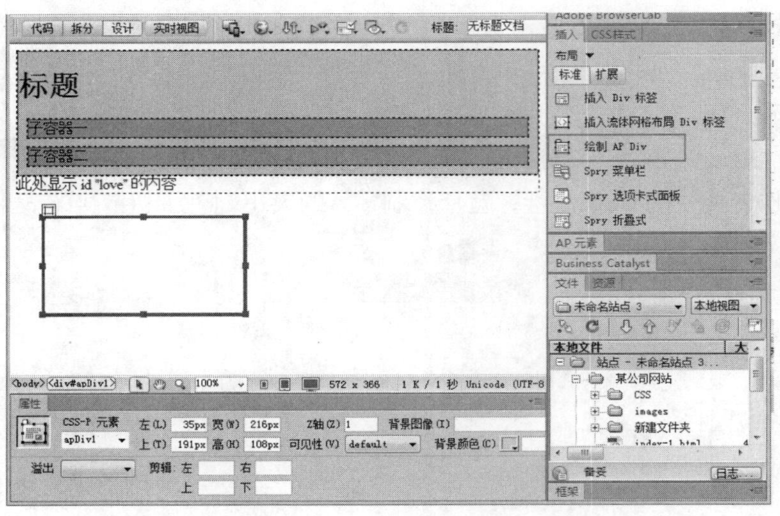

图 6—77

6.5.2 Div+CSS 布局的优势

使用 Div+CSS 布局，可以对页面的布局、字体、颜色、背景和其他效果实现更加精确的控制。只要对相应的代码做一些修改，就可以改变同一页面的不同布局方式。采用 Div+CSS 布局主要有以下优点。

- 能够缩减页面代码，提高页面浏览速度。
- 能够缩短改版时间，通过修改几个 CSS 文件就可以重新设计一个有成百上千页面的站点。
- 有强大的字体控制和排版能力。利用 CSS，用户不需要用 FONT 标签或者透明的 1 px GIF 图片来控制标题及改变字体颜色、字体样式等。
- 可以更好地控制页面布局，表现和内容相分离，结构的重构性强。
- 能够更方便搜索引擎的搜索。用只包含结构化内容的 HTML 代替嵌套的标签，搜索引擎将更有效地搜索到需要的内容。

下面举个例子，讲解一下 Div 与 CSS 结合的优势。

假设要设计一个标题 1 的样式，传统的表格布局代码如下。

```
<table width="100%"border="0"cellpadding="0">
<tr>
<td><font face="Arial"size="4"color="#000000"><b> 标题 t</b></font></td>
</tr>
</table>
<table width="100%"border="0"cellspacing="1"cellpadding="0">
<tr>
<td height="2"bgcolor="#FF9900"></td>
</tr>
</table>
```

可以看出，不仅结构和表现混杂在一起，而且页面内多数是为了实现装饰线而插入的表格代码。因此网站制作者往往会遇到如下问题。

- 改版：例如需要把标题文字替换成红色，下边线变成“1px”灰色的虚线，制作者可能就要一页一页地修改。CSS 的出现，就可以解决“批量修改表现”的问题。被制作者接受的 CSS 属性，包括控制字体的大小颜色、超链接的效果和表格的背景色等。
- 数据的利用：从本质上讲，所有的页面信息都是数据。例如对 CSS 所有的属性的解释，就可以建立一个数据库，有数据就存在数据查询、处理和交换的问题。

在上面的这个实例中，从哪里开始是标题？哪里开始是说明？哪些是附加信息不需要打印？如果只靠软件是无法判断的，唯一的方法是人工判断、手工处理。这要如何解决呢？解决的办法就是使结构清晰化，将内容、结构与表现相分离。

对于标题的实现如下所示。

<h1> 标题 </h1>

在 CSS 内定义 <h1> 的样式如下：

```
h1{
font:bold 16px Arial;
color:#000;
border-bottom:2px solid#f90:
}
```

当需要修改外观的时候，例如需要把标题文字替换成红色，下划线变成 1px 灰色的虚线，只需要修改相应的 CSS 即可，不用修改 HTML 文档，具体样式如下所示。

```
h1{
font:bold 16px Arial;
color:#f00;
border-bottom:1px dashed#666:
}
```

当然，如果为了实现某种特定的效果，还需要做进一步的处理。

6.5.3 盒子模型

盒子模型是 CSS 控制页面时一个很重要的概念。只有很好地掌握了盒子模型以及其中每个元素的用法，才能真正地控制好页面中的各个元素。

一个盒子模型是由 content（内容）、border（边框）、padding（填充）和 margin（边界）4 个部分组成的，如图 6-78 所示。

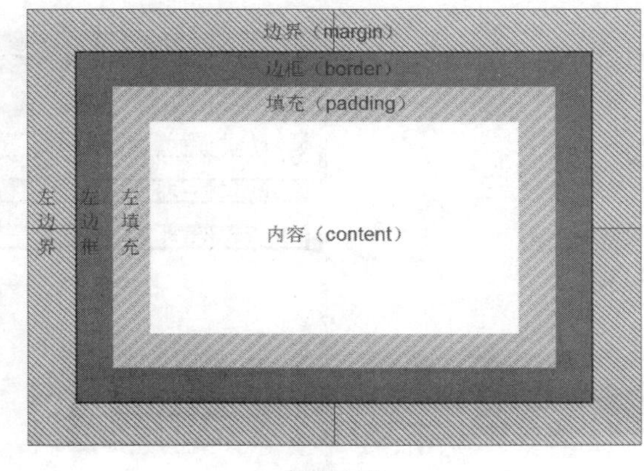

图 6—78

1. 边界（margin）

margin 属性用于在一个声明中设置所有当前或者指定元素所有外边距的宽度，如果 margin 的宽度为 0，则 margin（边界）与 border 边界重合。这 4 个 margin（边界）组成的矩形框就是该元素的 margin 盒子。

margin 简写属性在一个声明中设置所有外边距属性。这个简写属性设置一个元素所有外边距的宽度，或者设置各边上外边距的宽度。

例如，

margin:15px 10px 15px 10px;

该句代码指的是页面边界的上外边距是 15px；右外边距是 10px；下外边距是 15px；左外边距是 10px。

再如，

margin:10px;

它指的是页面边界的 4 个外边距都是 10px。

2. 边框（border）

border 边界环绕在该元素的 border 区域的四周，如果 border 的宽度为 0，则 border 边界与 padding 边界重合。这 4 个 border 边界组成的矩形框就是该元素的 border 盒子。

例如，

在 Dreamweaver 中新建一个空白文档，在“代码”视图下的 <body> 与 </body> 标签中输入以下代码来显示边框的样式。

```
<div style="border-style:dotted"> 这是圆点边框样式 </div>
<br />
<div style="border-style:groove"> 这是凹陷边框样式 </div>
<br />
<div style="border-style:double"> 这是双线边框样式 </div>
```

保存页面，按 F12 快捷键，即可在浏览器窗口中预览定义的边框样式，如图 6-79 所示。

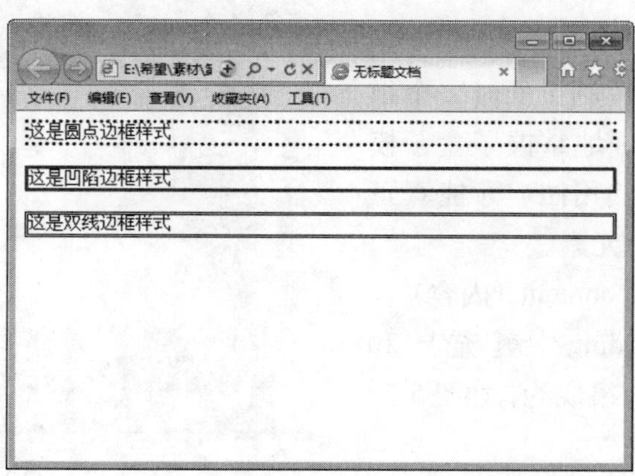

图 6—79

3. 填充（padding）

padding 控制块级元素内部 content 与 border 之间的距离。内联对象如果使用该属性，必须先设定对象的 height 或 width 属性，或者设定 position 属性为 absolute，但是不允许负值。

例如，

padding:10px;

含义是上、下、左、右补丁距离为 10px，等同于 padding-top:10px; padding-bottom:10px; padding-left:10px; padding-right:10px。

6.6 常见的布局方式

使用 CSS 能控制页面结构与元素，还能控制网页布局样式。下面就对居中布局设计、浮动布局设计和高度自适应设计进行介绍。

6.6.1 居中布局

居中的版式是网络中常见的排版方式之一，如图 6-80 所示为构思好的布局图。

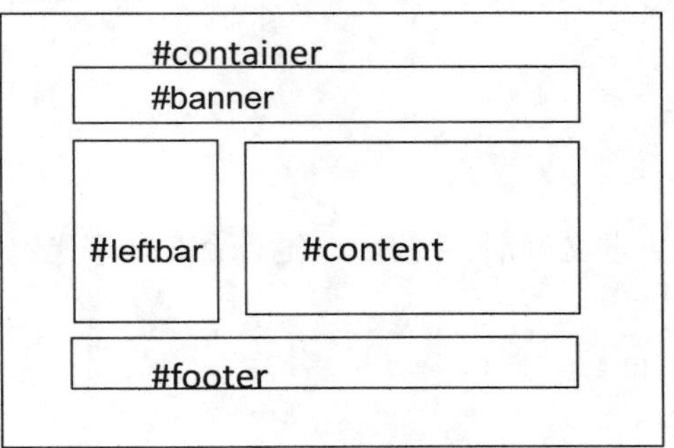

图 6–80

各个层之间的 Div 关系如下所示。

```
└ # container {}   /* 页面层容器 */
      ├ #banner{}   /* 顶部部分 */
      ├ #leftbar{}   /* 侧边栏 */
      ├ #content{}   /* 页面主体 */
      └ #footer {}   /* 页面底部 */
```

下面将讲述如何实现设计。

STEP 01 在 Dreamweaver CS6 中新建一个空白文档，在“代码”视图下的 <head> 与 </head> 标签之间加入如下代码来定义页面层容器。

```
<style>
#container
{
```

```
position: relative;
left:50%;
width:700px;
margin-left:-350px;
padding:0px;
}
```

STEP 02 页面层容器定义好后，按 Enter 键，输入以下代码来定义顶部模块。

```
#banner
{
margin:0px; padding:0px;
text-align: center;
height:130px;
background:#6ff
}
```

STEP 03 顶部模块定义好后，按 Enter 键，输入以下代码来定义左侧边栏部分。

```
#leftbar
{
text-align:center;
font-size:12px;
width:150px;
height:300px;
float:left;
padding-top:20px;
padding-bottom:30px;
margin:0px;
background:#C00
}
```

STEP 04 左侧边栏模块定义好后，按 Enter 键，输入以下代码来定义页面的主体部分。

```
#content
{
float:left;
width:550px;
height:315px;
padding:5px 0px 30px 0px;
margin:0px;
background:#ff0
}
```

STEP 05 页面的主体部分定义好后，按 Enter 键，输入以下代码来定义页面的底部部分。

```
#footer
{
float:left;
width:100%;
height:50px;
padding:5px 0px 30px 0px;
margin:0px;
background:#930
}
</style>
```

STEP 06 在 <body> 与 </body> 标签中输入以下代码，来引用定义的各个模块。

CHAPTER 06
CHAPTER 07
CHAPTER 08
CHAPTER 09
附 录

```
<div id ="container">
<div id="banner">这里存放头部内容</div>
<div id="leftbar">这是侧边栏的位置</div>
<div id="content">这里是页面主体</div>
<div id="footer">这是页面底部</div>
</div>
```

STEP 07 保存页面，按 F12 快捷键，即可在浏览器窗口中预览到制作好的居中版式设计，如图 6-81 所示。

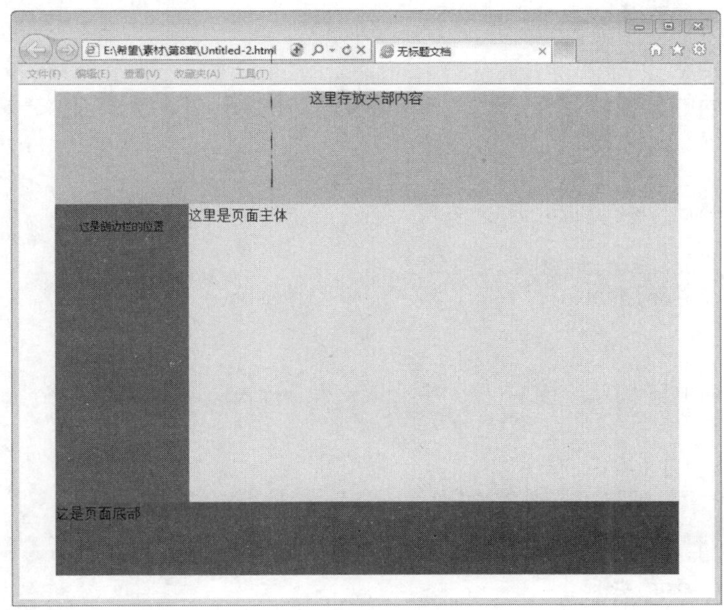

图 6—81

代码说明

在设置 #container 的属性时，“position:relative;”用来设置块相对于原来的位置；“left:50%;”指内容缩进到中间 50% 的位置；设定“width:700px;”，是固定宽度；“margin-left:-350px;”指边界突出 350px，这是为了实现页面居中显示的效果。

在引用所设置的各个模块时，代码中所指定 <div> 的 ID 在整个页面中是唯一的。虽然大部分浏览器并不限制重复 ID 的使用，但因为会使得 JavaScript 等脚本语言在寻找对象时发生混乱，所以不要在同一个页面中出现重复 ID。

6.6.2 浮动布局

浮动布局设计主要是指运用 Float 元素进行定位，Float 定位是 CSS 排版中重要的布局方式之一。属性 float 的值很简单，可以设置为 left、right 或者默认值 none 。当设置了元素向左或者向右浮动时，元素会向其父元素的左侧或右侧靠紧。下面通过一个实例进行说明。

STEP 01 新建一个空白文档，在“代码”视图下的 <head> 与 </head> 标签之间加入如下代码来定义一个父模块。

```
.father
{
background-color:#ffff00;
position: relative;
left:50%;
width:700px;
margin-left:-350px;
padding:0px;
}
```

STEP 02 页面的父模块定义好后，按 Enter 键，输入以下代码来定义一个子模块。

```
.son1
{
padding:10px;
margin:8px;
border:1px dashed#111111;
background-color:#000;
color: #FFF;
}
```

STEP 03 页面的子模块定义好后，按 Enter 键，输入以下代码来定义另一个子模块。

```
.son2
{
padding:10px;
margin:0px;
border:1px dashed#111111;
background-color:#0f0;
color: #000;
}
```

STEP 04 在 <body> 与 </body> 标签中输入以下代码，来引用定义的各个模块。

```
<div class="father">
<div class="son1">段落 1</div>
<div class="son2">段落 2</div>
</div>
```

STEP 05 保存页面，按 F12 快捷键预览页面效果，如图 6-82 所示。

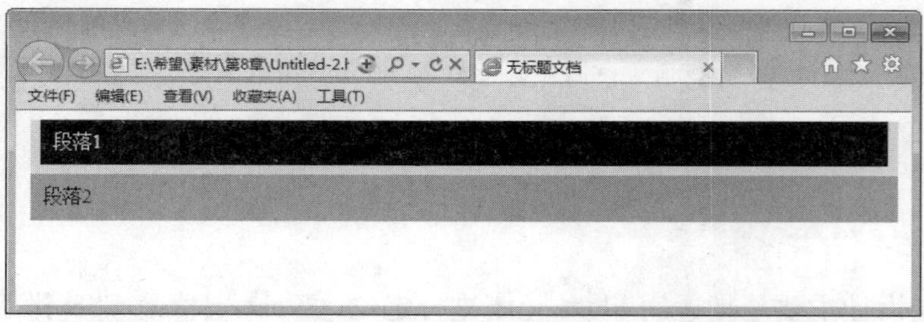

图 6—82

STEP 06 将 .son1 模块代码按如下进行修改。

```
.son1
{
padding:10px;
margin:8px;
border:1px dashed#111111;
background-color:#F00;
color: #FFF;
float:left;
}
```

STEP 07 保存页面，按F12快捷键，即可在浏览器窗口中预览页面效果，如图6-83所示。

图 6—83

6.6.3 高度自适应布局

在上述布局中，宽度用百分比进行设置，高度同样可以使用百分比进行设置，不同的是直接使用“height:100%;”不会显示效果，这与浏览器的解析方式有一定的关系。实现高度自适应的CSS代码如下：

```
<style type="text/CSS">
html,body{
   margin: 0px;
   height: 100%;
}
#left {
   background-color: #ff0;
   float: left;
   height: 100%;
   width: 600px;
}
</style>
</head>

<body>
<div id="left">
高度可以自适应变化<br>
高度可以自适应变化<br>
高度可以自适应变化<br>
高度可以自适应变化<br>
高度可以自适应变化<br>
```

```
高度可以自适应变化<br>
</div>
</body>
```

效果图如图 6-84 所示。

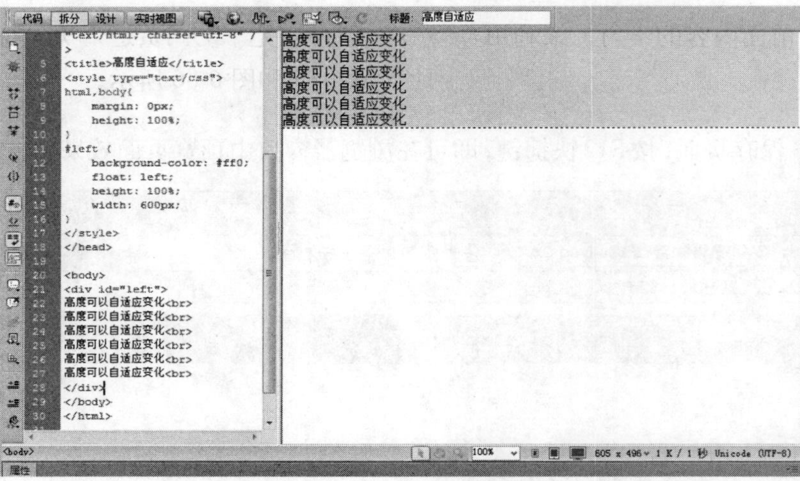

图 6—84

【自己练】

1. 利用 CSS 样式美化网页

通过对前面内容的学习，来利用 CSS 样式对排版完毕的网页进行美化练习，让网页看起来更加美观、赏心悦目。前后效果对比如图 6-85 和图 6-86 所示。

图 6—85

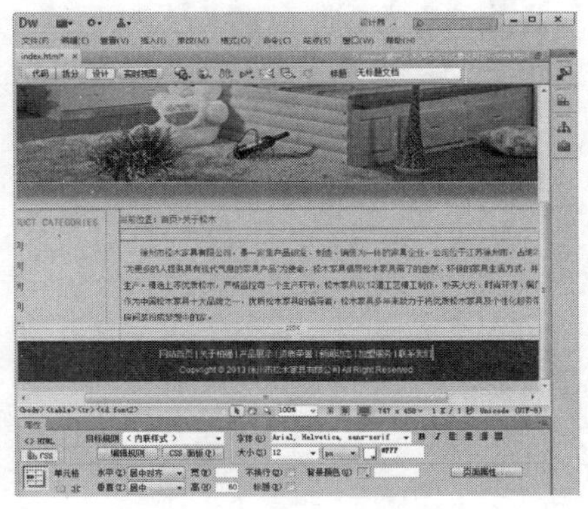

图 6—86

操作提示

STEP 01 单击“CSS 样式”面板底部的“新建 CSS 规则”按钮。弹出“新建 CSS 规则”对话框，新建 body 标签样式，并对相关选项进行设置。

STEP 02 选中要应用样式的文本，在“属性”面板的“目标规则”下拉列表框中选择要应用的 CSS 样式。

2. 制作学校网站首页

利用 Div+CSS 制作学校网站首页，如图 6-87 所示。

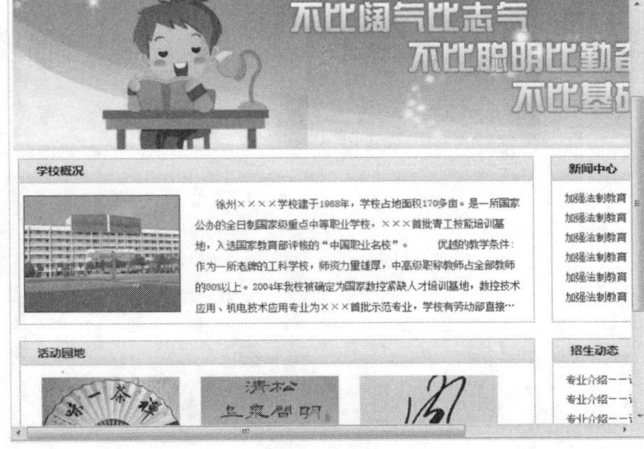

图 6—87

操作提示

STEP 01 新建一个网页文档并保存，新建 CSS 文件。打开文件创建相应的规则。

STEP 02 制作页面名称及导航栏 Div 标签，打开“源代码”视图，在标签 <div id="right"> 和 </div> 之间添加代码。

第7章

制作表单页面——表单技术详解

本章概述：

表单是在网页上进行数据传输的基础，可以实现在线调查、在线报名、搜索、订购商品等功能，利用表单，还可以实现访问者与网站之间的交互，根据访问者输入的信息，自动生成页面反馈给访问者等。本章我们就来学习表单的相关知识。

要点难点：

认识表单 ★☆☆
创建表单域 ★★☆
插入文本域 ★★★
插入复选框 ★★★
插入下拉菜单和列表 ★★★

案例预览：

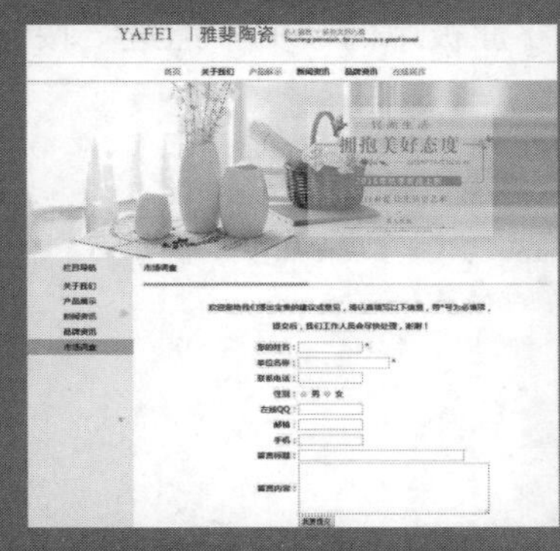

制作市场调查表

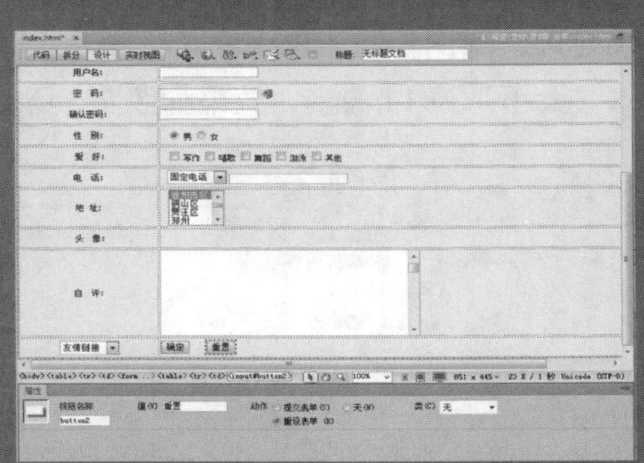

制作表单按钮

【跟我学】 制作市场调查页面

作品描述

在企业网站中，会有一个市场调查页面，此页面是为了让公司可以看到用户的反馈，了解用户的想法，并改进公司的产品及服务，所以，这个页面多以表单的形式出现。下面我们就学习表单的制作方法。

制作过程

STEP 01 启动 Dreamweaver CS6，执行“文件”|“打开”命令，弹出“打开”对话框，选择 liuyan.html 网页，单击“打开”按钮，如图 7-1 所示。

图 7—1

STEP 02 将光标定位在“市场调查”区域内的表格中，输入文字“欢迎您给我们提出宝贵的建议或意见，请认真填写以下信息，带 * 号为必填项，提交后，我们工作人员会尽快处理，谢谢！”。选中文字，单击两次“属性”面板中的“文本缩进”按钮，设置字体“大小”为 14 像素，效果如图 7-2 所示。

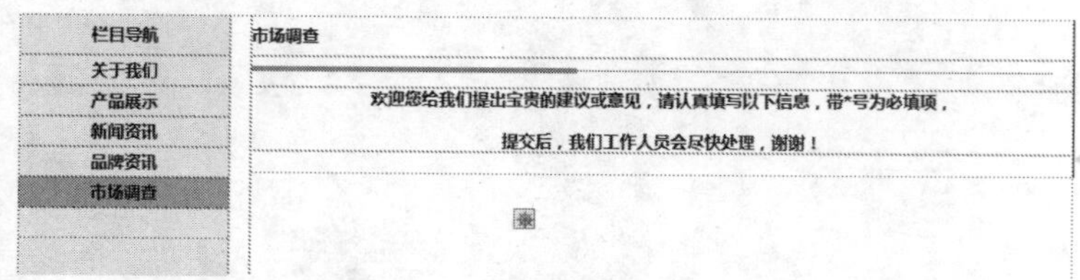

图 7—2

STEP 03 将光标定位在文本下方，执行“插入”|“表单”|“表单”命令，添加表单，

如图 7-3 所示。

STEP 04 将光标定位在文本下方，执行“插入”|“表格”命令，设置表格居中对齐，如图 7-4 所示。

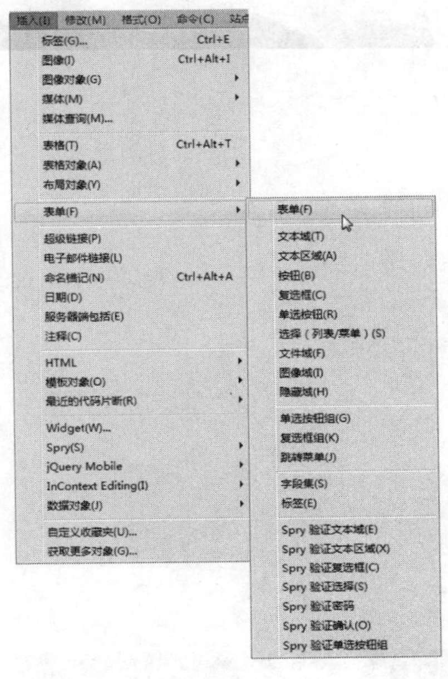

图 7—3

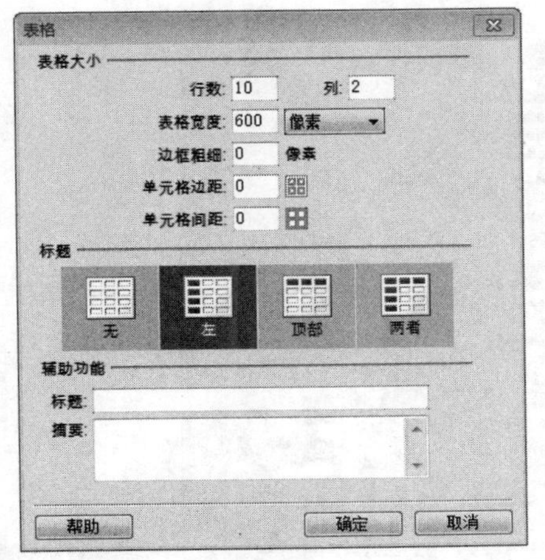

图 7—4

STEP 05 设置“行数”为 10，“列”为 2，“表格宽度”为 600 像素。“边框粗细”为 0 像素，“单元格边距”和“单元格间距”均为 0，单击“确定”按钮，添加效果如图 7-5 所示。

图 7—5

STEP 06 选中整个表格，在“属性”面板中，设置“对齐”方式为“居中对齐”，并调整表格宽度，效果如图 7-6 所示。

STEP 07 将光标定位在新建表格第 1 行的左侧单元格中，输入文本“您的姓名：”，并设置对齐方式为“右对齐”。将光标定位到第 1 行右侧的单元格中，执行“插入”|“表单”|“文本域”命令，如图 7-7 所示。

STEP 08 选中该文本域，在“属性”面板中，将“字符宽度”和“最多字符数”设置为 16，如图 7-8 所示。

CHAPTER 06
CHAPTER 07
CHAPTER 08
CHAPTER 09
附录

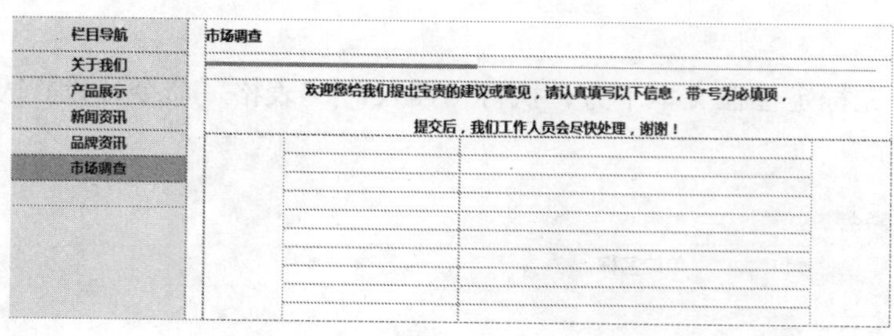

图 7—6

图 7—7

图 7—8

STEP 09 将光标定位在添加的文本字段的后面，输入文本“*”。在“属性”面板中，设置“水平”对齐方式为“左对齐”，如图 7-9 所示，添加的单行文本字段效果如图 7-10 所示。

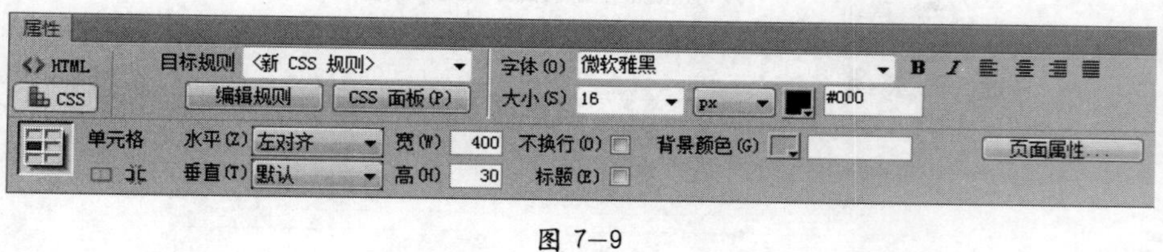

图 7—9

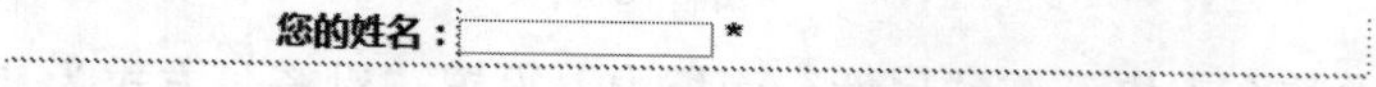

您的姓名： *

图 7—10

STEP 10 将光标定位到第 2 行左侧单元格，输入文本“单位名称：”，在“属性”面板中，设置“水平”对齐方式为“右对齐”。将光标定位到第 2 行右侧的单元格中，执行“插入”|“表单”|“文本域”命令。选中文本域，在“属性”面板中，将“字符宽度”和“最多字符数”设置为 25，如图 7-11 所示。将光标定位到添加的文本字段的后面，输入文本“*”，在“属性”面板中，设置“水平”对齐方式为“左对齐”，效果如图 7-12 所示。

图 7-11

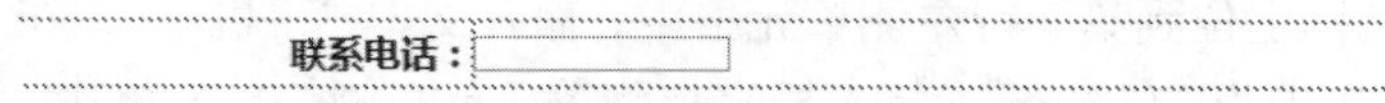

图 7-12

STEP 11 将光标定位到第 3 行左侧单元格中，输入文本“联系电话：”，在“属性”面板中，设置“水平”对齐方式为“右对齐”。将光标定位到第 3 行右侧的单元格中，执行“插入”|“表单”|“文本域”命令。选中文本域，在“属性”面板中，将“字符宽度”设置为 16，“最多字符数”设置为 13，效果如图 7-13 所示。

联系电话：

图 7-13

STEP 12 将光标定位到第 4 行左侧单元格中，输入文本“性别：”，在“属性”面板中，设置“水平”对齐方式为“右对齐”。将光标定位到第 4 行右侧单元格中，执行“插入”|“表单”|“单选按钮”命令，如图 7-14 所示。添加单选按钮，输入文本“男”，用同样的方法在其后添加“女”单选按钮，效果如图 7-15 所示。

图 7-14

性别：◎ 男 ◎ 女

图 7-15

STEP 13 将光标定位到第 5 行左侧单元格中，输入文本“在线 QQ：”，在“属性”面板中，设置“水平”对齐方式为“右对齐”。将光标定位到第 5 行右侧的单元格中，执行“插入”|“表单”|“文本域”命令。选中文本域，在“属性”面板中，将“字符宽度”设置为 16，“最

多字符数”设置为12，如图7-16所示。

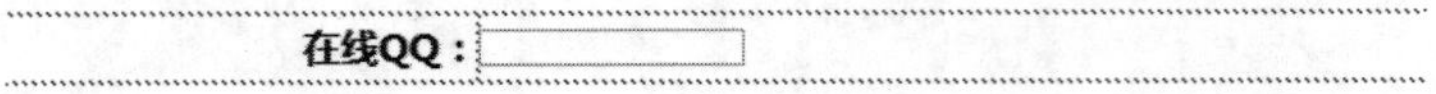

在线QQ：

图 7—16

STEP 14 将光标定位到第6行左侧的单元格中，输入文本“邮箱：”，在“属性”面板中，设置“水平”对齐方式为“右对齐”。将光标定位到第6行右侧单元格中，执行“插入”|“表单”|“文本域”命令。选中文本域，在“属性”面板中，将“字符宽度”设置为16，“最多字符数”设置为20，如图7-17所示。

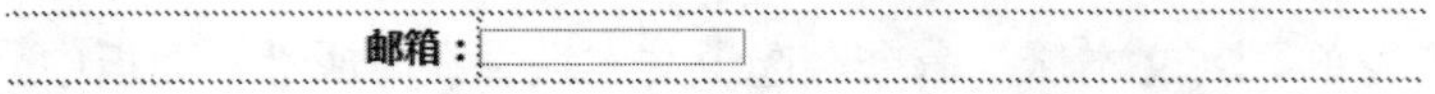

邮箱：

图 7—17

STEP 15 将光标定位到第7行左侧单元格中，输入文本“手机：”，在“属性”面板中，设置“水平”对齐方式为“右对齐”。将光标定位到第7行右侧的单元格中，执行“插入”|“表单”|“文本域”命令。选中文本域，在“属性”面板中，将“字符宽度”设置为16，“最多字符数”设置为12，如图7-18所示。

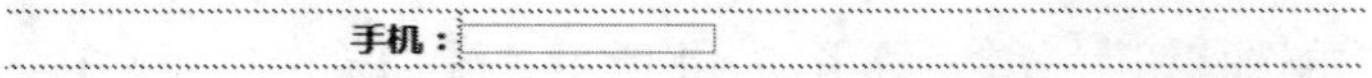

手机：

图 7—18

STEP 16 将光标定位到第8行左侧的单元格中，输入文本“留言标题：”，在“属性”面板中，设置“水平”对齐方式为“右对齐”。将光标定位到第8行右侧的单元格中，执行“插入”|“表单”|“文本域”命令。选中文本域，在“属性”面板中，将“字符宽度”设置为50，“最多字符数”设置为100，如图7-19所示。

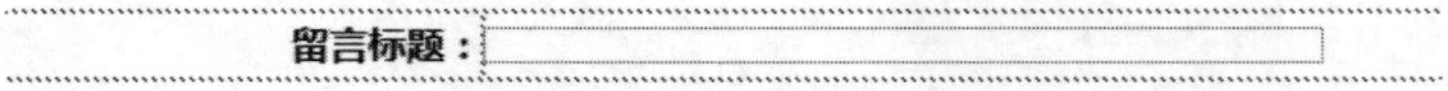

留言标题：

图 7—19

STEP 17 将光标定位到第9行左侧的单元格中，输入文本“留言内容：”，在“属性”面板中，设置“水平”对齐方式为“右对齐”。将光标定位到第9行右侧的单元格中，执行“插入”|“表单”|“文本区域”命令，如图7-20所示。

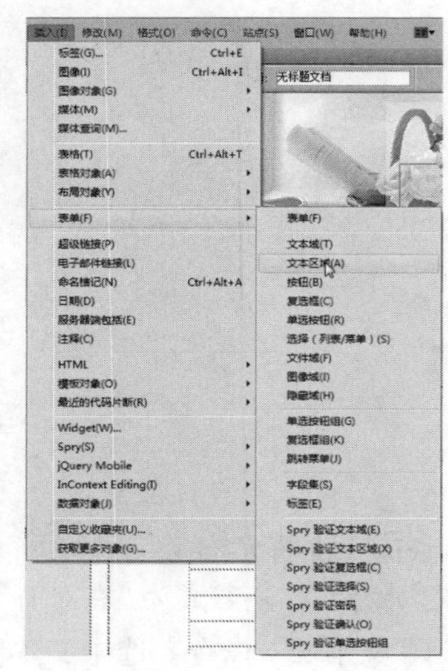

图 7—20

STEP 18 选中文本区域，在“属性”面板中，将“字符宽度”设置为50，“行数”设置为6，如图7-21和图7-22所示。

STEP 19 将光标定位到最后一个单元格中，执行“插入”|“表单”|“按钮”命令，如图7-23所示。为表单添加按钮，效果如图7-24所示。

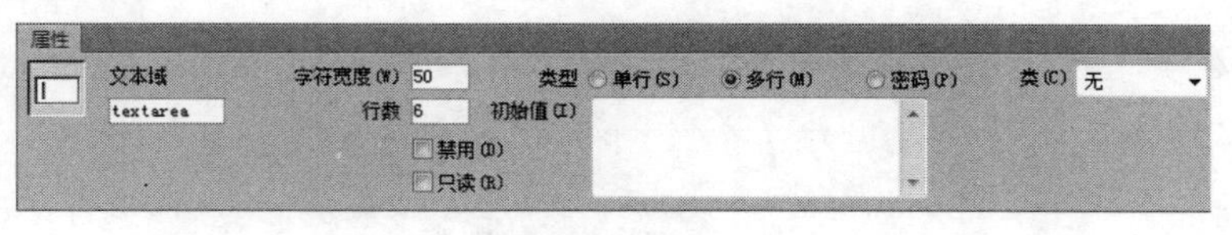

图 7—21

图 7—22

图 7—23　　　　图 7—24

STEP 20 选中“提交”按钮，在“属性”面板中的“值”文本框中输入“我要提交”文本，如图 7-25 所示。将光标定位到添加按钮的后面，在“属性”面板中，设置“水平”对齐方式为“居中对齐”，修改后的按钮如图 7-26 所示。

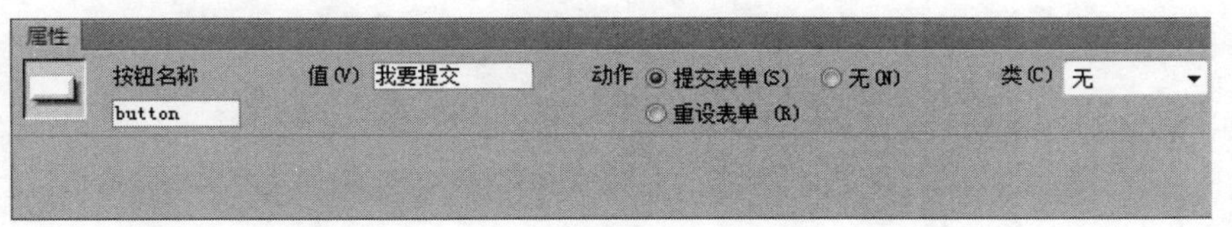

图 7—25

图 7—26

STEP 21 最终效果如图 7-27 所示。

CHAPTER 06
CHAPTER 07
CHAPTER 08
CHAPTER 09
附录

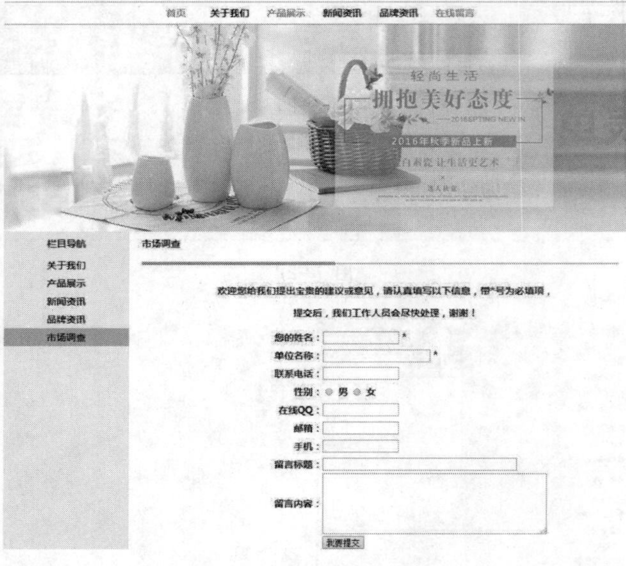
YAFEI
雅斐陶瓷
Touching porcelain, for you have a good mood
首页
关于我们
产品展示
新闻资讯
品牌资讯
在线留言
轻尚生活
拥抱美好态度
2016年秋季新品上新
栏目导航
关于我们
产品展示
新闻资讯
品牌资讯
市场调查
市场调查
欢迎您给我们提出宝贵的建议或意见，请认真填写以下信息，带*号为必填项，
提交后，我们工作人员会尽快处理，谢谢！
您的姓名：*
单位名称：*
联系电话：
性别：男 女
在线QQ：
邮箱：
手机：
留言标题：
留言内容：
我要提交

图 7-27

【听我讲】

7.1 认识表单

表单是 Internet 用户与服务器进行信息交流的工具之一，一般的表单由两部分组成：一是表单的 HTML 源代码，二是客户端的脚本。一个表单中会包含若干表单对象，即控件。

当用户将信息输入表单并提交时，这些信息就会被发送到服务器，服务器端应用程序或脚本对这些信息进行处理，再通过请求信息发送回用户，或基于该表单内容执行一些操作来进行响应。用来处理信息的脚本或程序一般有 ASP、JSP、PHP、CGI 等，在一般情况下，如果不使用这些程序或脚本处理表单，则该表单就无法实现数据的收集。

如图 7-28 所示的是网易 163 邮箱的注册表。当用户填写了相关资料并提交后，所填写的信息就会被发送到服务器上，服务器端的应用程序或脚本对信息进行处理，并执行某些程序或将处理结果反馈给用户。

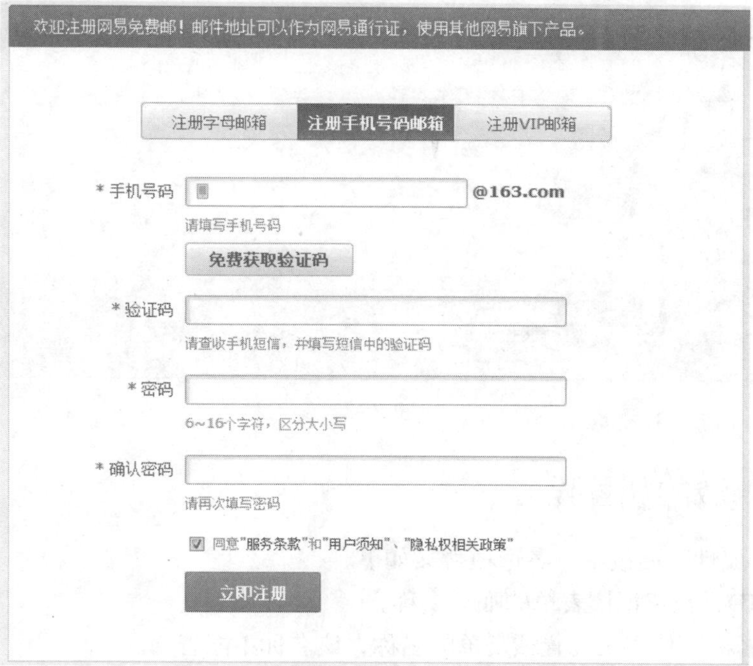

欢迎注册网易免费邮！邮件地址可以作为网易通行证，使用其他网易旗下产品。

注册字母邮箱　注册手机号码邮箱　注册VIP邮箱

* 手机号码 @163.com

请填写手机号码

免费获取验证码

* 验证码

请查收手机短信，并填写短信中的验证码

* 密码

6~16个字符，区分大小写

* 确认密码

请再次填写密码

同意"服务条款"和"用户须知"、"隐私权相关政策"

立即注册

图 7—28

在 Dreamweaver CS6 中，用户可以创建各种各样的表单，表单中可以包含各种对象，如文本域、图像域、文件域、按钮及复选框等。

7.2 创建表单域

在制作表单页面之前，先要创建表单域，换句话说就是表单对象必须添加到表单域内才能正常运行。使用表单需具备以下两个条件：含有表单元素的网页文档；具备服务器端的表单处理应用程序或客户端脚本程序。

7.2.1 表单域的创建

创建表单域的操作方法如下。

启动 Dreamweaver CS6 的应用程序，打开原始网页文档。将光标定位在要插入表单的位置，执行“插入”|“表单”|“表单”命令，在页面中出现红色的虚线就是表单，如图 7-29 所示。

图 7—29

7.2.2 表单域的属性设置

表单的“属性”面板中，各选项含义如下。

- 表单 ID：是标识该表单的唯一名称。
- 表单名称：是用来设置该表单的名称，该名称不能省略。
- 动作：是用来设置处理这个表单的服务器端脚本的路径。如果不希望被服务器的脚本处理，可以采用 E-mail 的形式收集信息，如输入 lxbook@126.com，则表示表单的内容将通过电子邮件发送至 lxbook@126.com 内。具体应用方法会在后面的实例中讲解。
- 方法：包括“默认”、POST、GET 3 个选项，用来设置将表单数据发送到服务器的方法。一般情况下应选择 POST，因为 GET 方法的限制较多，如 URL 的长度被限制在 8192 个字符以内，一旦发送的数据量太大，数据就会被截断。

- 编码类型：用于设置发送数据的 MIME 编码类型，有两个选项：application/x-www-form-urlencode 和 multipart/form-data。application/x-www-form-urlencode 通常与 POST 方法一起使用。如果表单中包含文件上传域，则应选择 multipart/form-data。如果不通过服务器端而采用 E-mail 收集数据，则可以在该处输入 text/plain。
- 目标：指定反馈网页显示的位置。其中 _blank 在新窗口中打开页面；_parent 在父窗口中打开页面；_self 在原窗口中打开页面；_top 在顶层窗口中打开页面。

7.3 插入文本域

文本域可以接受任何类型文本的输入，它可以是单行或多行显示，也可以是密码域的方式显示。

7.3.1 插入单行文本域

常见的表单域是单行文本域，插入单行文本域的操作方法如下。

STEP 01 为了方便排版，先插入一个表格用来控制表单的各个元素位置。将光标定位在表单域内，执行“插入”|“表格”命令，插入 10 行 2 列的表格，表格间距为 2 像素，并调整该表格的宽度和单元格高度（30 像素），如图 7-30 所示。

STEP 02 在网页文档位置输入“用户名”“密码”等文本内容，设置文本水平和垂直对齐方式均为居中，如图 7-31 所示。

图 7—30

图 7—31

STEP 03 将光标定位在表格第 1 行的第 2 列中，执行“插入”|“表单”|“文本域”命令，在弹出的“输入标签辅助功能属性”对话框中，不做任何设置，单击“确定”按钮，如图 7-32

所示。

STEP 04 选中文本域，在“属性”面板中，设置文本域名称为 name，“字符宽度”为 20，“最多字符数”为 20，如图 7-33 所示。

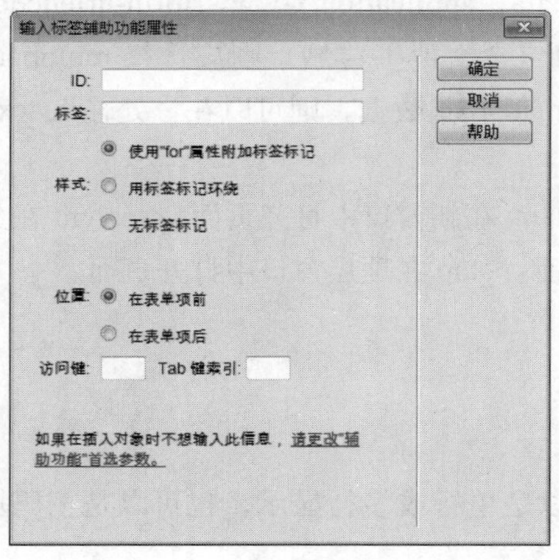

图 7-32

图 7-33

7.3.2 插入多行文本域

多行文本域用来给用户提供输入较多文本信息，比如备注、简介等内容。插入多行文本域的方法同单行文本域类似，具体操作如下。

STEP 01 将光标定位在“自评：”一行，执行“插入”|“表单”|“文本区域”命令，如图 7-34 所示。

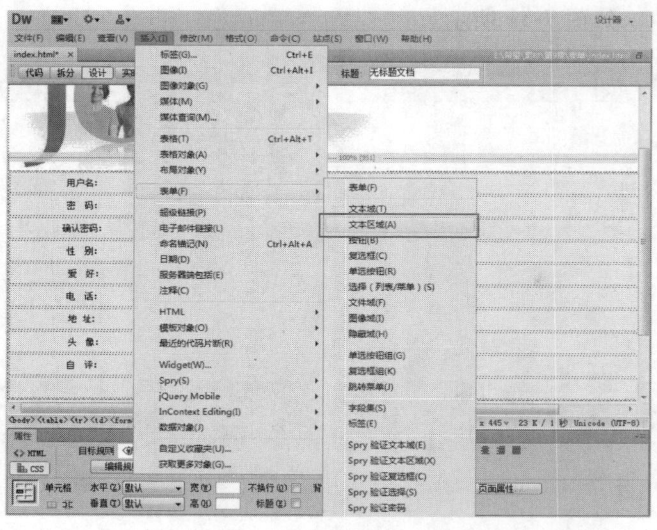

图 7-34

STEP 02 选中文本区域，在“属性”面板中设置“类型”为“多行”，名称为content，“字符宽度”为50，“行数”为10，如图7-35所示。

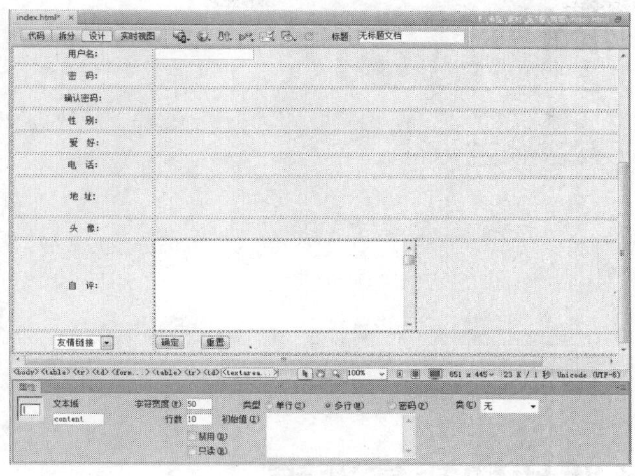

图 7—35

7.3.3 密码域

插入密码域的操作步骤如下。

STEP 01 将光标定位在“密码：”行（第2行第2列），执行“插入”|“表单”|“文本域”命令。选中文本域，在“属性”面板中，设置名称为password，“类型”为“密码”，“字符宽度”为20，“最多字符数”为20，如图7-36所示。

图 7—36

STEP 02 使用同样的方法制作“确认密码：”文本框。保存文件，按F12快捷键预览网页，如图7-37所示。

图 7—37

7.4 插入单选按钮和复选框

使用表单时会遇到选项选择问题，这时就要使用复选框和单选按钮了。复选框允许用户从一组选项中选择多个选项，而在单选按钮组中，只能选择一个选项。

7.4.1 插入单选按钮

单选按钮通常成组使用，一个组中的所有单选按钮必须具有相同的名字，且必须包含不同的选定值。

STEP 01 将光标定位在“性别：”行（第 4 行第 2 列），执行“插入”|“表单”|“单选按钮”命令。

STEP 02 在弹出的“输入标签辅助功能属性”对话框中，输入标签文字，单击“确定”按钮，如图 7-38 所示。

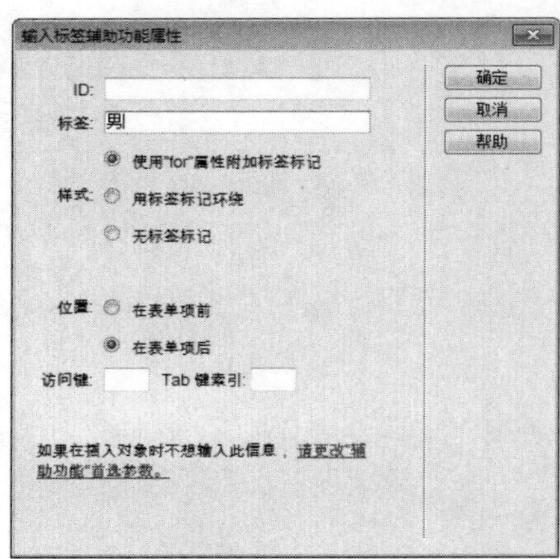

图 7—38

STEP 03 用同样的方法制作其他单选按钮。保存文件，按 F12 快捷键预览网页，如图 7-39 所示。

图 7—39

7.4.2　插入复选框

复选框可以是一个单独的选项，也可以是一组选项中的一个。插入复选框的操作如下。

STEP 01 将光标定位在“爱好：”行（第 5 行第 2 列），执行“插入”|“表单”|“复选框”命令。

STEP 02 在弹出的“输入标签辅助功能属性”对话框中，输入标签文字，单击“确定”按钮，如图 7-40 所示。

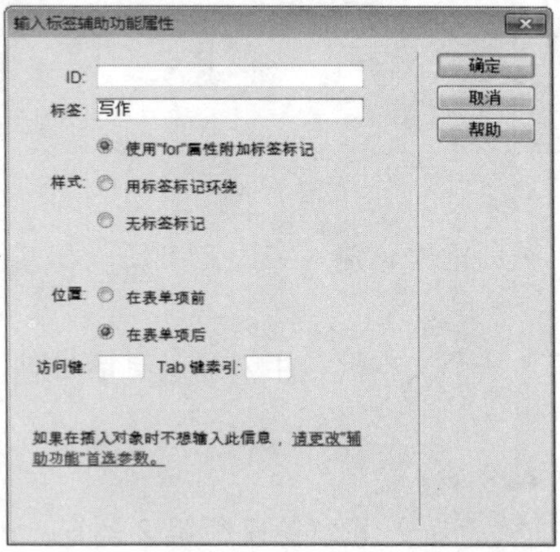

图 7—40

STEP 03 使用同样的方法制作其他复选框，如图 7-41 所示。选中复选框，在其“属性”面板中，可以设置选定值和初始状态。

STEP 04 保存文件，按 F12 快捷键预览网页，如图 7-42 所示。

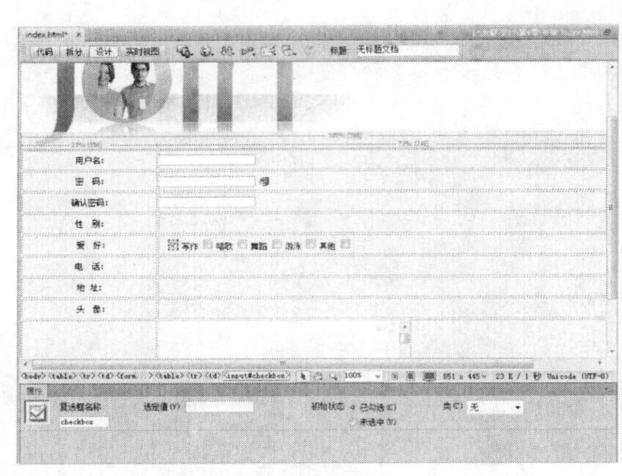

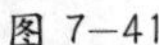
图 7−41

图 7−42

7.5　插入下拉菜单和列表

表单中有两种类型的菜单：下拉菜单和列表。创建下拉菜单的方法如下。

STEP 01 将光标定位在“电话：”行（第 6 行第 2 列），执行“插入”|“表单”|“选择（列表 / 菜单）”命令。

STEP 02 在弹出的“输入标签辅助功能属性”对话框中，默认设置，单击“确定”按钮。选中列表，在其“属性”面板中设置“类型”为“菜单”，单击“列表值”按钮，如图 7-43 所示。

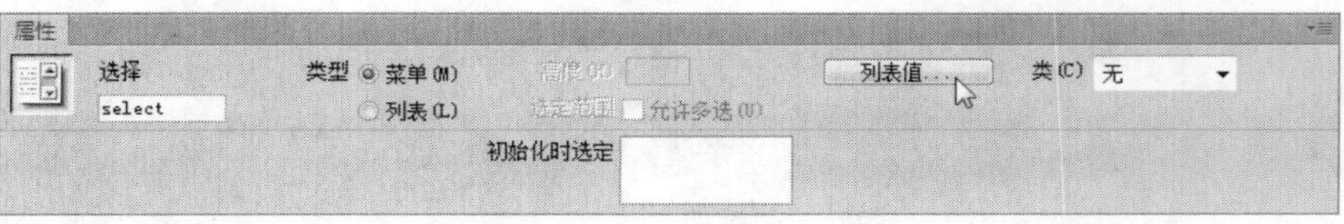

图 7−43

STEP 03 在“列表值”对话框中，输入“固定电话”和“移动电话”，单击“确定”按钮，如图 7-44 所示。

STEP 04 在列表后面插入一个文本框，用来输入电话号码，保存文件即可，如图 7-45 所示。

创建滚动列表的操作方法如下。

STEP 01 将光标定位在“住址：”行（第 7 行第 2 列），执行“插入”|“表单”|“选择（列表 / 菜单）”命令。

STEP 02 在弹出的“输入标签辅助功能属性”对话框中，默认设置，单击“确定”按钮。选中列表，在其“属性”面板中设置“类型”为“列表”，“高度”为 4，单击“列表值”按钮，如图 7-46 所示。

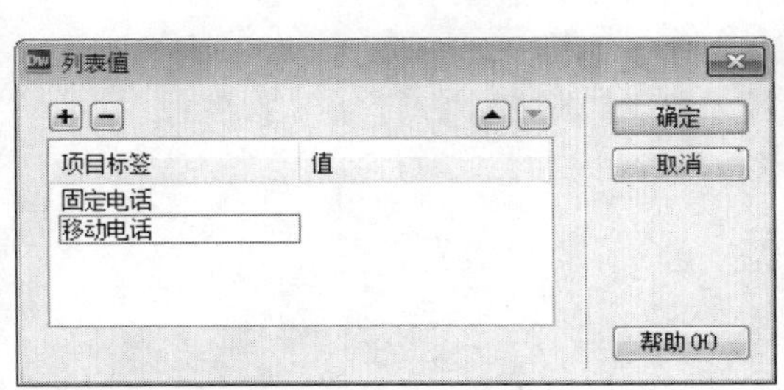

图 7—44

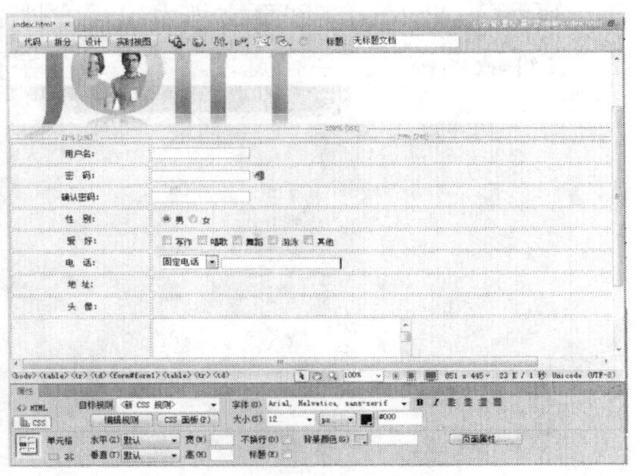

图 7—45

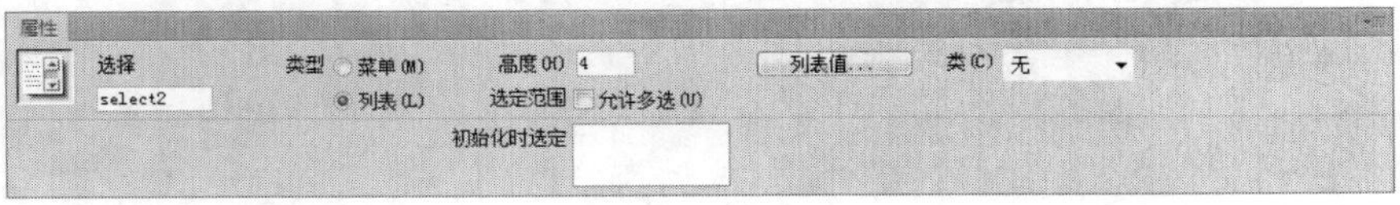

图 7—46

STEP 03 在“列表值”对话框中输入地区，单击“确定”按钮，如图 7-47 所示。

STEP 04 保存文件，按 F12 快捷键预览网页，如图 7-48 所示。

图 7—47

图 7—48

7.6 创建文件域

在 Internet 上上传文件时，就需要用到文件域，将文件上传到相应的服务器。创建文件域的操作方法如下。

STEP 01 将光标定位在“头像：”右侧单元格中，执行“插入”|“表单”|“文件域”命令。

STEP 02 此时，在网页文档中出现文件域。选中文件域，在其“属性”面板中可以设置“文件域名称”“字符宽度”和“最多字符数”，如图 7-49 所示。

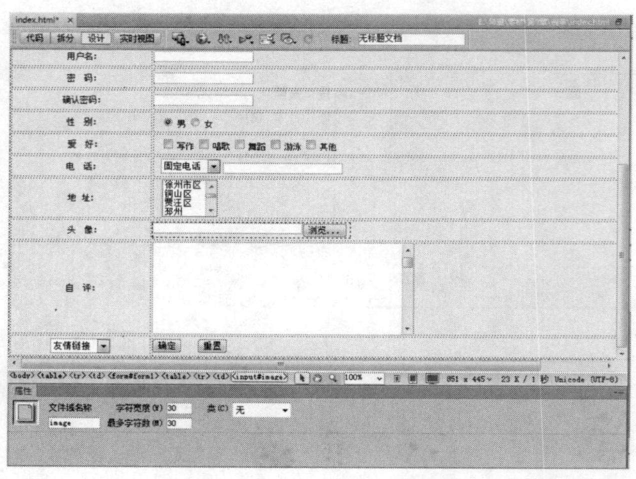

图 7-49

STEP 03 保存文件，按 F12 快捷键预览网页。单击“浏览”按钮，打开“选择要加载的文件”对话框，选择上传的文件，如图 7-50 和图 7-51 所示。

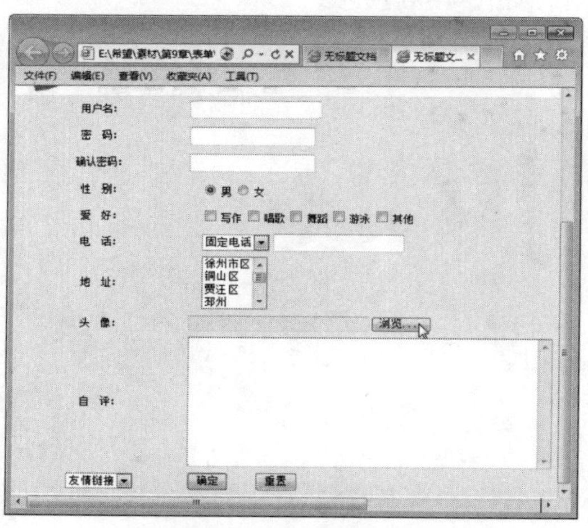

图 7-50

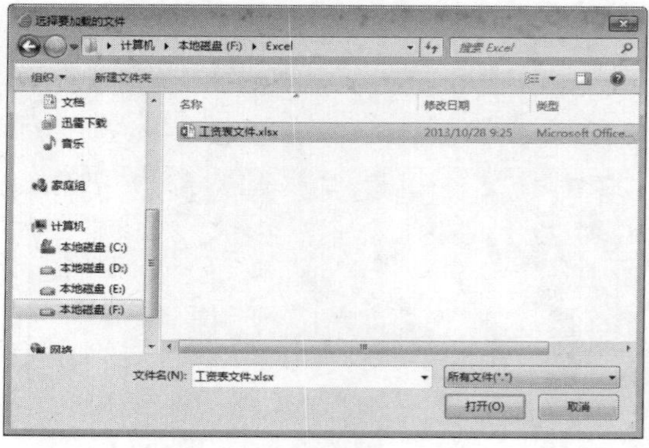

图 7-51

图像域的作用就是提交表单。与提交按钮相同，只是有时为了页面的美观，需要用图像来代替提交按钮。

7.7 创建表单按钮

表单按钮控制表单的操作，使用表单按钮可以实现输入表单的数据并提交到服务器，或者重置该表单等功能。

STEP 01 将光标定位在第 10 行第 2 列中，执行“插入”|“表单”|“按钮”命令。

STEP 02 选中按钮，在“属性”面板中，设置“值”为“确定”，“动作”为“提交表单”，如图 7-52 所示。

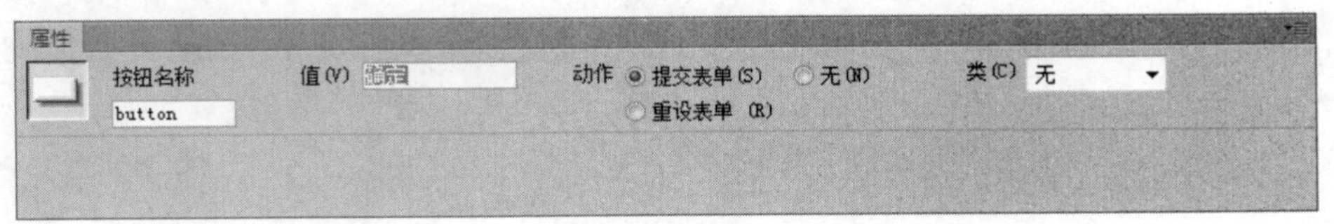

图 7—52

STEP 03 再插入一个按钮，设置“值”为“重置”，设置“动作”为“重设表单”，如图 7-53 所示。

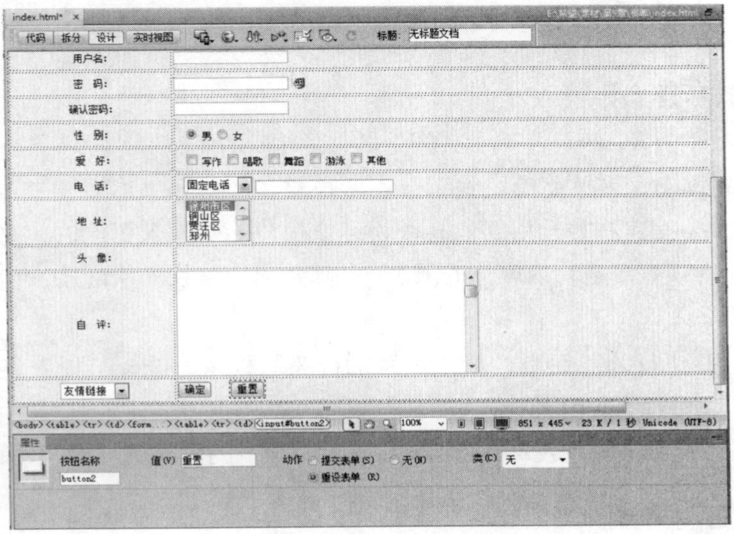

图 7—53

7.8 创建跳转菜单

跳转菜单可以建立 URL 与弹出菜单列表中选项之间的关联，其创建方法如下。

STEP 01 将光标定位在第 10 行第 1 列的单元格中，执行“插入”|“表单”|“跳转菜单”命令，如图 7-54 所示。

STEP 02 在弹出的“插入跳转菜单”对话框中，删除“文本”输入框中的原有内容，输入“友情链接”，作为提示用户选择菜单，单击+按钮，并在“文本”输入框后输入如图 7-55 所示的内容，完成后单击“确定”按钮即可。

CHAPTER 06
CHAPTER 07
CHAPTER 08
CHAPTER 09
附 录

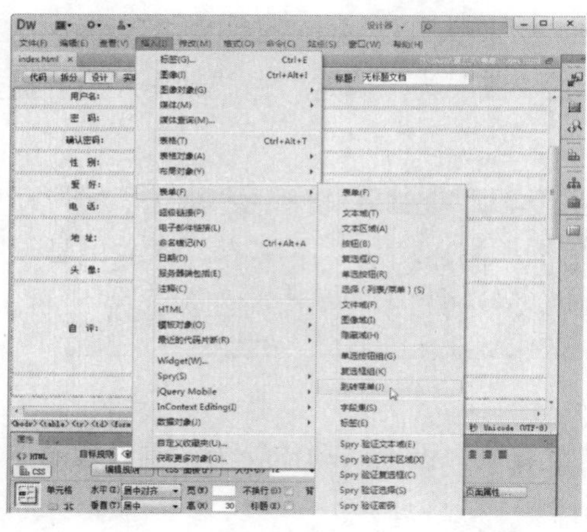

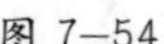

图 7—54

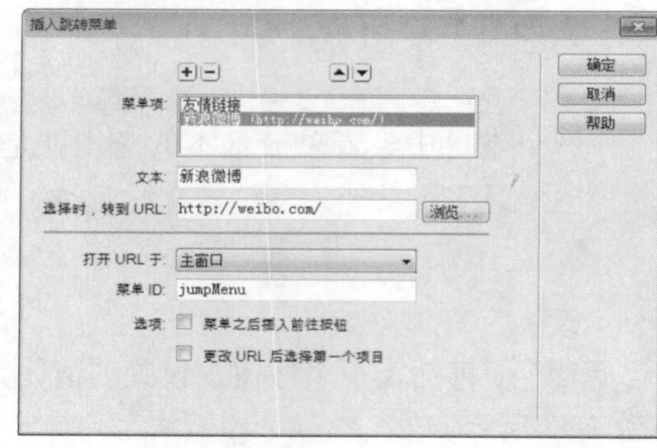

图 7—55

7.9　检查表单

通过前面的操作，表单文件已经可以正常提交了，但如果不对该表单进行一些内容上的限制，通常会收到一些无用的信息，为了让用户能够输入正确的信息，还应该通过检查表单功能，对该表单进行内容上的限制。如邮件只能接收邮件格式，年龄限制为数字，且为 1 ～ 120 等。

STEP 01 打开“行为”面板，单击“添加行为”按钮，选择“检查表单”命令，如图 7-56 所示。

STEP 02 在弹出的“检查表单”对话框中，对表单上的内容进行限制，如图 7-57 所示。

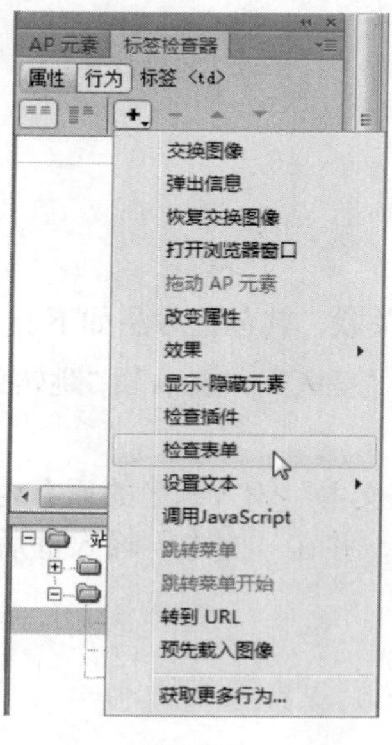

图 7—56

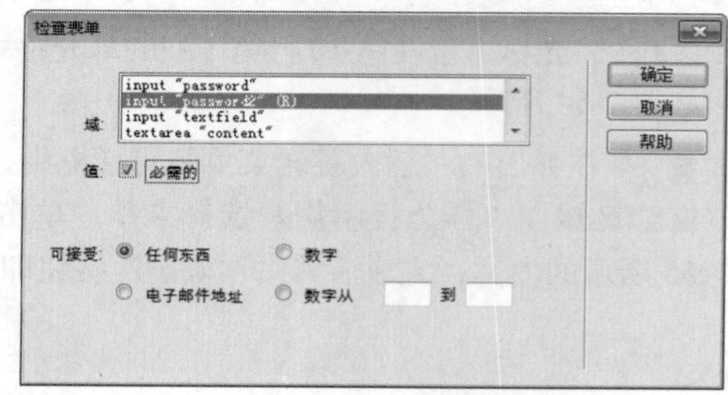

图 7—57

【自己练】

1. 制作人员信息表

在网页设计中，表单最基本的应用就是制作如调查表、用户反馈表、人员信息采集表等具体信息采集功能的表单，在此将练习制作一个公司员工信息表，如图 7-58 所示。

姓名：	
性别：	◉ 男 ◎ 女
年龄：	
学历：	◎ 高中以下 ◎ 高中、中专 ◎ 大专 ◎ 本科 ◎ 硕士 ◎ 博士 ◎ 博士后
爱好：	☐ 书法 ☐ 写作 ☐ 音乐 ☐ 舞蹈 ☐ 运动 ☐ 其他
所在省份：	请选择所在省份
电子邮箱：	
自我评价：	
	重置 提交

图 7—58

操作提示

STEP 01 新建网页并设置其属性，插入表格并输入相应的内容。

STEP 02 执行“插入”|“表单”|“表单”命令，插入表单。对其进行设置并美化。

2. 制作跳转菜单

利用已学跳转菜单的知识，练习制作一个具有跳转功能的页面，如图 7-59 所示。

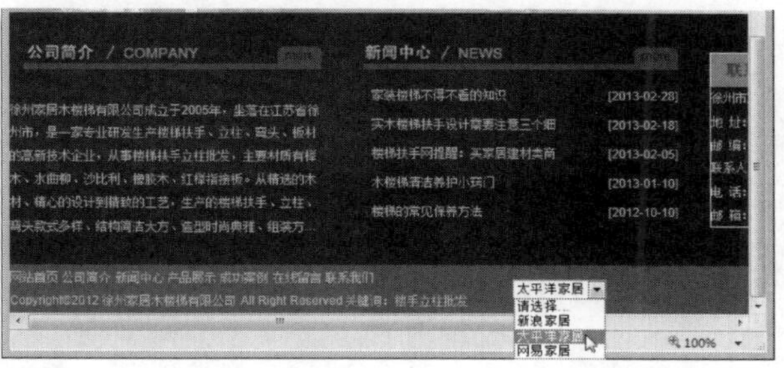

图 7—59

操作提示

STEP 01 打开网页后将光标定位在表单域中，选择“表单”子面板中的“跳转菜单”命令。

STEP 02 在“插入跳转菜单”对话框中进行相应的设置。

STEP 03 保存并测试预览网页效果。

第 8 章

制作多页面网站——模板与库详解

本章概述：

在设计网页过程中，为了简化操作，提高效率，通常会用到 Dreamweaver 提供的模板和库功能。通过模板可以快速生成一个页面，而库的应用，则使得一个元素可以重复快捷地插入到页面中的某一位置，当需要对这些元素进行统一修改或者更换时，利用库则更加方便快捷。本章将对模板与库的相关知识进行详细讲解。

要点难点：

模板的创建 ★☆☆
模板的编辑 ★★☆
模板的应用 ★★★
模板的管理 ★★☆
库的应用 ★★☆

案例预览：

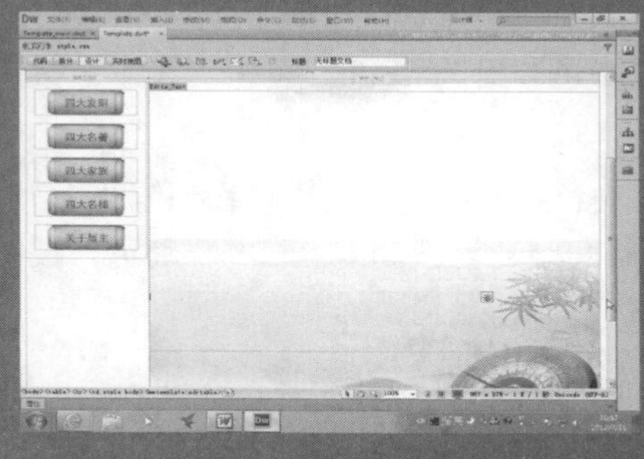

创建模板

应用库项目

【跟我学】 利用模板页制作网页

案例描述

在网站设计过程中，为了保证各网页风格统一，布局一致，可以使用 Dreamweaver 将相同的布局内容创建到模板中，当制作和模板内容布局一致的网页时，只需要直接使用预先创建好的模板即可。

制作过程

STEP 01 执行“文件”|“新建”命令，在打开的“新建文档”对话框中，左边选择“空模板”，在“模板类型”中选择“HTML 模板”，“布局”选择“无”，如图 8-1 所示。

STEP 02 单击“创建”按钮，新建一空白模板文档。执行“文件”|“保存”命令，在弹出的 Dreamweaver 提示对话框中，单击“确定”按钮，如图 8-2 所示。

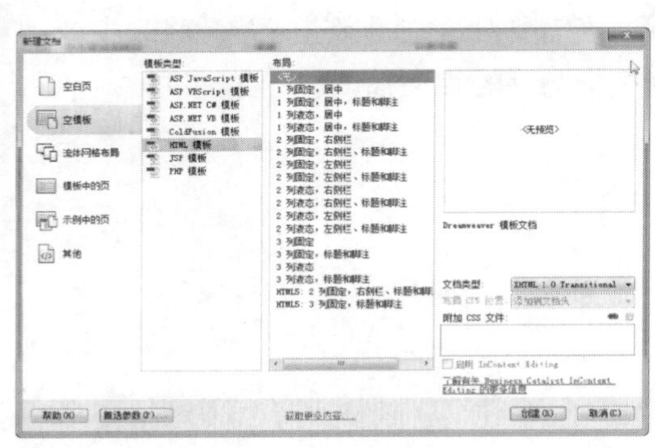

图 8—1

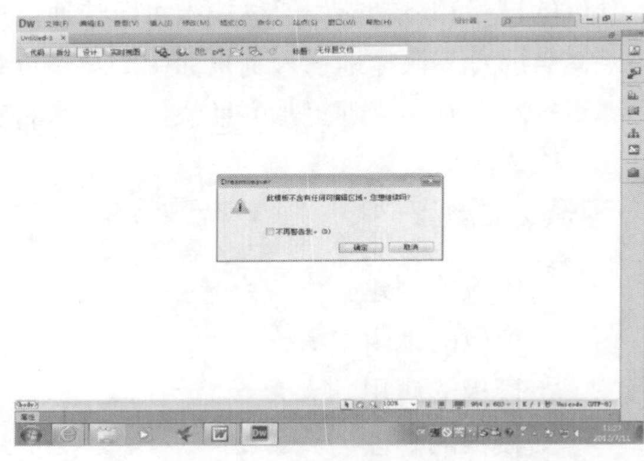

图 8—2

STEP 03 在弹出的“另存模板”对话框中，将当前模板命名为 Index，选择模板存储的站点名称，单击“保存”按钮，如图 8-3 所示。

STEP 04 在“属性”面板中单击“页面属性”按钮，打开“页面属性”对话框，在“分类”中选择“外观（CSS）”，在“外观（CSS）”界面中设置“页面字体”为“宋体”，大小设为 12px，“文本颜色”设为 #000，“背景颜色”设为 #FFF，单击“确定”按钮，如图 8-4 所示。

STEP 05 执行“插入”|“表格”命令，打开“表格”对话框，设置行和列值为 1，“表格宽度”为 948 像素，“边框粗细”以及“单元格间距”均设为 0，单击“确定”按钮，如图 8-5 所示。

STEP 06 选中表格，在“属性”面板中将“对齐”方式设为“居中对齐”，如图 8-6 所示。

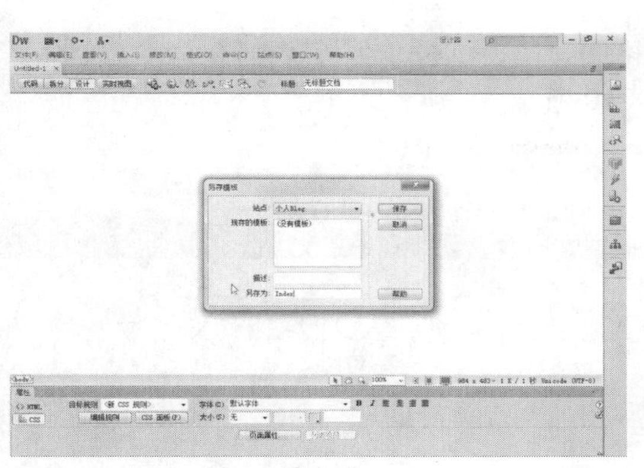
图 8—3

图 8—4

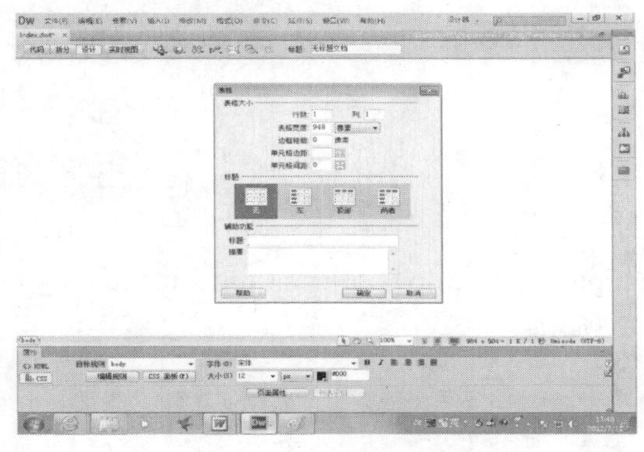
图 8—5

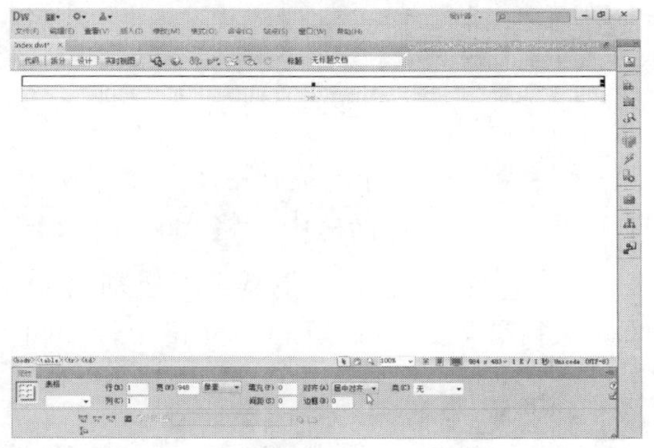
图 8—6

STEP 07 将光标定位到表格的单元格中，执行“插入”|“图像”命令，在单元格中插入 title.jpg，如图 8-7 所示。

STEP 08 将光标定位到表格右侧，重复操作步骤 5、6，在当前表格下面再插入一个 1 行 2 列的表格，如图 8-8 所示。

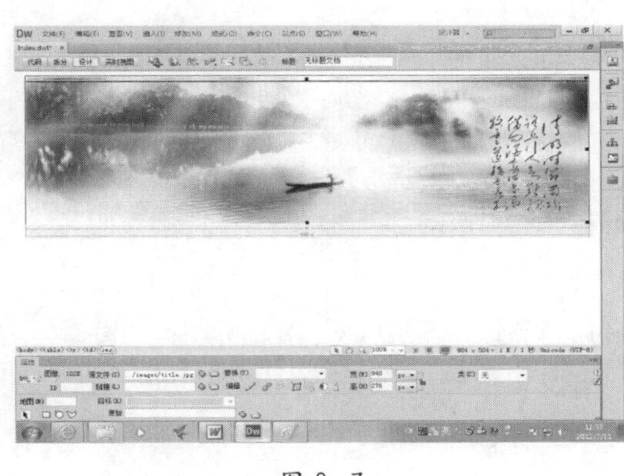
图 8—7

图 8—8

STEP 09 将光标定位到表格第 1 列单元格中，在“属性”面板中，设置“水平”对齐方式为“左对齐”，设置“垂直”对齐方式为“顶端”，单元格宽度设为 204 像素，如图 8-9 所示。

STEP 10 将光标定位到表格第 1 列单元格中，执行“插入”|“表格”命令，插入一个 5 行 1 列表格，单击“确定”按钮，如图 8-10 所示。

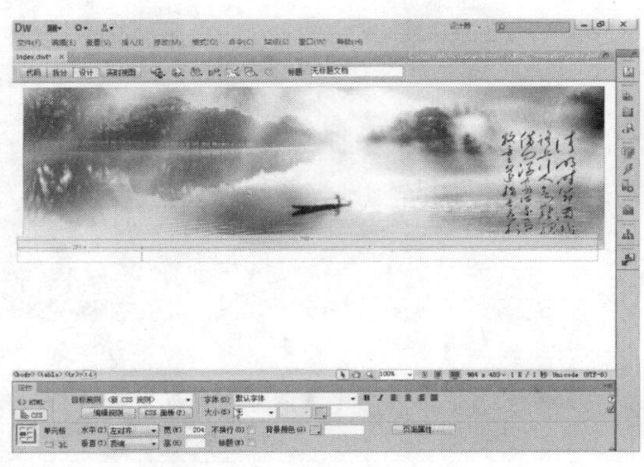

图 8－9

图 8－10

STEP 11 将光标定位到第 1 行单元格中，执行“插入”|“图像”命令，在弹出的“选择图像源文件”对话框中，将 menu1.jpg 图像插入到第 1 行单元格中，如图 8-11 所示。

STEP 12 重复操作步骤 9，分别将 menu2.jpg、menu3.jpg、menu4.jpg、menu5.jpg 图像插入到第 2、3、4、5 行单元格中，如图 8-12 所示。

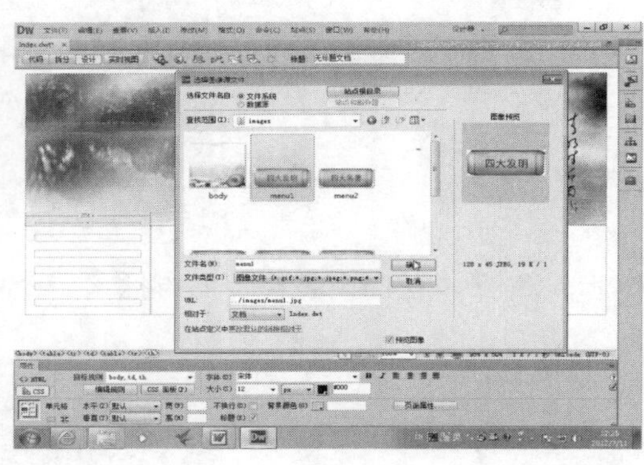

图 8－11

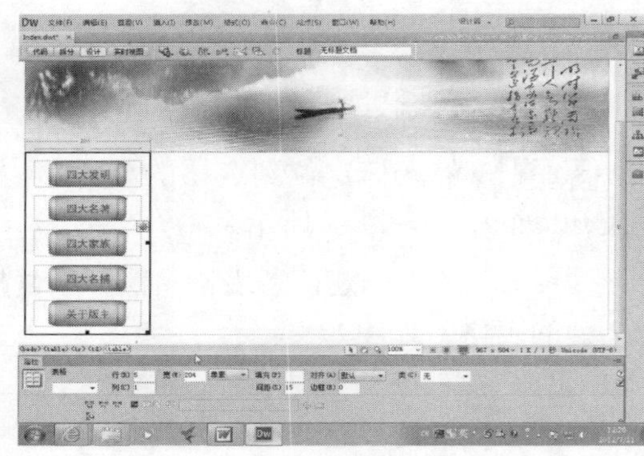

图 8－12

STEP 13 将光标定位到右边单元格中，在“属性”面板中，设置单元格的“水平”对齐方式为“左对齐”，“垂直”对齐方式为“顶端”，单元格高度设为 684 像素，设置“目标规则”为“新 CSS 规则”，如图 8-13 所示。

STEP 14 单击“编辑规则”按钮，在弹出的“新建 CSS 规则”对话框中，设置“选择器类型”为“类（可应用于任何 HTML 元素）”，设置选择器名称为 .style_body，设置“规则定义”为“（新建样式表文件）”，单击“确定”按钮，如图 8-14 所示。

STEP 15 在弹出的“将样式表文件另存为”对话框中，指定存储路径，将样式表文件命名为 style1.css，单击“保存”按钮，如图 8-15 所示。

图 8—13

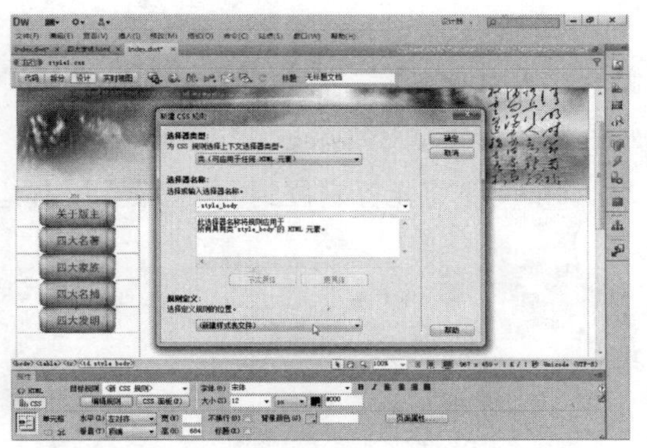

图 8—14

STEP 16 在弹出的CSS规则定义对话框中，在“分类”列表框中选择“背景”选项，在“背景”选项面板中设置单元格的背景图像、平铺模式以及背景是固定或随页面滚动显示，如图8-16所示。

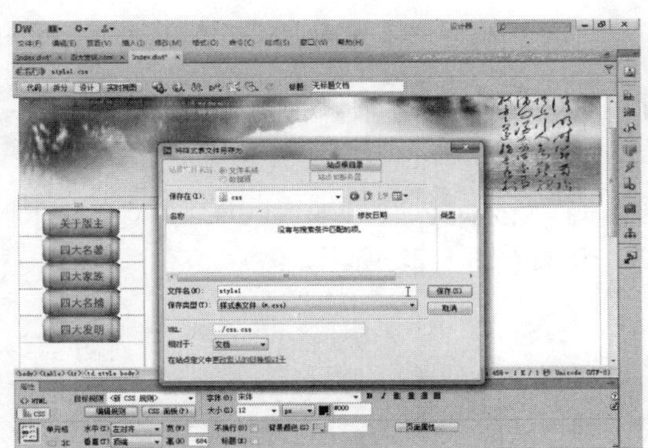

图 8—15

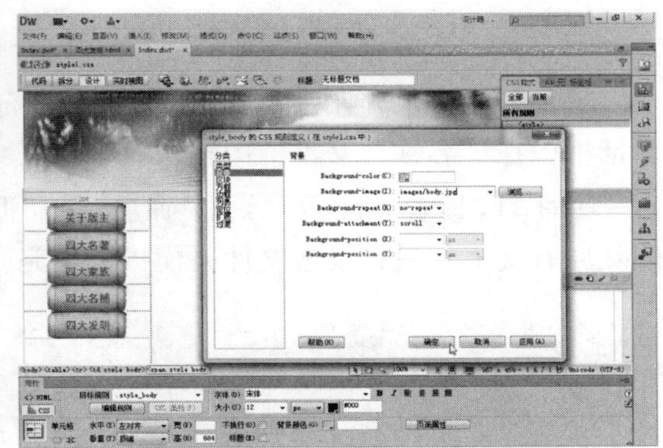

图 8—16

STEP 17 单击“确定”按钮，将body.jpg设置为右边单元格的背景图片，如图8-17所示。

STEP 18 将光标定位到表格右边，执行“插入”|“表格”命令，在网页底端插入一个1行1列的表格，单击“确定”按钮，如图8-18所示。

图 8—17

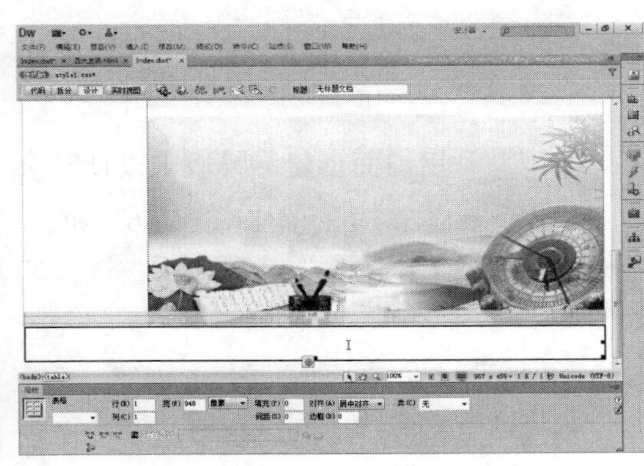

图 8—18

STEP 19 在单元格中输入版权信息，在“属性”面板中，设置单元格“水平”对齐方式为“居中对齐”，“垂直”对齐方式为“居中”，单元格的背景颜色设为 #DCCA9A，如图 8-19 所示。

STEP 20 将光标定位到需要创建可编辑区域的位置，如图 8-20 所示。

图 8—19

图 8—20

STEP 21 执行“插入”|“模板对象”|“可编辑区域”命令，弹出“新建可编辑区域”对话框，在“名称”文本框中输入可编辑区域的名称，如图 8-21 所示。

STEP 22 设置完成后，单击“确定”按钮返回。将光标定位到可编辑区域 Edite_Text 内，删除原有文本。保存模板文件，模板创建完成，效果如图 8-22 所示。

图 8—21

图 8—22

接下来利用前面创建的模板来设计网页，其应用过程如下。

STEP 01 启动 Dreamweaver CS6，执行“文件”|“新建”命令，弹出“新建文档”对话框，在“模板中的页”选项面板中选择“个人 Blog”选项，在站点中选择 Index 模板，如图 8-23 所示。

STEP 02 单击“创建”按钮。创建一个应用 Index 模板的网页。执行“文件”|“另存为”命令，将网页命名为“四大发明 .html”，单击“保存”按钮，保存文档，如图 8-24 所示。

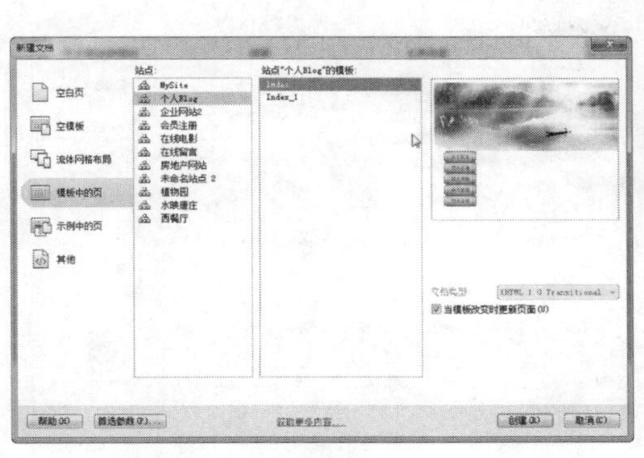

图 8-23

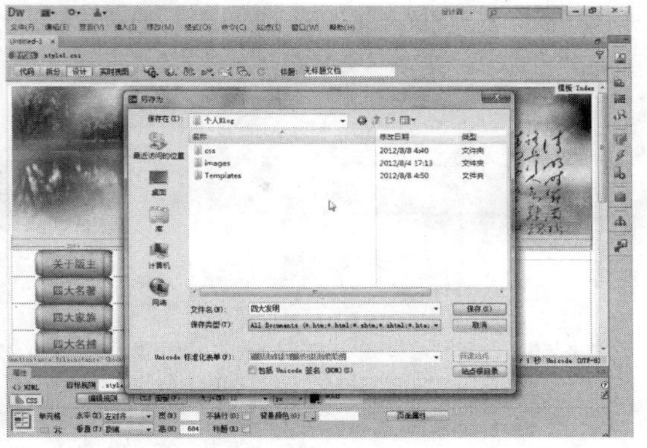

图 8-24

STEP 03 将光标定位到“四大发明 .html”网页的可编辑区域中，执行“插入”|“表格”命令，插入一个 5 行 1 列的表格，如图 8-25 所示。

STEP 04 选中当前列，在“属性”面板中设置“水平”对齐方式为“左对齐”，“垂直”对齐方式为“顶端”，如图 8-26 所示。

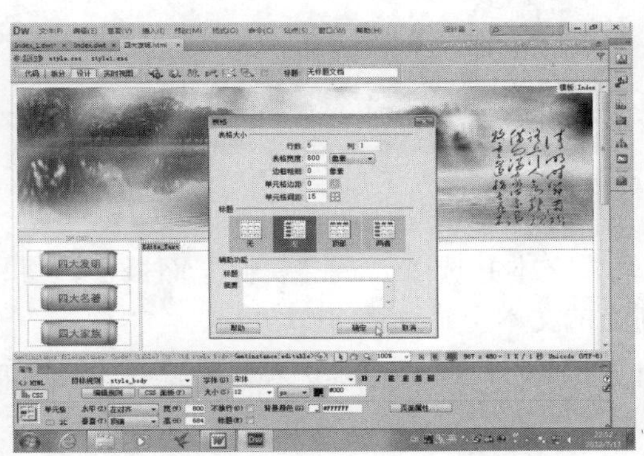

图 8-25

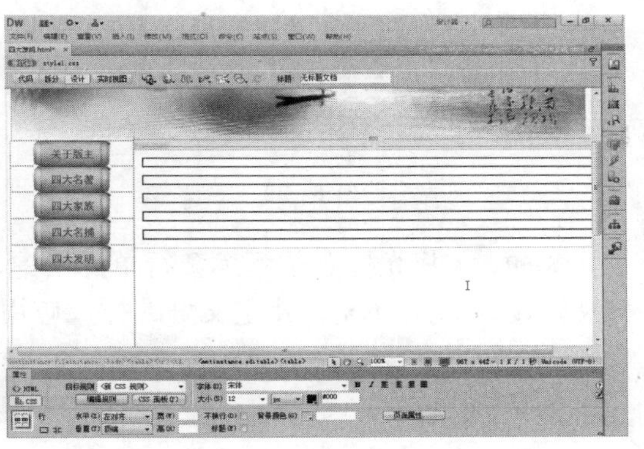

图 8-26

STEP 05 将光标定位到表格的第 1 行单元格中，输入文本并选中，在“属性”面板中，将“目标规则”设为“< 新 CSS 规则 >”。单击“编辑规则”按钮，在弹出的“新建 CSS 规则”对话框中，输入选择器名称 .style_text，设置规则定义在“（新建样式表文件）”，并命名为 style1.css，如图 8-27 所示。

STEP 06 单击“确定”按钮，在打开的 CSS 规则定义对话框中的“分类”列表框中，选择“类型”选项。在“类型”选项面板中设置字体为“宋体”、大小为 12 像素、字体样式为 normal、字体粗细为 normal、行高为 16 像素、字体颜色为 #000，如图 8-28 所示。

STEP 07 在“分类”列表框中选择“区块”选项，在“区块”选项面板中设置文本缩进 2ems（大概 2 个字符宽度），如图 8-29 所示。

STEP 08 单击“确定”按钮，将 .style_text 样式应用到第 1 行单元格中，如图 8-30 所示。

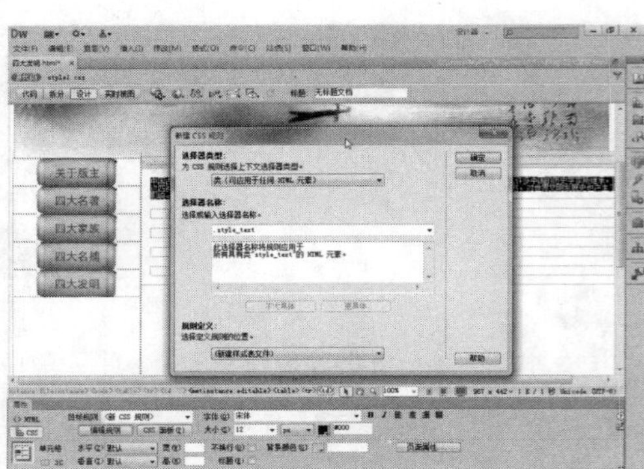
图 8-27

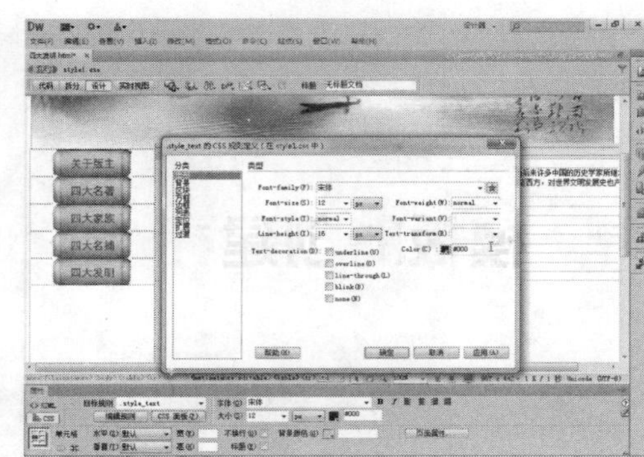
图 8-28

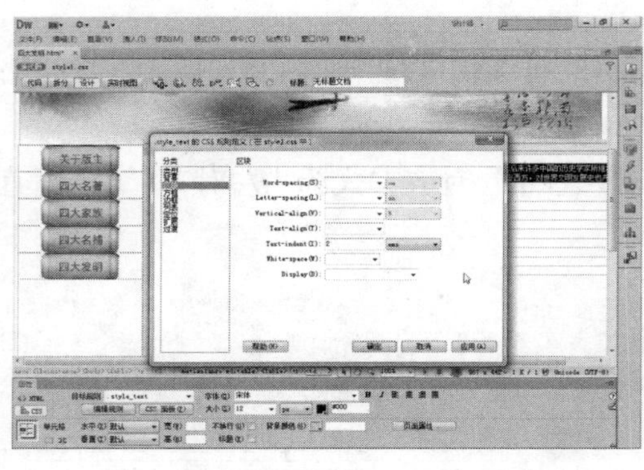
图 8-29

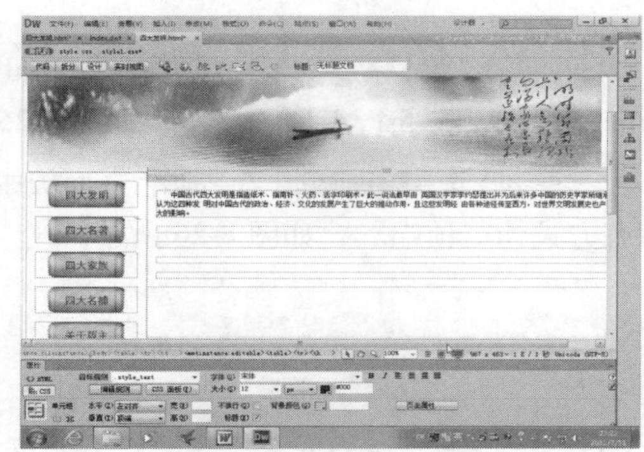
图 8-30

STEP 09 将光标定位到第 2 行单元格中，输入文本并选中，在“属性”面板中，将目标规则设为 style_text，将定义好的样式应用到当前文本上，如图 8-31 所示。

STEP 10 重复之前的操作，分别在第 3、4、5 行单元格中输入文本，设置样式，效果如图 8-32 所示。

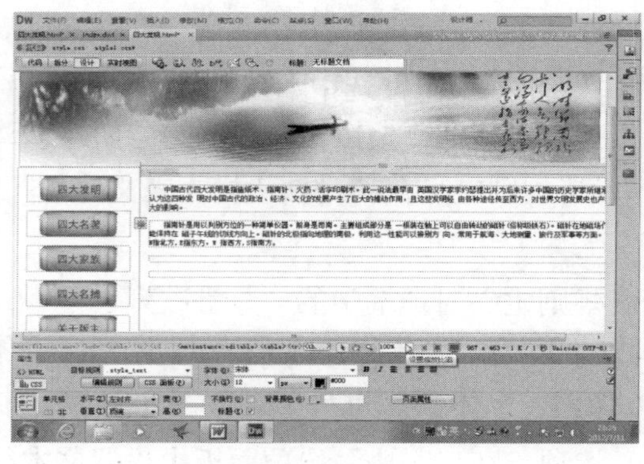
图 8-31

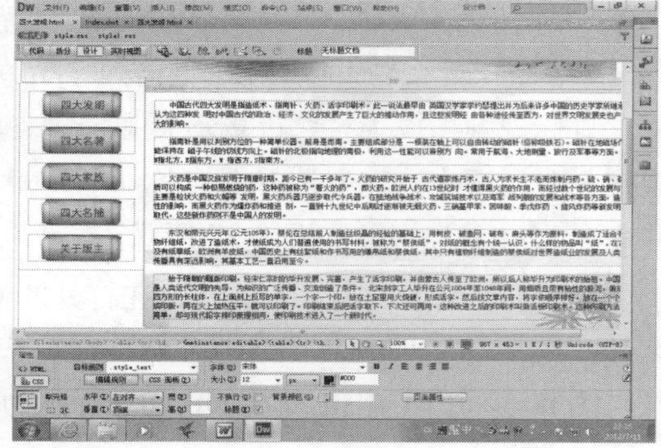
图 8-32

【听我讲】

8.1 模板的创建

模板可以被理解为一种模型，用这个模型可以对网站中的网页进行改动，并加入个性化的内容。也可以把模型理解为一种特殊类型的网页，主要用于创建具有固定结构和共同格式的网页。

模板可以一次更新多个页面，从模板创建的文档与该模板保持连接状态，可以修改模板并立即更新基于该模板的所有文档中的设计，这样就能够极大地提高工作效率。如图 8-33 所示为采用模板来创建的网页。

图 8—33

8.1.1 创建新模板

既然使用模板如此方便，那么模板又是怎样创建的呢？下面将详细进行介绍。

1. 利用工具栏创建空白模板

新建网页文档，打开“插入”面板，单击“常用”工具栏“模板”按钮旁的下拉按钮，在弹出的菜单中选择“创建模板”命令，如图 8-34 所示。打开“另存模板”对话框，在“另存为”文本框中输入模板名称，单击“保存”按钮，如图 8-35 所示。

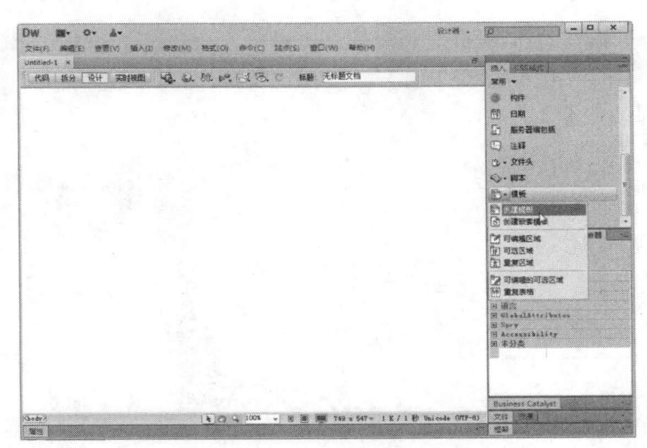

图 8—34

打开“文件”面板，可以看到系统自动在站点根目录下创建了一个名为 Templates 的模板文件夹，展开 Templates 文件夹，用户可以看到刚刚创建的模板文件，如图 8-36 所示。

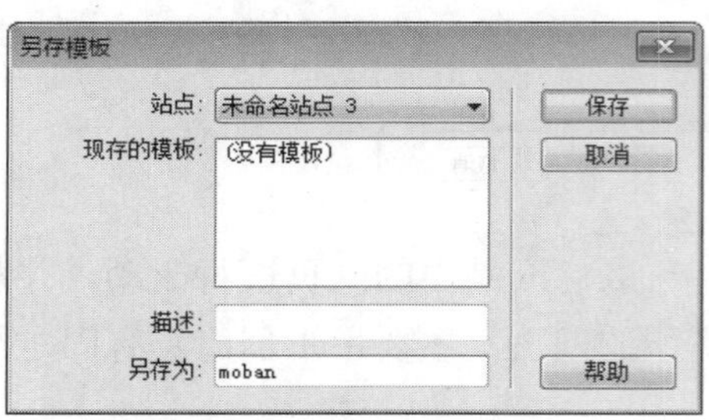

图 8—35

图 8—36

知识点拨

在创建模板时，如果用户没有建立站点，系统将提示先创建站点。模板实际上也是文档，其扩展名为 .dwt，模板文件并不是原来就有的，而是在制作模板的时候由系统自动生成的。

2．利用“资源”面板创建空白模板

执行“窗口”|“资源”命令，打开“资源”面板，单击“新建模板”按钮，为该模板文件重命名即可，如图 8-37 所示。

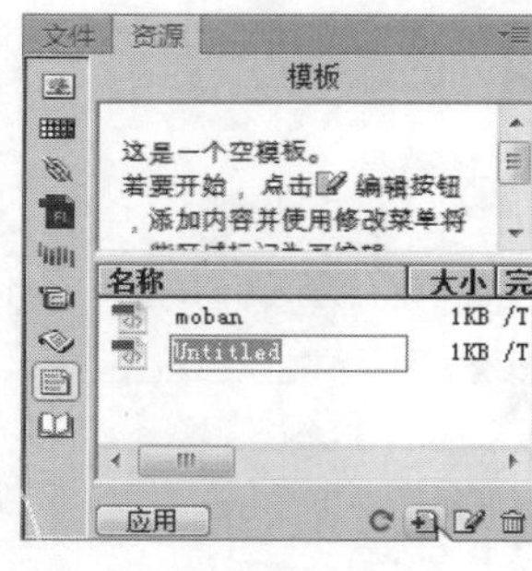

图 8—37

8.1.2 将普通网页保存为模板

在 Dreamweaver CS6 中，用户可以创建空白模板，也可以将普通网页保存为模板。打开已有的网页文档，执行“文件”|“另存为模板”命令，如图 8-38 所示。

图 8—38

打开“另存模板”对话框，在“另存为”文本框中输入模板名称，单击“保存”按钮，如图 8-39 所示。

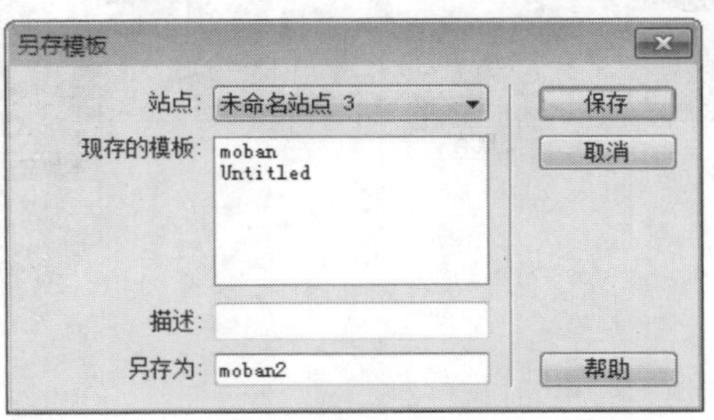

图 8—39

知识点拨

如果在关闭模板文件时没有可编辑区，系统会弹出警告框，提醒用户进行设置。

8.2 模板的编辑

模板创建完成后，还必须创建编辑区域，才能正常使用模板创建网页，模板文件最显著的特征就是存在可编辑区域和锁定区域之分。下面将详细介绍这些内容。

8.2.1 可编辑区域和锁定区域

模板文件包括可编辑区域和锁定区域，锁定区域也就是在整个网站中这些区域是相对固定和独立存在的，如网页背景、导航栏、网站 Logo 等内容，也是不可编辑区域。而可编辑区域则是用来定义网页具体内容的部分，如图像、文本、表格、层等页面元素。可以把整个表格和表格里的内容设置成一个可编辑区域，还可以把某一个单元格及其内容设置成一个可编辑区域。当需要修改通过模板创建的网页的时候，只需修改模板所定义的可编辑区域即可。

8.2.2 创建可编辑区域

由模板生成的网页，其中一些部分可以预先设置成为可编辑区域。选中需要创建可编辑区域的位置，单击“常用”工具栏“模板”按钮旁的下拉按钮，在弹出的菜单中选择“可编辑区域”命令，如图 8-40 所示。

在“新建可编辑区域”对话框中，输入可编辑区域的名称，单击“确定”按钮，如图 8-41 所示。新添加的可编辑区域有颜色标签和名称显示，如图 8-42 所示。

图 8-40

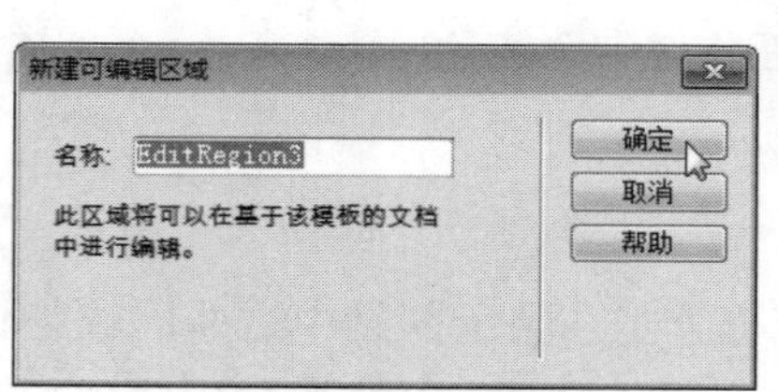

图 8-41

图 8-42

8.2.3 选择可编辑区域

模板中的某一部分内容，有些在编辑网页时需要用到，而有些不需要或者需要换成别的内容。这时候选择可编辑区域进行定向的编辑显得尤为重要。可编辑区域的对象有以下两种。

- 可选区域：用户可以显示或隐藏特别标记的区域，这些区域中用户无法编辑内容，但是用户可以定义该区域在所创建的页面中是否可见。
- 可编辑的可选区域：模板用户不仅可以设置是否显示或隐藏该区域，还可以编辑该区域中的内容。

定义这两种区域的步骤基本相同，下面以定义可编辑的可选区域为例进行阐述。

选择要定义为可选区域的对象。在此选择导航文本，单击“常用”工具栏中“模板”按钮旁的下拉按钮，在弹出的菜单中选择“可编辑的可选区域”命令，如图 8-43 所示。

弹出“新建可选区域”对话框，输入区域名称，单击“确定”按钮即可，如图 8-44 所示。

图 8—43

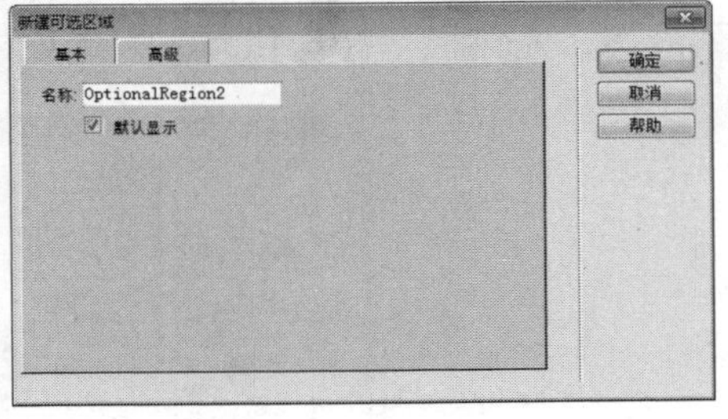

图 8—44

8.2.4 删除可编辑区域

插入可编辑区域后，如果用户需要删除可编辑区域，可以将光标定位到要删除的可编辑区域之内，执行“修改”|“模板”|“删除模板标记”命令即可，如图 8-45 所示。

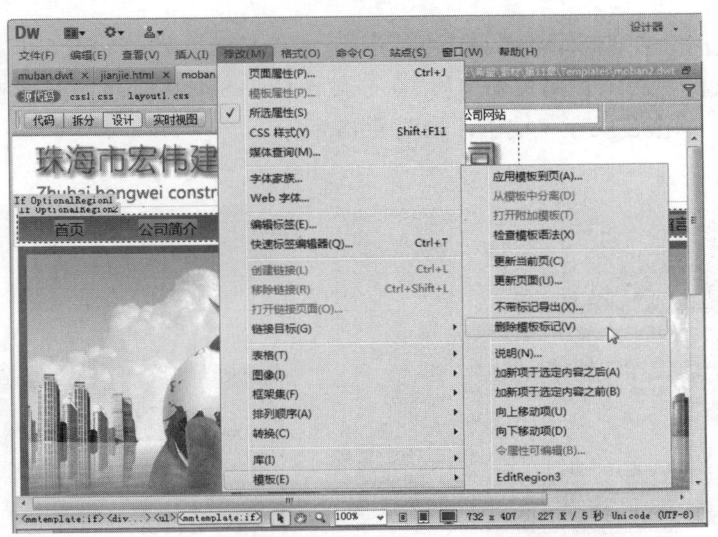

图 8—45

8.3 模板的实际应用

在 Dreamweaver CS6 中，用户可以以模板为基础来创建新的文档，或将一个模板应用于已有的文档。

8.3.1 从模板新建文档

新建模板文档的操作方法如下。

STEP 01 执行“文件”|“新建”命令，在弹出的“新建文档”对话框中，选择“空模板”选项，在“模板类型”选项组中选择“HTML 模板”选项，在“布局”选项组中选择“2 列液态，左侧栏、标题和脚注”选项，单击“创建”按钮，如图 8-46 所示。

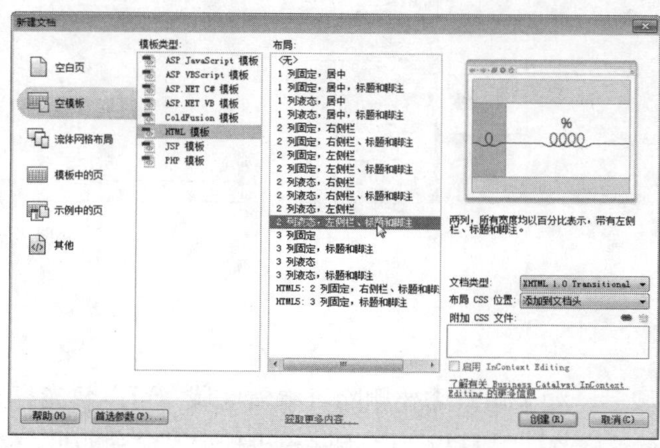

图 8—46

STEP 02 此时，在 Dreamweaver 中就新建了一个模板文档，如图 8-47 所示。

STEP 03 执行“文件”|“另存为模板”命令或按 Ctrl+S 组合键，打开“另存模板”对话框，输入模板名称，单击“保存”按钮，如图 8-48 所示。

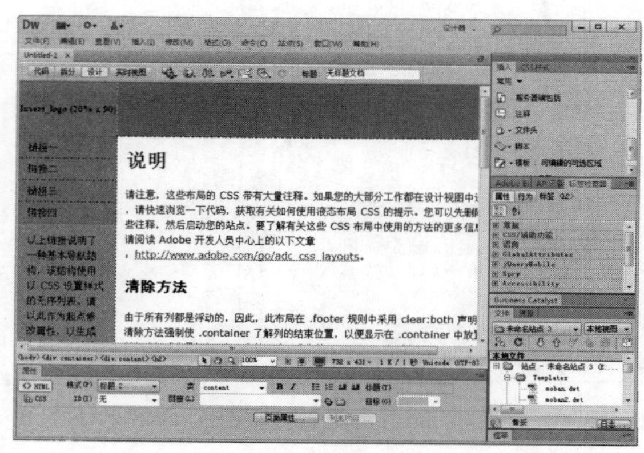

图 8—47

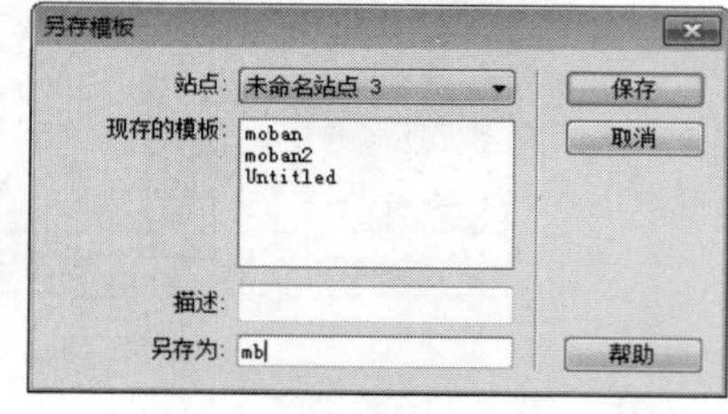

图 8—48

在“布局”选项组中，各选项含义如下。

- 固定：表示该网页中的表格、列或层等元素以像素为单位。
- 弹出：表示该网页中的表格等元素会随其中包含的文字或其他元素的大小而变化。
- 液态：表示该网页中的表格等元素以百分比表示。

知识点拨

“新建文档”对话框分为若干个区域，每个区域都有特别的功能。其中“空白页”选项中的“页面类型”选项组和“布局”选项组较为常用。保存模板时，如果该站点中存在模板文件，该模板将自动保存在模板文件夹下，如果没有模板将自动生成一个模板文件夹。

8.3.2 使用模板面板创建文档

创建好模板后，将其应用于网页设计，具体操作方法如下。

STEP 01 为之前创建的模板添加内容，如图 8-49 所示。

STEP 02 将光标定位到创建可编辑区的位置，执行“插入”|“模板对象”|“可编辑区域”命令，如图 8-50 所示。

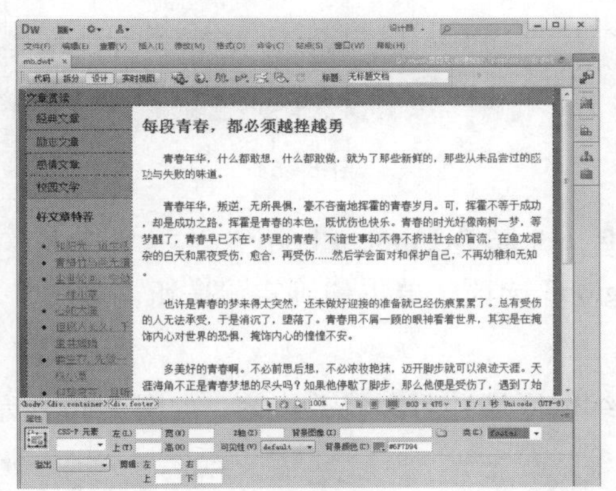

图 8—49

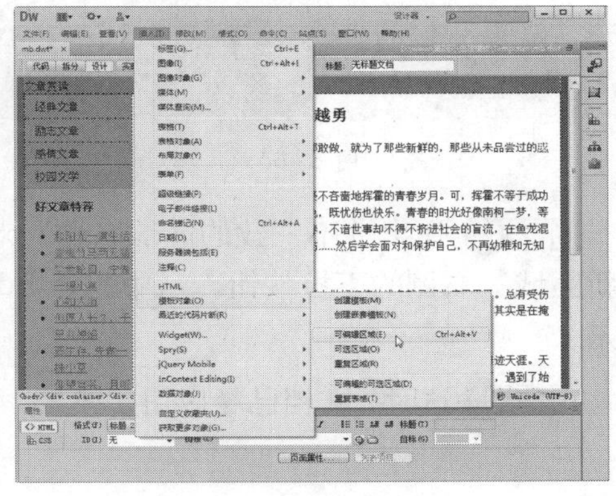

图 8—50

STEP 03 弹出“新建可编辑区域”对话框，在文本框中输入名称。单击“确定”按钮，如图 8-51 所示。

STEP 04 使用同样的方法创建其他可编辑区域，如图 8-52 所示。

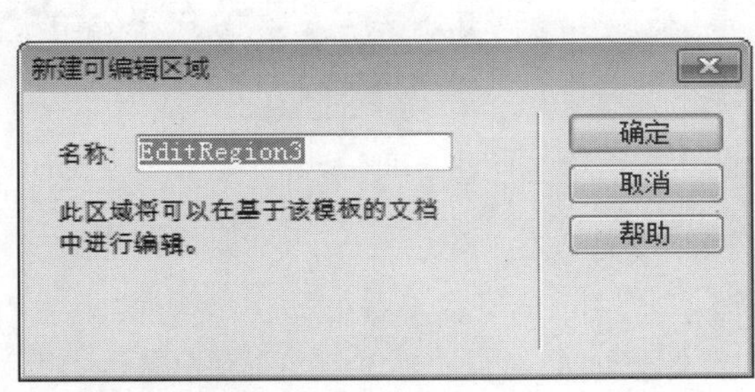

图 8—51

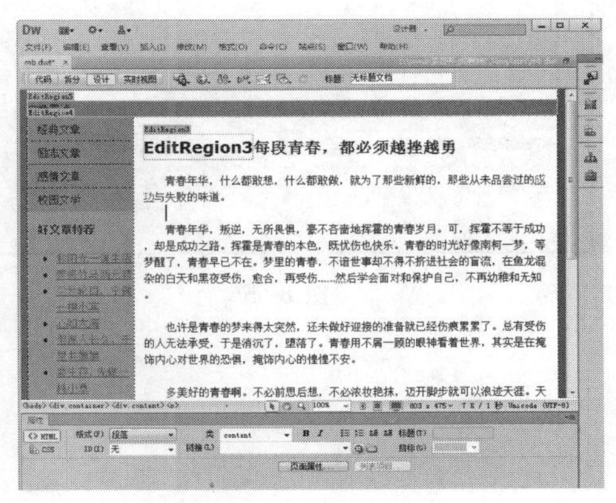

图 8—52

STEP 05 新建空白 HTML 文件，在页面中输入“青春年华”文本，单击“资源”面板中的“模板”按钮，如图 8-53 所示。

STEP 06 在“资源”面板中，选中要应用的模板文档，单击面板下方的“应用”按钮，如图 8-54 所示。

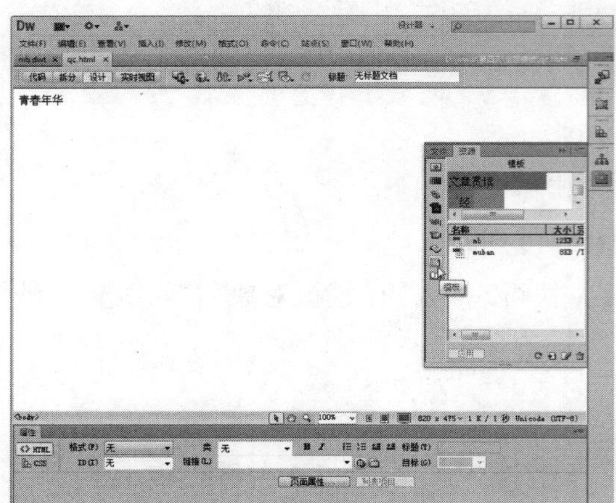

图 8—53

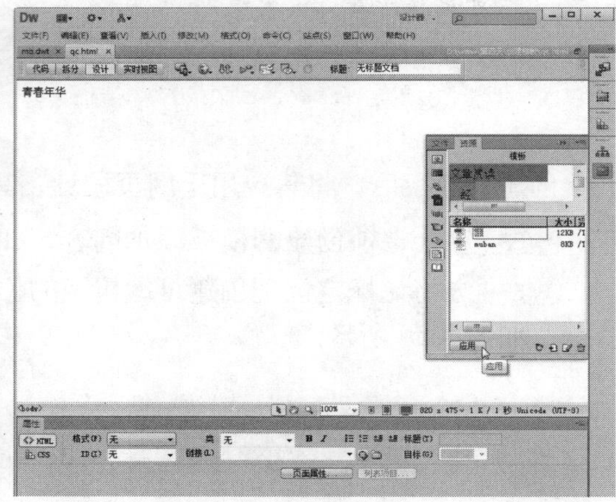

图 8—54

STEP 07 弹出“不一致的区域名称”对话框，选择 Document body，单击“将内容移到新区域”右侧的下拉按钮，从中选择 EditRegion3 选项，单击“确定”按钮，如图 8-55 所示。

STEP 08 这时，文档已经应用了模板，在可编辑区域还可以修改内容，如图 8-56 所示。

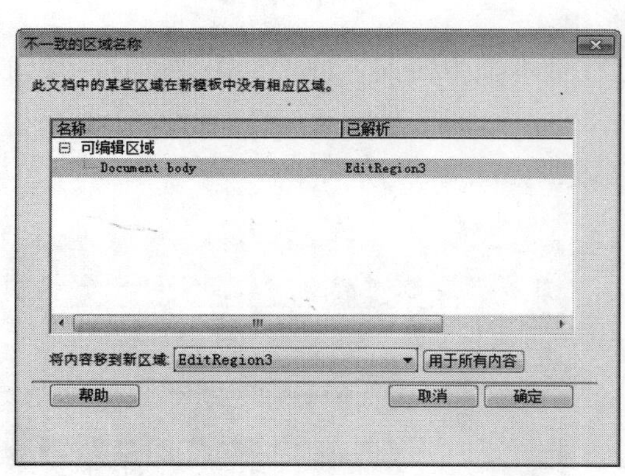

图 8—55

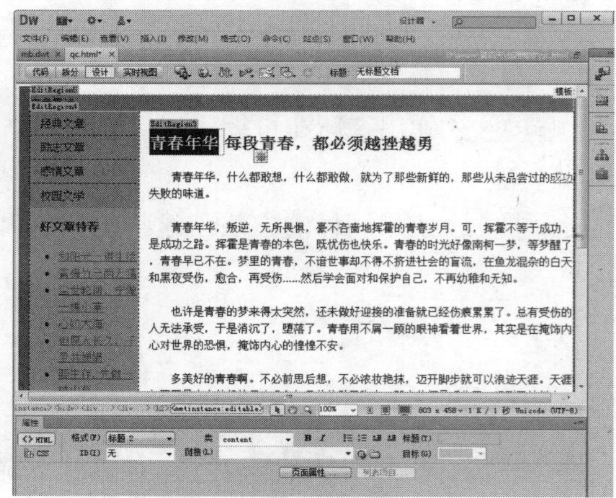

图 8—56

知识拓展

- 创建好的模板文件必须建立可编辑区域，如果没有此步操作，之后的操作将无法进行。
- 在新建的文档编辑区域，用户必须把准备好的文档材料放进去，否则插入的模板将不可编辑。
- “新建可编辑区域”对话框主要是为网页上的内容分配可编辑区域。通常给网页套用模板只需要定义网页内容插入到模板的可编辑区域即可。
- 在该文档中可以看到，未分配可选区域的内容，显示的是无法编辑的⊘图标。

8.3.3　页面与模板脱离

使用了模板的网页，有时需要对模板的锁定区域进行编辑，这时就需要将该页面从模板中分离出来，具体操作方法如下。

打开一个套用了模板的网页，执行“修改”|“模板”|“从模板中分离”命令，此时原来不可编辑区域现在就可以编辑了。

8.3.4　更新页面

更改网站的结构或其他设置，只需修改模板页就可以了。

打开一个用模板文件创建的网页，并设置如图 8-57 所示的文字颜色为黄色（#FF0）。按 Ctrl+S 组合键保存修改过的模板文件，将弹出“更新模板文件”对话框，单击“更新”按钮，如图 8-58 所示。

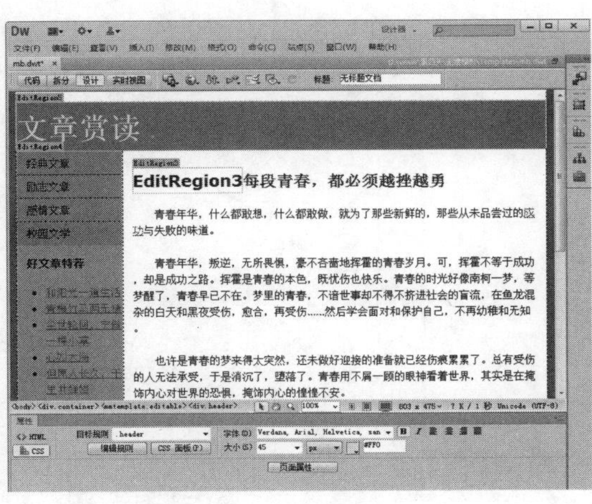

图 8—57

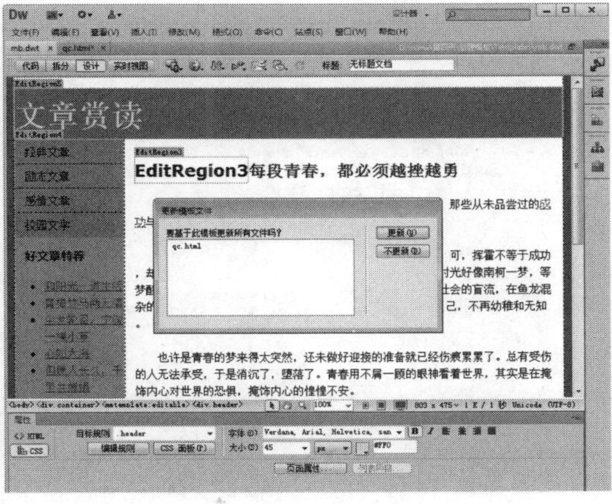

图 8—58

知识点拨

在“更新页面”对话框中，“查看”选项中的“整个站点”表示按相应模板更新所选站点中的所有文件，如图 8-59 所示；“文件使用”即指针对特定模板更新文件，如图 8-60 所示。

图 8-59

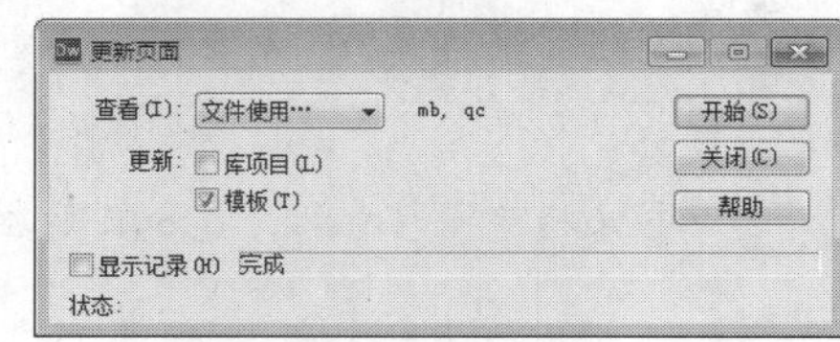

图 8-60

8.4 模板的管理操作

在 Dreamweaver CS6 中，用户可以对模板文件进行管理操作，如重命名、删除等。

8.4.1 重命名模板

对于功能不明确的模板，可以通过重命名的方法，使用户看到模板名称就知道其功能。在执行重命名操作时，首先打开“资源”面板，单击“模板”按钮，右键单击需要重命名的模板，在弹出的快捷菜单中选择“重命名”命令，如图 8-61 所示。随后将 mb 模板文件重命名为 wenzhang。当用户看到该模板的名称时，立即就会知道该模板的功能，如图 8-62 所示。

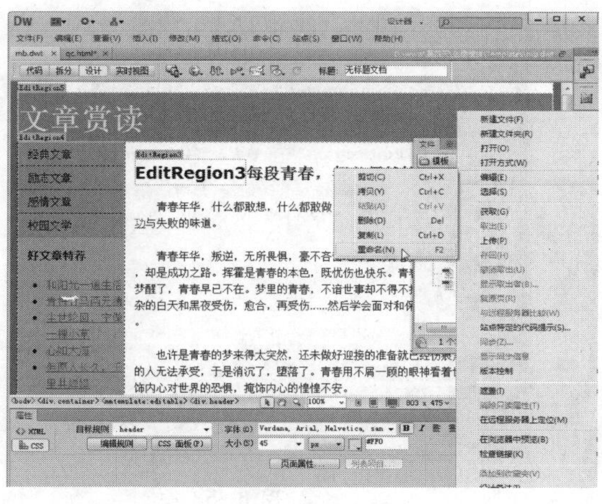

图 8-61

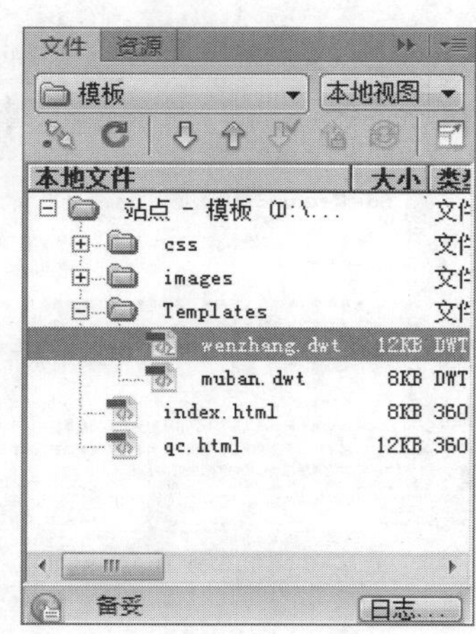

图 8-62

8.4.2 删除模板

对于不再使用的模板可以将其删除，删除后的模板将不会存在于模板文件夹中，其操作方法为：

打开“资源”面板，单击“模板”按钮，右键单击需要删除的模板，在弹出的快捷菜单中选择“删除”命令，如图 8-63 所示。在弹出的提示对话框中，单击“是”按钮，如图 8-64 所示。

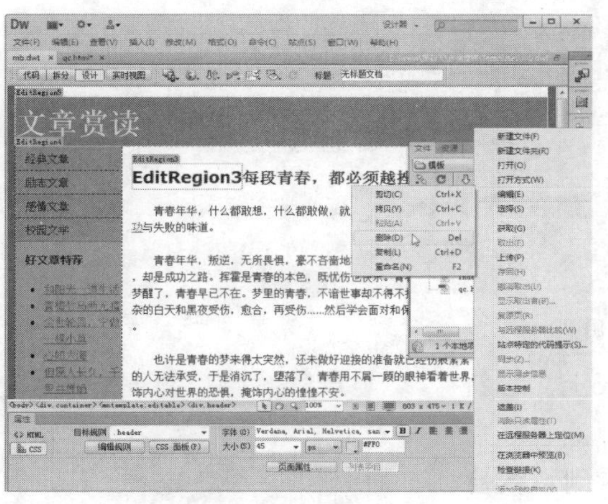

图 8—63

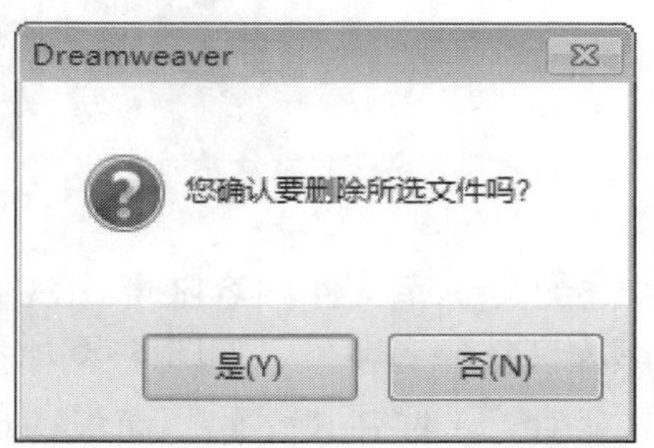

图 8—64

8.5 库的应用

库是一种特殊的 Dreamweaver 文件，其中包含可放置到 Web 页中的一组单个资源或资源副本。库中的这些资源称为库项目。可在库中存储的项目包括图像、表格、声音和使用 Adobe Flash 创建的文件。当编辑某个库项目时，可以自动更新所有使用该项目的页面。Dreamweaver 将库项目存储在每个站点的本地根文件夹下的 Library 文件夹中，每个站点都有自己的库。

库和模板的区别是：模板主要是保持页面统一；而库则主要是满足经常需要修改的需求，而且它比模板更加灵活，它可以放置在页面的任何位置，而不是固定的同一位置。

8.5.1 创建和应用库项目

本小节将对库项目的创建与应用操作进行详细介绍。

1. 创建库项目

创建库文件有两种方法：新建库文件和将网页内容转化为库文件，下面将以现有网页转化为库文件为例进行介绍。

STEP 01 打开网页文档，执行“窗口”|“资源”命令，打开“资源”面板，单击“库”

按钮，选中要转化为库文件的内容。执行“修改”|“库”|“增加对象到库”命令，如图 8-65 所示。

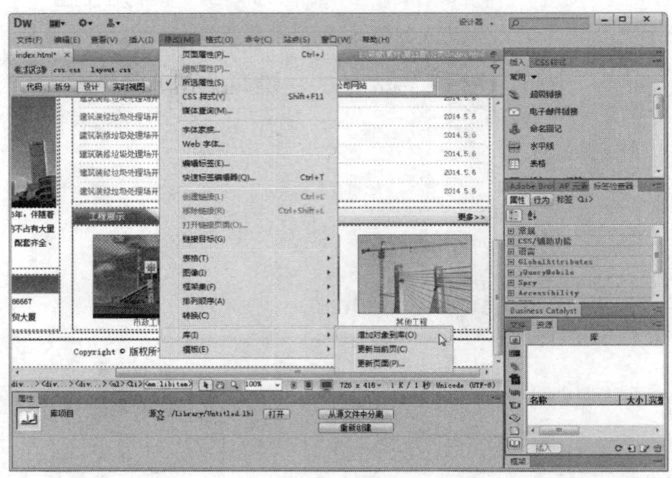

图 8—65

STEP 02 库文件内容随即出现在面板上，给新建的库文件命名即可，如图 8-66 所示。

图 8—66

STEP 03 打开“文件”面板，可以看到系统自动建立了一个名为 Library 的文件夹，库项目即保存在该文件夹中，如图 8-67 所示。还可以选中要创建库的项目后，单击“新建库项目”按钮，如图 8-68 所示。

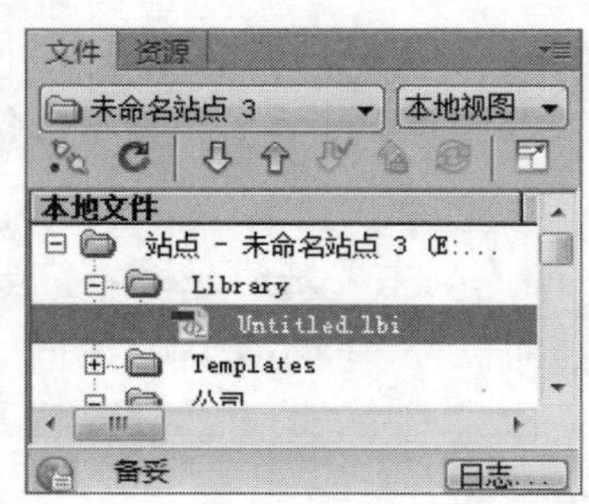

图 8—67

图 8—68

2. 应用库项目

库项目创建完成后，可以在网站中的任意位置进行插入应用，在“资源”面板中，选择要插入的库文件，单击面板下面的“插入”按钮即可，如图 8-69 所示。

图 8-69

知识点拨

- 直接将选中的内容拖至“库”面板中，松开鼠标可快速创建一个库项目。用鼠标直接将库项目拖至网页的适当位置，可快速插入一个库项目。
- 库文件实际上是插入在网页中的一段代码，所以库文件的编辑窗口，除不可以设置页面属性外，其他内容和普通网页的编辑方式相同。
- 创建为库文件的内容，在网页中的背景显示为淡黄色，插入到网页中的库文件背景同样也显示为淡黄色，表示不可编辑。

8.5.2 修改库项目

对于直接插入到网页中的库文件，有时候需要修改才能应用到当前页面，其具体操作方法为：

打开网页文档，选中页面中的库项目。单击“属性”面板上的“打开”按钮，如图 8-70 所示。在编辑页面中选择图像，在“属性”面板中即可对其各属性进行编辑，如图 8-71 所示。

图 8-70

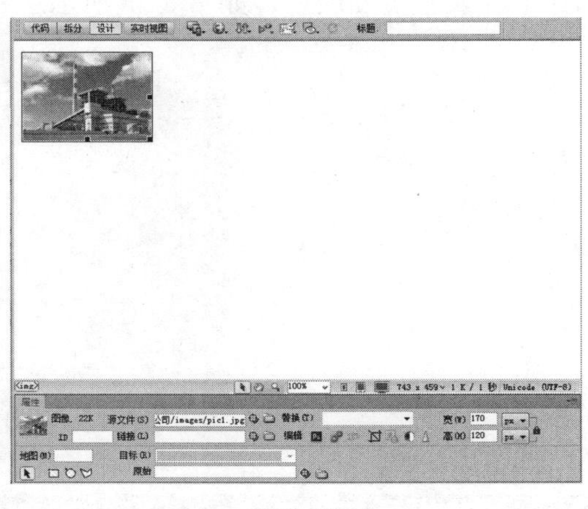

图 8-71

还可以在“资源”面板中，选择要编辑的库项目，直接单击“编辑”按钮，进行编辑。

【自己练】

1. 创建模板

本章讲解了有关模板的知识，接下来通过一个案例来练习模板的创建过程，如图 8-72 所示。

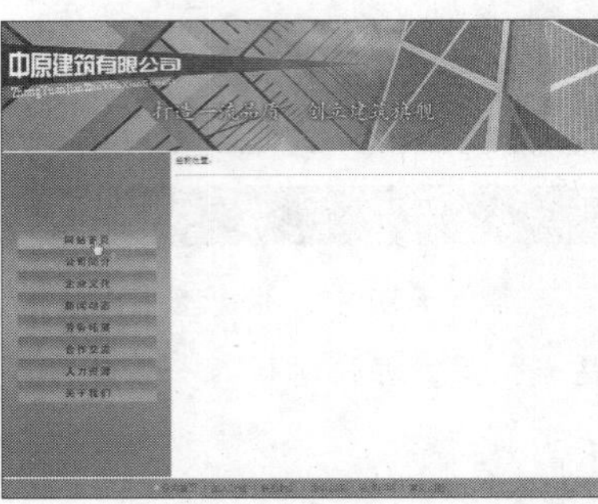

图 8—72

操作提示

STEP 01 新建网页文档，保存为 inner.html，设置页面属性，并插入图片。

STEP 02 插入表格并编辑，随后制作鼠标指针经过图像的效果。

STEP 03 制作网页底部版权信息部分的内容。最后保存网页模板。

2. 应用模板

使用模板可以实现网站风格的统一，快速制作网页，提高工作效率。在此将通过模板来制作其他页面内容，如图 8-73 所示。

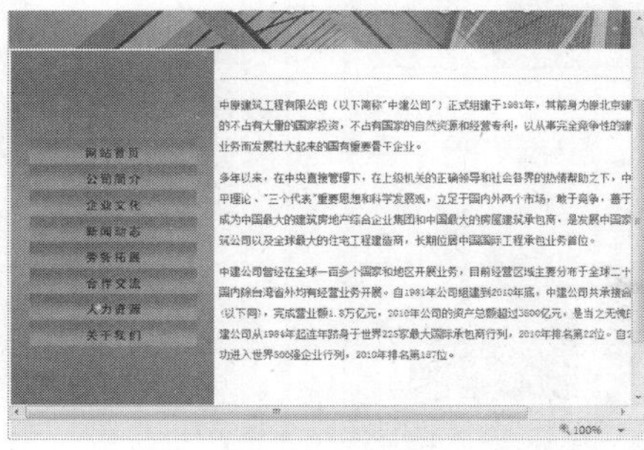

图 8—73

操作提示

STEP 01 在“资源”面板中，单击“模板”按钮，选择模板并单击“应用”按钮。

STEP 02 在页面指定位置输入相应的文本信息。最后保存。

第 9 章

制作购物网站页面

本章概述：

电子商务可以实现贸易的全球化、直接化、网络化，发展电子商务是不可阻挡的趋势。电子商务可应用于小到个人购物，大至企业经营、国际贸易等诸方面。随着电子商务的飞速发展，网上购物已经成为各商家新的利润增长点。

要点难点：

网站页面分析 ★☆☆
创建并连接数据库 ★★☆
制作网站前台页面 ★★★
制作网站后台管理页面 ★★☆

案例预览：

分类展示页面

管理员登录页面

9.1 购物网站概述

在电子商务活动中，全球各地的商业贸易活动在 Internet 开放的网络环境下，买卖双方可以在互联网上进行各种商贸活动，实现网上购物、网上交易和在线电子支付及其相关的综合服务活动。如今，在线购物已经成为一种时尚，消费者足不出户就可以买到所需的商品。因其具有方便、安全、友好的交互特性，顾客群体也逐渐庞大。从整个社会的经济运行角度来讲，电子商务最具长远价值和意义。

9.1.1 购物网站的主要分类

购物网站就是提供网络购物的站点，目前国内比较知名的专业购物网站有卓越、当当等，个人对个人的买卖平台有淘宝、易趣、拍拍等，另外，还有许多提供其他各种各样商品出售的网站。购物网站就是为买卖双方交易提供的互联网平台，卖家可以在网站上发布想出售商品的信息，买家可以从中选择并购买自己需要的物品。

按电子商务的交易对象，购物网站可以分成 4 类。

（1）企业对消费者的电子商务（BtoC）。

一般以网络零售业为主，例如经营各种书籍、鲜花和计算机等商品。BtoC 是商家与顾客之间的商务活动，它是电子商务中的一种主要商务形式，消费者通过网络在网上购物，并在网上支付。这种模式节省了客户和企业双方的时间和空间，大大提高了交易效率，节省了不必要的开支。

（2）企业对企业的电子商务（BtoB）。

它是商家与商家之间的商务活动，也是电子商务中的一种主要商务形式。商家可以根据自己的实际情况，以及自己发展电子商务的目标，选择所需的功能系统，组成自己的电子商务网站。

（3）企业对政府的电子商务（BtoG）。

政府机构的采购信息可以发布到网上，所有的公司都可以参与交易。这种商务活动覆盖企业与政府组织间的各项事物，主要包括政府采购、网上报关和报税等。

（4）消费者对消费者的电子商务（CtoC）。

如一些二手市场、跳蚤市场等都是消费者对消费者个人的交易。

9.1.2 购物网站的主要特点

网上购物作为一种新兴的商业模式，与传统购物模式有很大差别。而每一种新的商业模式，在其出现和发展过程中，都需要具备相应的环境，网络购物也不例外。近年来网络的快速发展为网络购物提供了发展的环境和空间。虽然购物网站的设计形式和布局各种各样，但是也有很多共同之处，下面就总结一下这些共同的特点。

(1) 信息量大的页面。

购物网站中最为重要的就是商品信息，一个页面中包含的商品信息内容，往往决定了浏览者能够获得的商品信息。在常见的购物网站中，大部分都采用超长的页面布局来显示大量的商品信息。网络商店中的商品种类多，没有营业面积限制；可以包含国内外的各种产品，充分体现了网络无地域的优势。在传统商店中，无论其店铺空间有多大，它所能容纳的商品都是有限的。

(2) 商品图片的使用。

商品展示是购物网站最重要的功能，商品展示系统是一套基于数据库平台的即时发布系统，可用于各类商品的展示、添加、修改和删除等。浏览者在前台可以浏览到商品的所有资料，如商品的图片、市场价、会员价和详细介绍等商品信息。

图片的应用可使网页更加美观、生动，而且图片更是直观展示商品的一种重要手段，有很多用文字无法比拟的优点。使用清晰、色彩饱满且质量良好的图片可增强消费者对商品的信任感，从而引发消费者的购买欲望。

(3) 页面结构设计合理。

设计购物网站首先应确定所要展示的商品特点，以合理布局各个板块，并将显著位置留给要重点宣传的栏目或经常更新的栏目，以吸引浏览者的眼球，结合网站栏目在主页导航上的设计来突出层次感，使浏览者渐进接受，如图 9-1 所示。

图 9—1

(4) 完善的分类体系。

一个好的购物网站除了需要大量的商品信息之外，更要有完善的分类体系来展示商品，使所有需要销售的商品都可以通过相应的文字和图片来说明。浏览者可以通过单击商品的名称来阅读它的简单描述和价格等信息。如图 9-2 所示网页，浏览者可以快速查找到所需商品分类。

图 9—2

（5）网上商品价格相对较低。

网上的商品与传统商场相比相对便宜，因为网络可以省去很多传统商场无法省去的相关费用，所以商品的附加费用很低，商品的价格也就低了。而对 C2C 购物网站来说，用户通过竞价的方式，很有可能买到更便宜的商品。在传统商场，一般利润率要达到 20% 以上，商场才可能盈利；而对于网络店铺，它的利润率在 10% 就可以盈利了。

（6）网络购物没有时间限制。

作为网络商店，它可以 24 小时对客户开放，只要用户在需要的时间登录网站，就可以挑选自己需要的商品。而在传统商店中，消费者大多都要受到营业时间的限制。

（7）网络商店成本相对较低。

目前专门有公司为企业提供搭建网络购物平台的服务，其目标是使企业以最快的速度、最低的成本、最少的技术投入开展网上交易。因此，企业启动网络购物服务的成本很低，有的甚至为零。这对于传统商业是无论如何也无法想象和达到的。

9.1.3 购物网站流程

购物网站的购买流程是：消费者首先进入网上商店，寻找想购买的商品，浏览产品信息。如果找到合适的商品，就可在网上下单，否则继续浏览该店或进入其他网上商店。若消费者已下单购买所要的商品，便可以进入结账程序，通过选择付款方式（如在线支付，使用信用卡通过网关授权银行进行付款转账），其保留双方交易数据凭证，并向商户发出发货通知。商户收到发货通知后，通过物流配送组织将商品发送给消费者，消费者收到商品后验收商品，并根据实际需要享受网上商店提供的售后服务。自此，完成购物过程。

CHAPTER 06
CHAPTER 07
CHAPTER 08
CHAPTER 09
附录

9.2 创建数据库与数据库链接

在制作具体的网站动态功能页前，首先需要做的工作就是创建数据库表。在数据库、数据库驱动程序和 DSN 准备就绪之后，须在 Dreamweaver 中创建数据库链接，以方便应用程序浏览数据库。

9.2.1 创建数据库表

这里创建一个数据库 Eshop.mdb，其中包含管理员表 Admins、商品类别表 Class 和商品表 Products，各表中的字段名称和数据类型分别如表 9-1 ~ 表 9-3 所示。管理员表 Admins 用于存储管理员账户、密码等信息；商品类别表 Class 用于存储商品类型信息；商品表 Products 用于存储商品名称、市场价格、会员价格、说明等信息。

表 9-1 Admins 表

字段名称	数据类型	说明
AID	自动编号	编号
name	文本	管理员账户
password	文本	密码

表 9-2 Class 表

字段名称	数据类型	说明
CID	自动编号	编号
name	文本	商品类型名称

表 9-3 Products 表

字段名称	数据类型	说明
PID	自动编号	编号
name	文本	商品类型名称
CPrice	数字	市场价格
MPrice	数字	会员价格
CID	数字	商品类型编号
content	备注	说明
image	文本	商品图片

9.2.2 创建数据库链接

创建数据库链接的具体操作步骤如下。

STEP 01 执行“窗口”|“数据库”命令，在打开的“数据库”面板中单击 + 按钮，选择“自定义连接字符串”命令，如图 9-3 所示。

STEP 02 弹出“自定义连接字符串”对话框，在“连接名称”文本框中输入 conn，在“连接字符串”文本框中输入代码，单击“确定”按钮，即可成功链接，如图 9-4 所示。

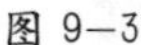

图 9-3

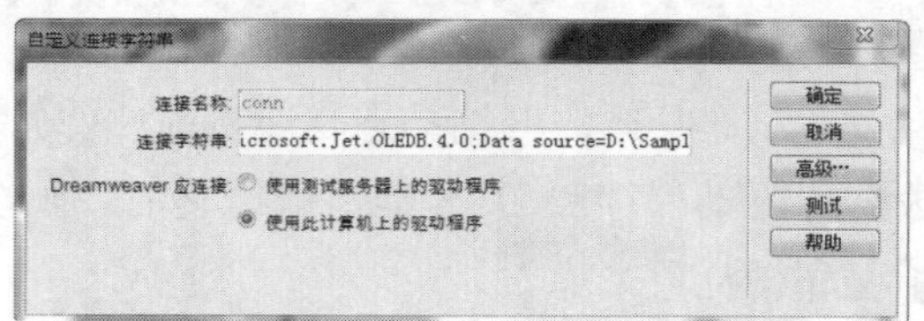

图 9-4

9.3 制作系统前台页面

网站前台就是指展现给浏览者的页面，主要包括商品分类展示页面和商品详细信息页面，下面具体讲述其制作过程。

9.3.1 制作商品分类展示页面

商品分类展示页面用于显示网站中的商品，主要利用创建记录集、绑定字段和创建记录集分页服务器行为制作。

STEP 01 启动 Dreamweaver CS6，打开网页文档 class.htm，另存为 class.asp，将光标定位在页面中相应的位置，执行“插入”|“表格”命令，插入 1 行 1 列的表格，此表格记为“表格 1”，如图 9-5 所示。

STEP 02 将光标定位在单元格中，插入 1 行 2 列的表格，“对齐”方式设置为“默认”，“间距”设置为 2，此表格记为“表格 2”，如图 9-6 所示。

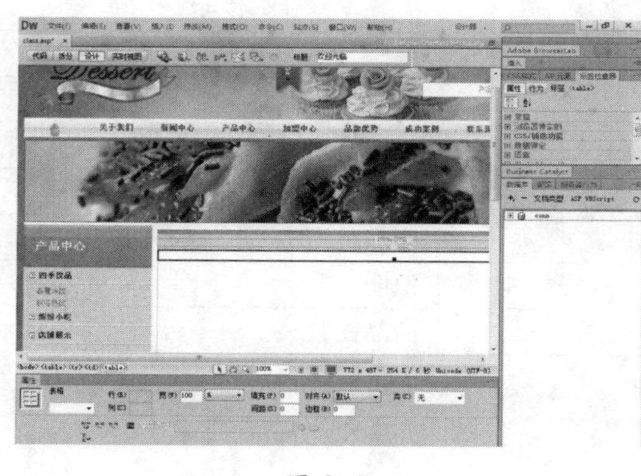

图 9-5

图 9-6

STEP 03 将光标定位在第 1 列单元格中，插入图像 16.jpg，如图 9-7 所示。

STEP 04 将光标定位在第 2 列单元格中，输入相应的文字，如图 9-8 所示。

STEP 05 执行“窗口”|“绑定”命令，在打开的“绑定”面板中单击 + 按钮，在弹出的菜单中选择“记录集（查询）”命令，弹出“记录集”对话框，在“名称”文本框中输入 Recordset1，在“连接”下拉列表框中选择 conn 选项，如图 9-9 所示。

图 9—7

图 9—8

STEP 06 在“表格”下拉列表框中选择 Products，设置“列”为“全部”，在“筛选”下拉列表框中分别选择 CID、=、“URL 参数”和 CID，在“排序”下拉列表框中选择 PID 和“降序”。完成后单击“确定”按钮，在“绑定”面板中即可看到创建的记录集，如图 9-10 所示。

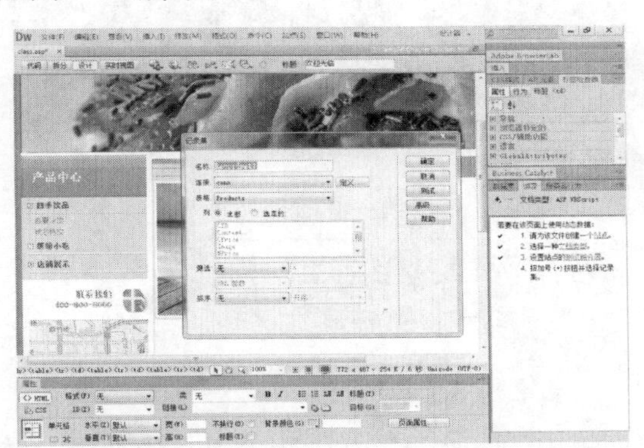

图 9—9

图 9—10

STEP 07 选中图像，在“绑定”面板中选择 image 字段，单击右下角的“绑定”按钮，绑定字段，如图 9-11 所示。

STEP 08 按照步骤 7 的方法，分别将 Products 的 Name、CPrice 和 MPrice 字段绑定到相应的位置，如图 9-12 所示。

STEP 09 将光标定位在表格 1 中，单击标签选择器中从右数的第一个 <tr> 标签。在“服务器行为”面板中单击 + 按钮，在弹出的菜单中选择“重复区域”命令，弹出“重复区域”对话框，如图 9-13 所示。

STEP 10 在“记录集”下拉列表框中选择 Recordset1，“显示”设置为“10 记录”。单击“确定”按钮，创建“重复区域”服务器行为，如图 9-14 所示。

STEP 11 选中“服务器行为”面板中刚插入的“重复区域 (Recordset1)”，切换到“代码”视图，将其代码移动到 <tr> 与 <td> 和 </td> 与 </tr> 标签之间，在代码中相应的位置输入以下代码，如图 9-15 所示。

```
01 If (Repeat1__index MOD 4 = 0) Then
02 Response.Write( "</tr></tr>" )
```

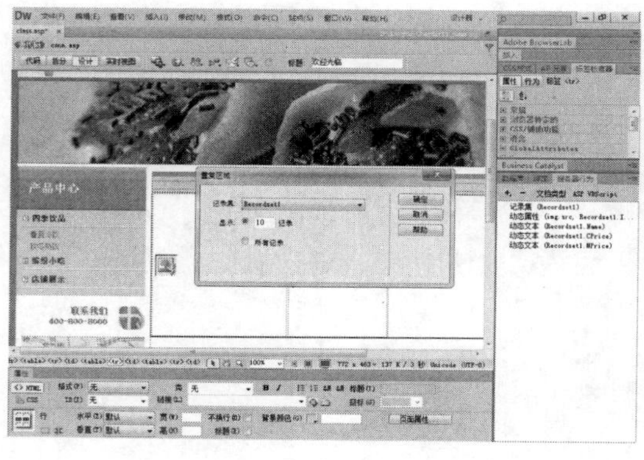

图 9—11

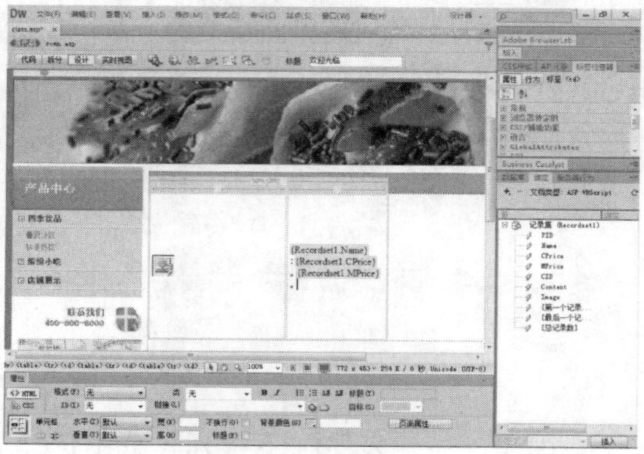

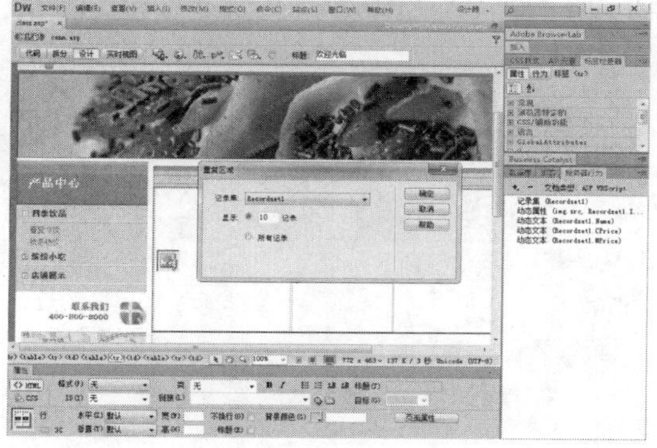

图 9—12

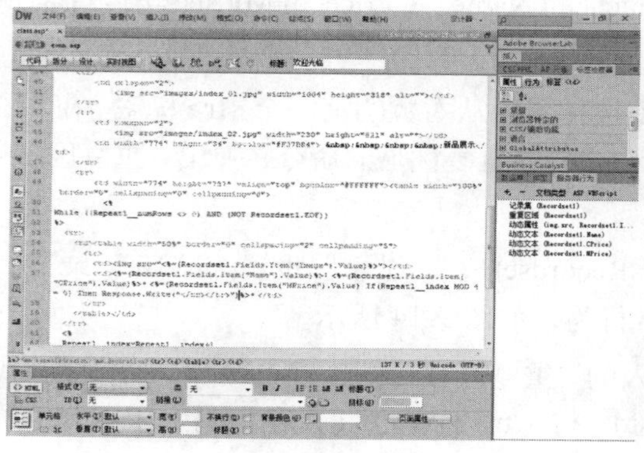

图 9—13

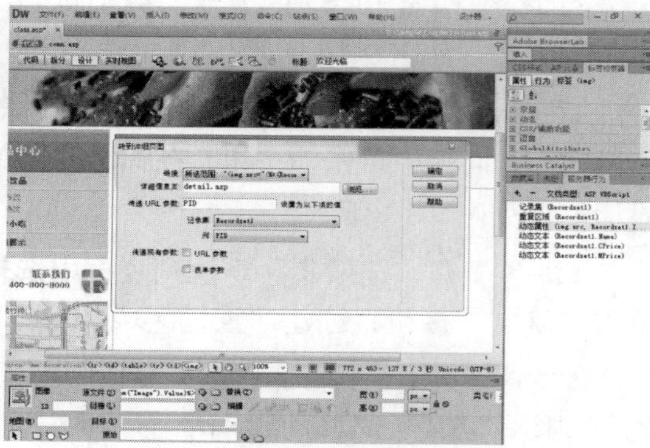

图 9—14

STEP 12 选中图像，单击“服务器行为”面板中的+按钮，在弹出的菜单中选择“转到详细页面”命令，弹出“转到详细页面”对话框，在“详细信息页”文本框中输入detail.asp。在“记录集”下拉列表框中选择Recordset1，单击“确定”按钮，创建转到详细页面服务器行为，如图 9-16 所示。

图 9—15

图 9—16

STEP 13 选中 { Recordset1.Name}，单击“服务器行为”面板中的 + 按钮，在弹出的菜单中选择“转到详细页面”命令，如图 9-17 所示。

STEP 14 弹出“转到详细页面”对话框，在“详细信息页”文本框中输入 detail.asp，在“记录集”下拉列表框中选择 Recordset1，单击“确定”按钮，创建“转到详细页面”服务器行为，如图 9-18 所示。

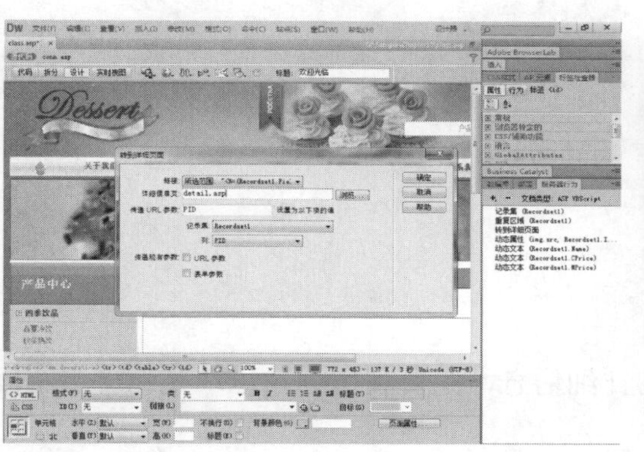

图 9—17

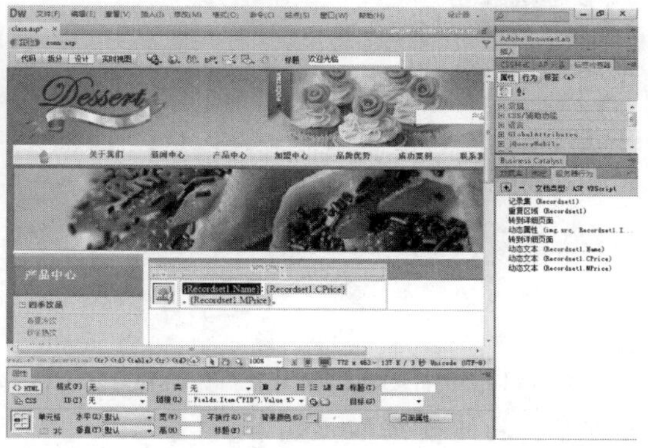

图 9—18

STEP 15 将光标定位在表格 1 的右边，插入 1 行 4 列的表格 3，将“填充”设置为 5，并在单元格中输入相应的文字，如图 9-19 所示。

STEP 16 选中文本“首页”，单击“服务器行为”面板中的 + 按钮，在弹出的菜单中执行“记录集分页”|“移至第一条记录”命令，弹出“移至第一条记录”对话框，如图 9-20 所示。

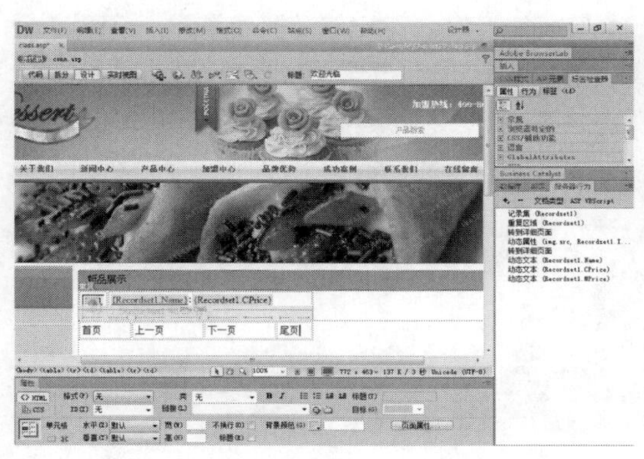

图 9—19

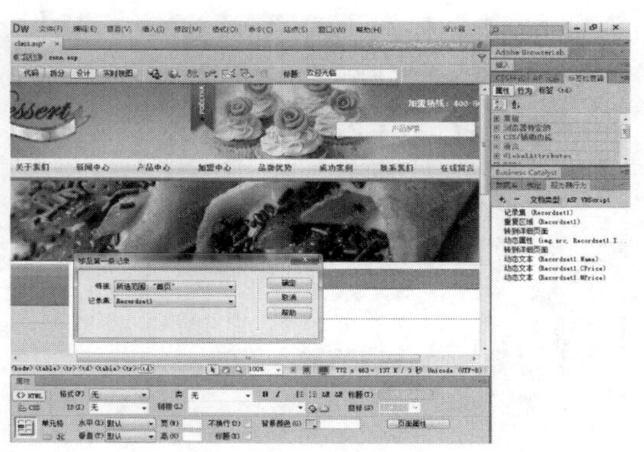

图 9—20

STEP 17 在弹出的对话框中的“记录集”下拉列表框中选择 Recordset1，单击“确定”按钮，创建“移至第一条记录”服务器行为，如图 9-21 所示。

STEP 18 用同样的方法分别为“上一页”“下一页”和“尾页”创建“移至前一条记录”“移至下一条记录”和“移至最后一条记录”服务器行为。至此，完成该操作，效果如图 9-22 所示。

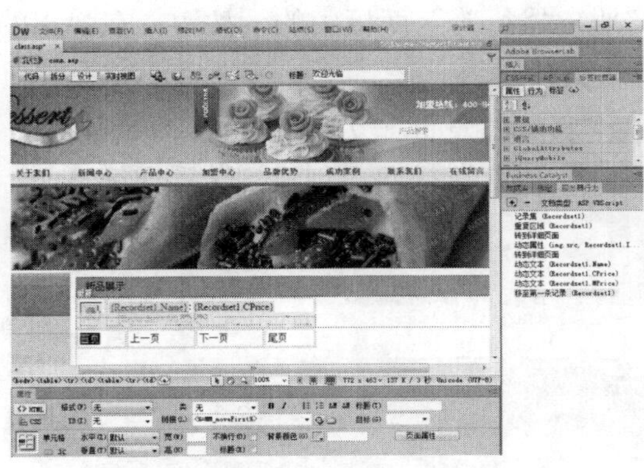
图 9—21

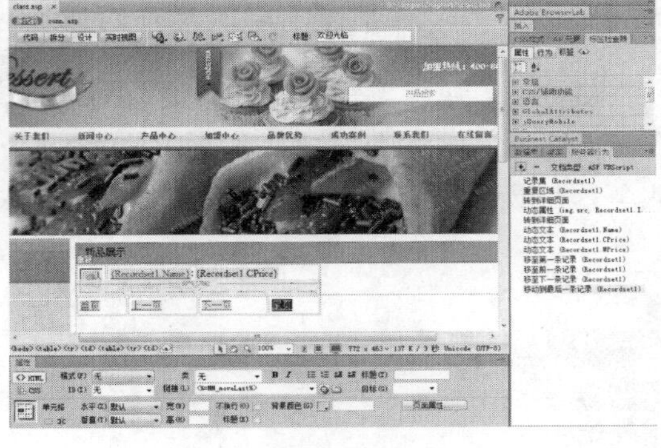
图 9—22

9.3.2 制作商品详细信息页面

商品详细信息页面用于显示网站商品的详细信息，主要利用创建记录集和绑定字段来制作，具体操作步骤如下。

STEP 01 打开网页文档 index.htm，将其另存为 detail.asp。将光标定位在相应的位置，执行“插入”|“表格”命令，插入 5 行 2 列的表格，在“属性”面板中将“填充”设置为 5，如图 9-23 所示。

STEP 02 将光标定位在第 1 行第 1 列单元格中，按住鼠标左键向下拖动至第 3 行第 1 列单元格中，合并单元格。在合并后的单元格中插入图像，并将“对齐”方式设置为“居中对齐”，如图 9-24 所示。

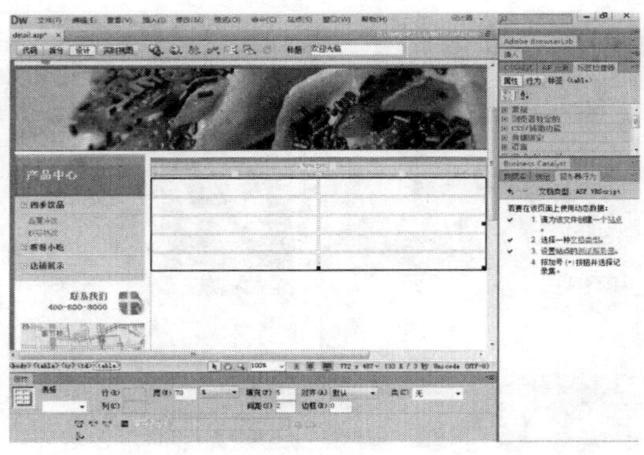
图 9—23

图 9—24

STEP 03 分别在其他单元格中输入文字。选中表格的第 5 行单元格，合并单元格，并在合并后的单元格中输入文字。单击“绑定”面板中的+按钮，在弹出的菜单中选择“记录集（查询）”命令，弹出“记录集”对话框，如图 9-25 所示。

STEP 04 在对话框中的“名称”文本框中输入 Recordset1，在“连接”下拉列表框中选择 conn。在“表格”下拉列表框中选择 Products，“列”选择“全部”单选按钮，在“筛选”下拉列表框中分别选择 PID、=、“URL 参数”和 PID。单击“确定”按钮，创建记录集，效果如图 9-26 所示。

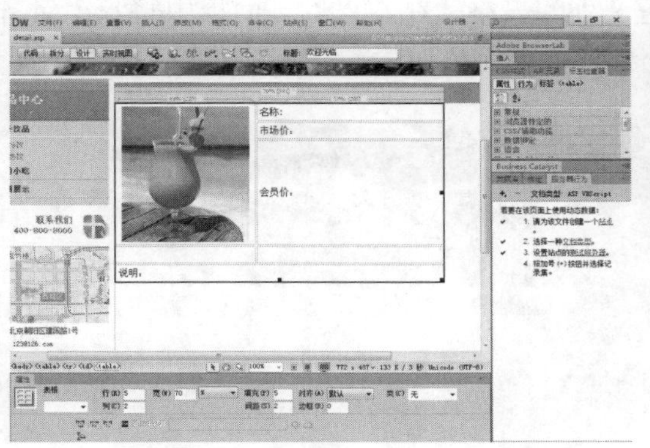

图 9—25

图 9—26

STEP 05 选中图像，并在“绑定”面板中选择 image 字段，单击“绑定”按钮，绑定字段。在“属性”面板中将“宽”设置为 230 像素，“高”设置为 230 像素。用同样的方法，分别选中 Products 的 Name、CPrice、MPrice 和 Content 字段，并将其绑定到相应的位置，如图 9-27 所示。

图 9—27

9.4 制作购物系统后台管理页面

网站后台是由公司内部人员操作用以更新和维护网站内容的平台。网站管理人员只需通过网站后台，就可对网站进行管理。一个好的网站除了页面的布局需要合理和美观外，后台的管理也是相当重要的，好的后台管理设计可以对网站上的内容进行动态地更新，管理也更加容易和方便。后台管理在考虑管理操作简便的同时，提供强大的管理模式，包括管理员角色的设置、商品分类管理、订单管理、新闻管理、文件管理、网站基本信息管理以及客户留言反馈管理等。后台管理主要是商品的添加、修改和删除，以及管理员的登录等。下面就具体制作这些功能页面。

9.4.1 制作管理员登录页面

系统管理员拥有最高权限，可以通过后台管理员登录页面进入到后台管理网站信息。主要利用插入表单对象、检查表单行为和创建登录用户服务器行为制作。

STEP 01 打开网页文档 index.htm，将其另存为 login.asp。将光标定位在页面中，执行

"插入"|"表单"|"表单"命令，插入表单，如图 9-28 所示。

STEP 02 将光标定位在表单中，插入 5 行 2 列的表格，在"属性"面板中将水平对齐方式设置为"居中对齐"。合并第一行单元格，并在单元格中输入文字，如图 9-29 所示。

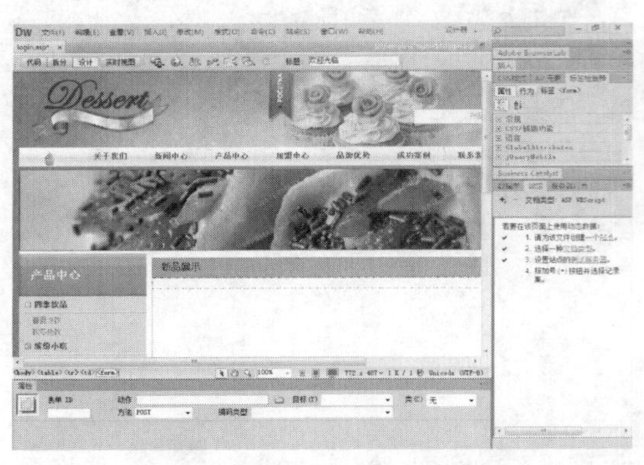

图 9—28

图 9—29

STEP 03 将光标定位在第 3 行第 2 列单元格中，插入文本域，在"属性"面板中将文本域名称设为 adminname，"字符宽度"设置为 25，"类型"设置为"单行"，并在第一列输文字，如图 9-30 所示。

STEP 04 将光标定位在第 4 行第 2 列单元格中，插入文本域，在"属性"面板中将文本域名称设置为 password，"字符宽度"设置为 25，"类型"设置为"密码"，如图 9-31 所示。

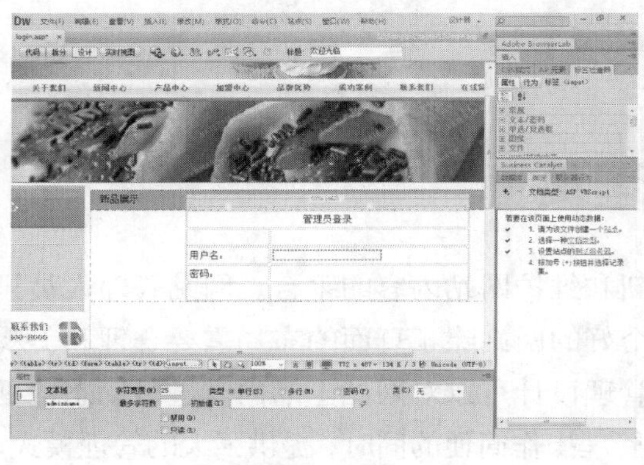

图 9—30

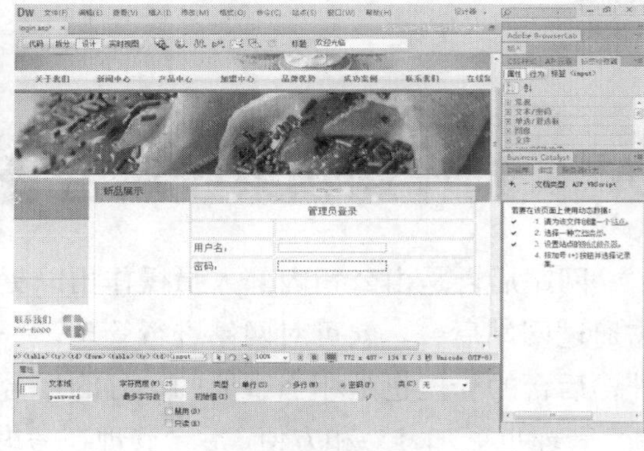

图 9—31

STEP 05 将光标定位在第 5 行第 2 列单元格中，插入按钮，在"属性"面板中的"值"文本框中输入"提交"，"动作"设置为"提交表单"，如图 9-32 所示。

STEP 06 将光标定位在按钮的右侧，再插入一个按钮，在"属性"面板中的"值"文本框中输入"重置"，"动作"设置为"重设表单"，如图 9-33 所示。

STEP 07 选中文档底部的 <form> 标签，单击"行为"面板中的 + 按钮，在弹出的菜单中选择"检查表单"命令，弹出"检查表单"对话框，如图 9-34 所示。

STEP 08 设置文本域 adminname 和 password 的"值"都为"必需的"，将"可接受"

设置为“任何东西”，单击“确定”按钮添加行为，效果如图 9-35 所示。

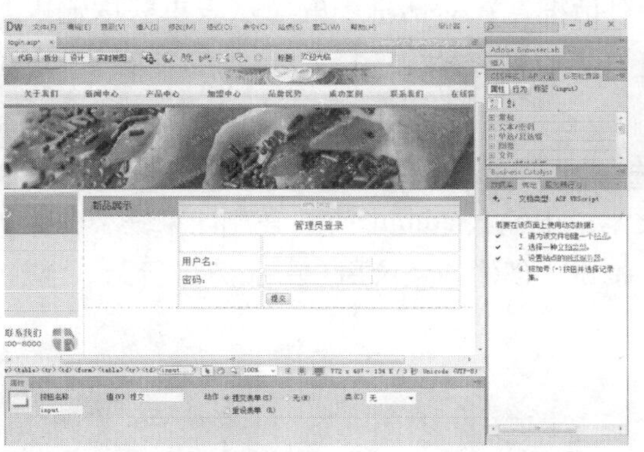

图 9—32

图 9—33

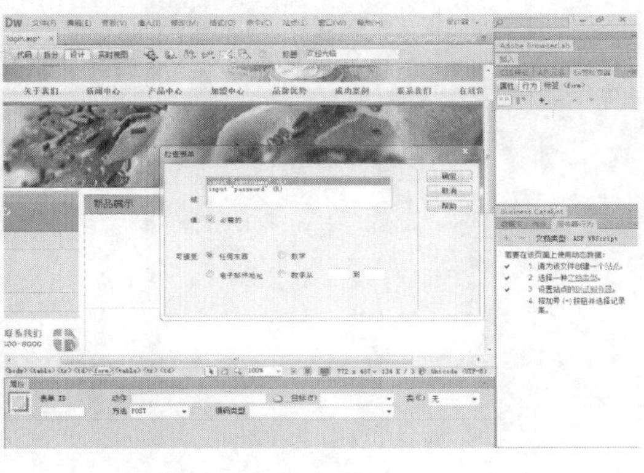

图 9—34

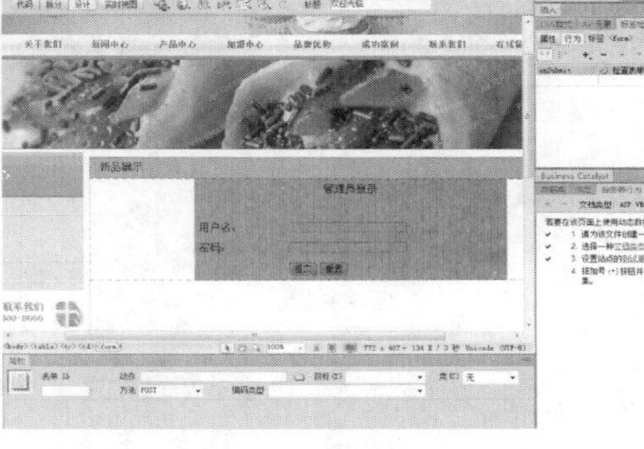

图 9—35

STEP 09 单击“绑定”面板中的+按钮，在弹出的菜单中选择“记录集（查询）”命令，弹出“记录集”对话框，在“名称”文本框中输入 Recordset1，如图 9-36 所示。

STEP 10 在“连接”下拉列表框中选择 conn，在“表格”下拉列表框中选择 Admin，在“列”选项组中选择“全部”单选按钮，单击“确定”按钮，创建记录集，如图 9-37 所示。

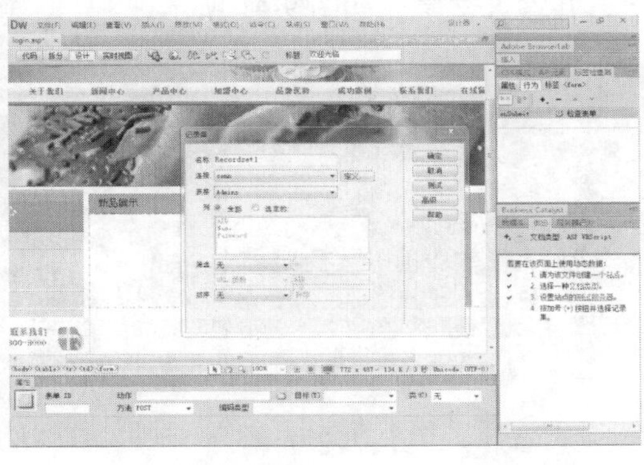

图 9—36

图 9—37

STEP 11 单击“服务器行为”面板中的+.按钮，在弹出的菜单中执行“用户身份验证”|“登录用户”命令，弹出“登录用户”对话框，在对话框中的“从表单获取输入”下拉列表框中选择form1，在“使用连接验证”下拉列表框中选择conn，在“表格”下拉列表框中选择Admin，如图9-38所示。

STEP 12 在“用户名列”下拉列表框中选择adminname，在“密码列”下拉列表框中选择password，在“如果登录成功，转到”文本框中输入admin.asp，在“如果登录失败，转到”文本框中输入login.asp。单击“确定”按钮，创建“登录用户”服务器行为。至此，完成操作，如图9-39所示。

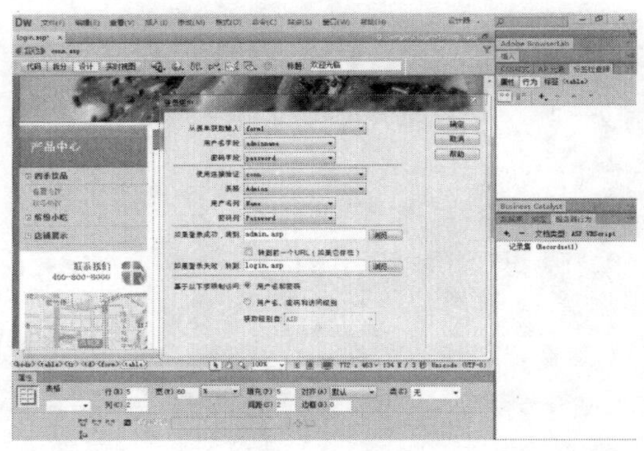

图 9—38

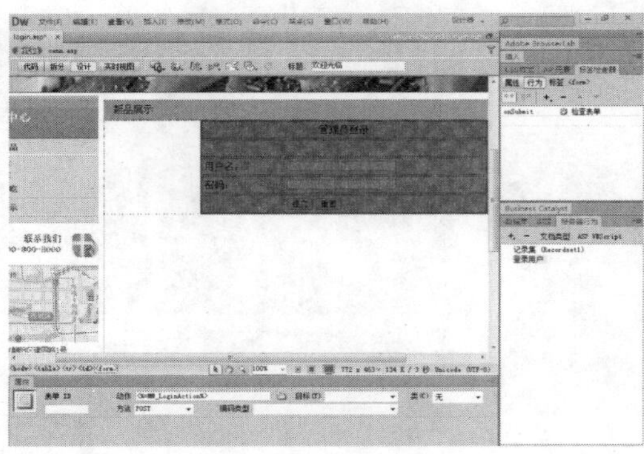

图 9—39

9.4.2 制作添加商品分类页面

添加商品分类页面主要是利用插入表单对象，创建记录集和创建插入记录服务器行为制作的。

STEP 01 打开网页文档index.htm，将其另存为addclass.asp。将光标定位在页面中，执行“插入”|“表单”|“表单”命令，插入表单，如图9-40所示。

STEP 02 将光标定位在表单中，插入4行2列的表格，将表格的“填充”设置为5，“间距”设为2，“对齐”方式设置为“居中对齐”，并输入文字，如图9-41所示。

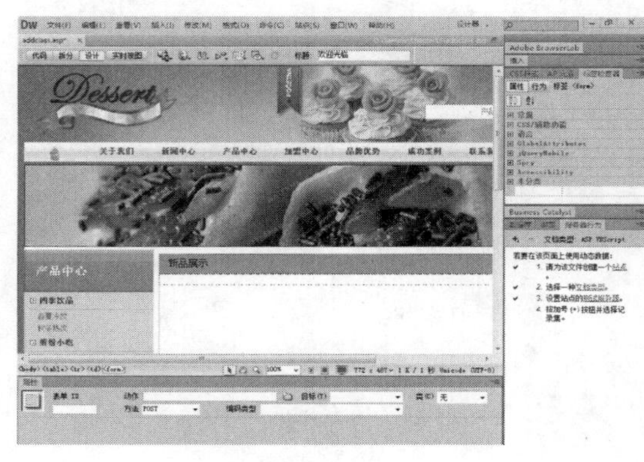

图 9—40

图 9—41

STEP 03 将光标定位在第 3 行第 2 列中，插入文本域，并将文本域名称设置为 classname，“字符宽度”设置为 25，“类型”设置为“单行”，如图 9-42 所示。

STEP 04 将光标定位在第 4 行第 2 列单元格中，插入按钮，在“属性”面板中的“值”文本框中输入“提交”，将“动作”设置为“提交表单”，如图 9-43 所示。

图 9—42

图 9—43

STEP 05 将光标定位在“提交”按钮的右边，再插入一个按钮，在“值”文本框中输入“重置”，并将“动作”设置为“重设表单”，如图 9-44 所示。

STEP 06 单击“服务器行为”面板中的+.按钮，在弹出的菜单中执行“用户身份验证”|“限制对页的浏览”命令，弹出“限制对页的浏览”对话框。在对话框的“如果浏览被拒绝，则转到”文本框中输入 login.asp，单击“确定”按钮，创建“限制对页的浏览”服务器行为，如图 9-45 所示。

图 9—44

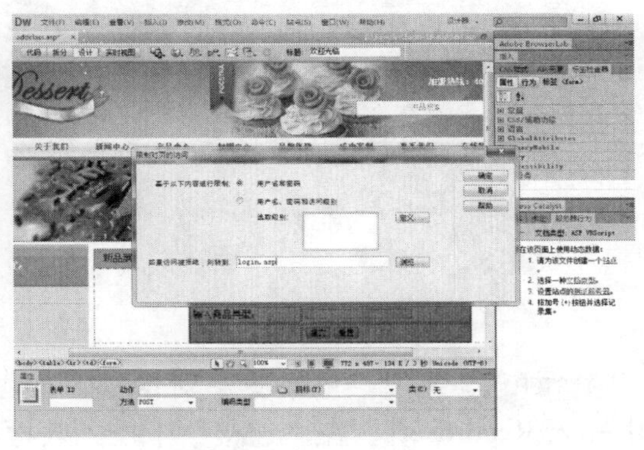

图 9—45

STEP 07 单击“服务器行为”面板中的+.按钮，在弹出的菜单中选择“插入记录”命令，弹出“插入记录”对话框，在对话框中的“连接”下拉列表框中选择 conn，如图 9-46 所示。

STEP 08 在“插入到表格”下拉列表框中选择 Class，在“插入后，转到”文本框中输入 addclassok.htm，在“获取值自”下拉列表框中选择 form1。单击“确定”按钮，创建“插入记录”服务器行为，如图 9-47 所示。

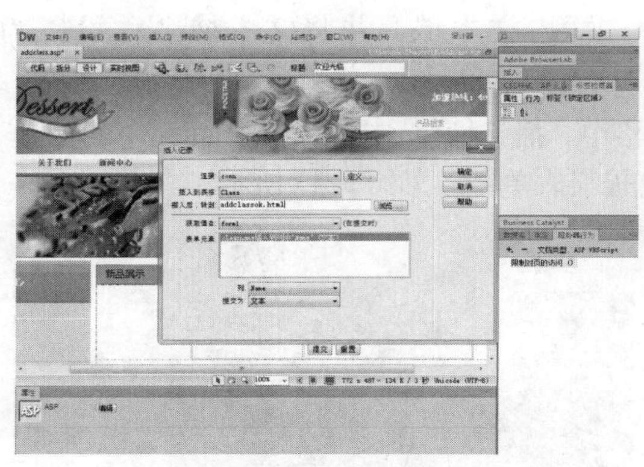
图 9—46

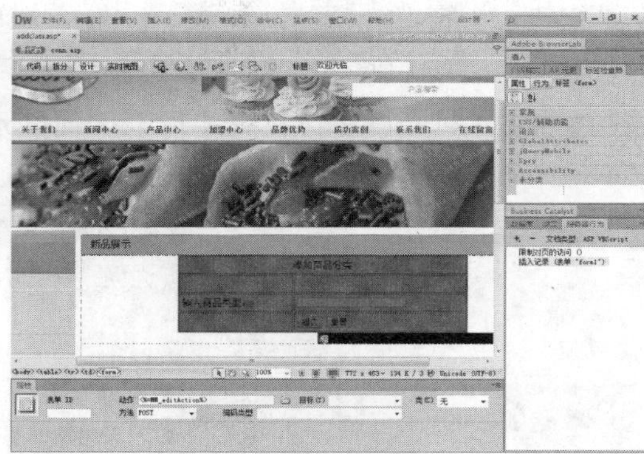
图 9—47

9.4.3 制作添加商品页面

在商品添加页面中，可以添加商品的详细信息。添加商品页面主要利用插入表单对象，创建记录集和创建插入记录服务器行为制作。

STEP 01 打开网页文档 index.htm，并将其另存为 addproduct.asp，如图 9-48 所示。

STEP 02 在“绑定”面板中单击+按钮，在弹出的菜单中选择“记录集（查询）”命令，如图 9-49 所示。

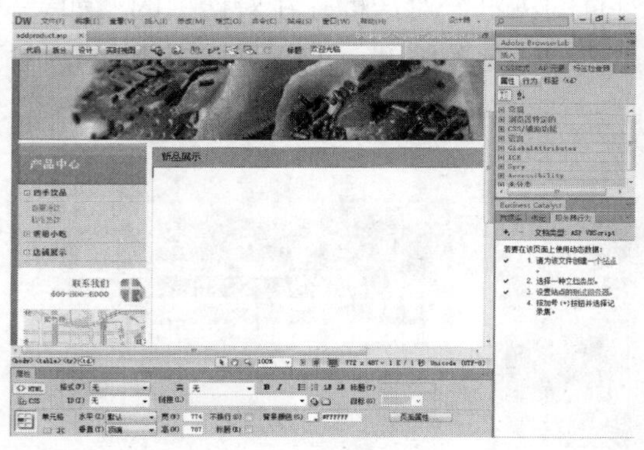
图 9—48

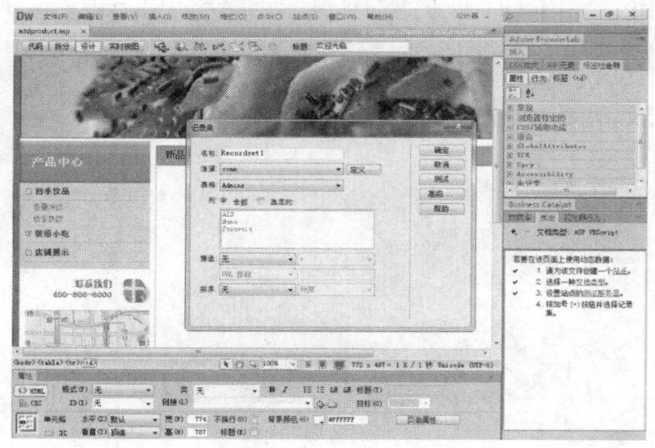
图 9—49

STEP 03 弹出“记录集”对话框，如图 9-50 所示。在该对话框的“名称”文本框中输入 Recordset1，在“连接”下拉列表框中选择 conn，在“表格”下拉列表框中选择 class，在“列”选项组中选择“全部”单选按钮，在“排序”下拉列表框中选择 CID 和“降序”。单击“确定”按钮，创建记录集。

STEP 04 单击“数据”插入面板中的“插入记录表单向导”按钮，弹出“插入记录表单”对话框，在对话框中的“连接”下拉列表框中选择 conn，在“插入到表格”下拉列表框中选择 Products，在“插入后，转到”文本框中输入 add-productok.htm，如图 9-51 所示。

STEP 05 在“表单字段”列表框中选中 PID，单击“删除”按钮将其删除，选中

Name，在“标签”文本框中输入“商品名称：”；选中 CPrice，在“标签”文本框中输入“市场价：”；选中 MPrice，在“标签”文本框中输入“会员价：”；选中 CID，在“标签”文本框中输入“商品分类：”。在“显示为”下拉列表框中选择“菜单”，如图 9-52 所示。

STEP 06 单击“确定”按钮，弹出“菜单属性”对话框，设置“填充菜单项”为“来自数据库”，在“获取标签自”下拉列表框中选择 CID。单击“选取值等于”文本框右侧的按钮，如图 9-53 所示，弹出“动态数据”对话框，在对话框中的“域”列表中选择 Name。

图 9—50

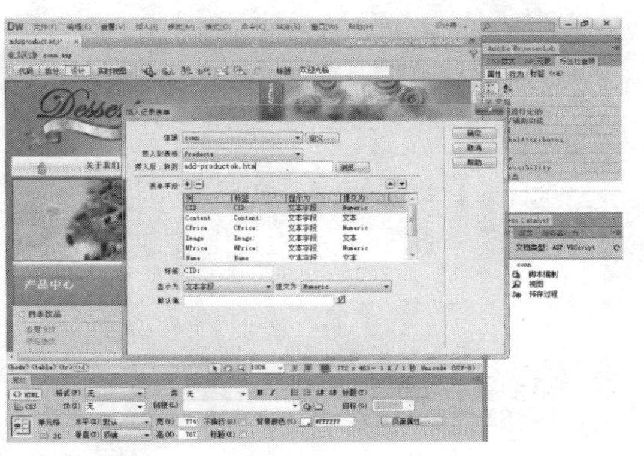

图 9—51

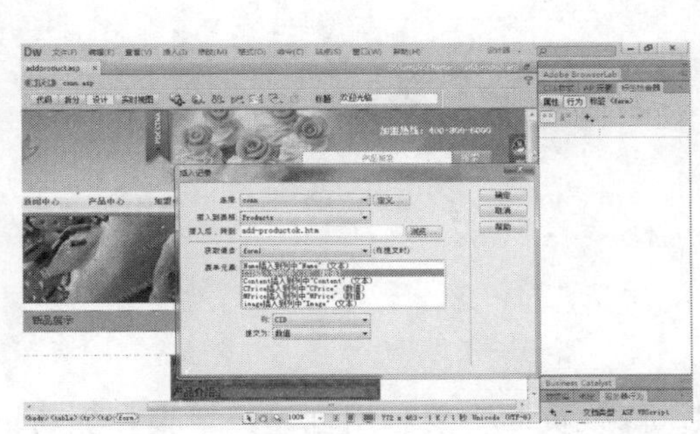

图 9—52

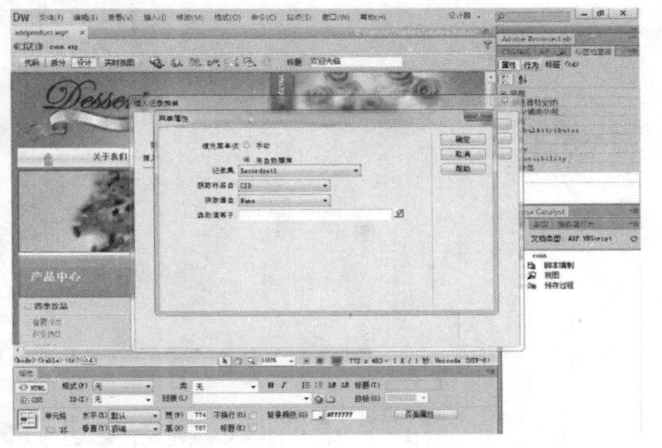

图 9—53

STEP 07 单击“确定”按钮，返回到“插入记录表单”对话框，选中 Content，在“标签”文本框中输入“产品介绍：”，在“显示为”下拉列表框中选择“文本字段”；选中 Image，在“标签”文本框中输入“图片路径：”，如图 9-54 所示。

STEP 08 单击“确定”按钮，插入记录表单向导。选中“图片路径”右边的文本域，将其删除，如图 9-55 所示。

STEP 09 插入文件域，在“属性”面板中的“文件域名称”文本框中输入 image，并将“字符宽度”设置为 25，如图 9-56 所示。

STEP 10 单击“服务器行为”面板中的 + 按钮，在弹出的菜单中执行“用户身份验证”|“限制对页的浏览”命令，弹出“限制对页的浏览”对话框。在“如果浏览被拒绝，则转到”文本框中输入 login.asp，单击“确定”按钮，创建“限制对页的浏览”服务器行为，

如图 9-57 所示。打开网页文档 index.htm，将其另存为 addproductok.htm，在相应的位置输入提示成功文字。至此，完成操作。

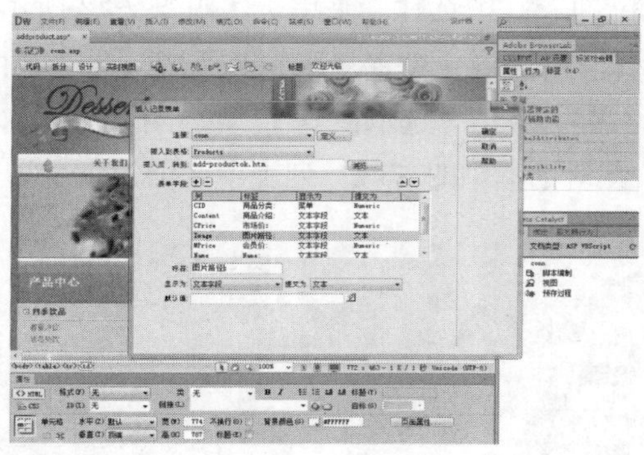

图 9—54

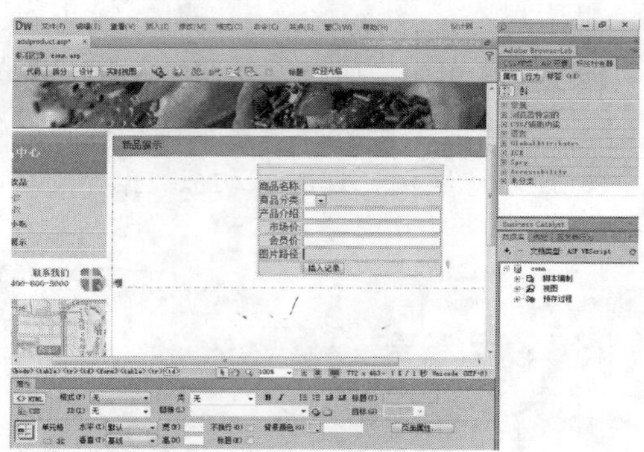

图 9—55

图 9—56

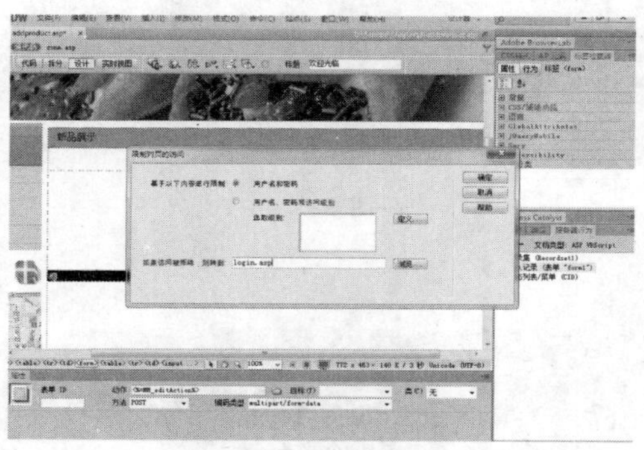

图 9—57

9.4.4 制作修改页面

当添加的商品有错误时，就需要进行修改。修改页面主要利用创建记录集和更新记录表单服务器行为制作。

STEP 01 打开网页文档 addproduct.asp，将其另存为 modify.asp，在“服务器行为”面板中选中“插入记录（表单 "form1"）”选项，单击“删除”按钮，如图 9-58 所示。

STEP 02 单击“绑定”面板中的+按钮，在弹出的菜单中选择“记录集（查询）”命令，弹出“记录集”对话框，在“名称”文本框中输入 R2，在“连接”下拉列表框中选择 conn，如图 9-59 所示。

STEP 03 在“表格”下拉列表框中选择 Products，将“列”设置为“全部”，在“筛选”下拉列表框中选择 PID、=、“URL 参数”和 PID，如图 9-60 所示。

STEP 04 选中“商品名称：”右边的文本域，在“绑定”面板中展开记录集 R2，选中 Name 字段，单击“绑定”按钮，绑定字段，如图 9-61 所示。

图 9-58

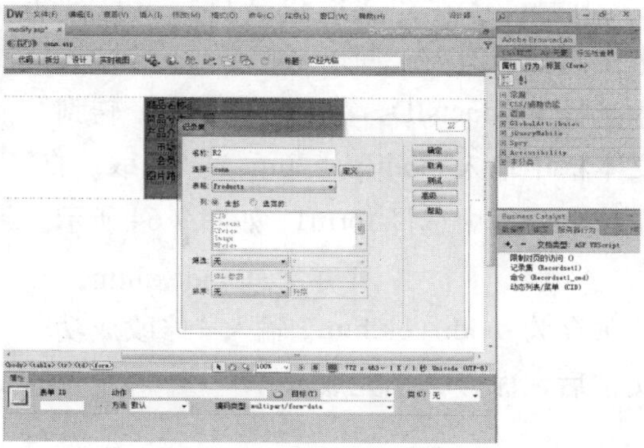

图 9-59

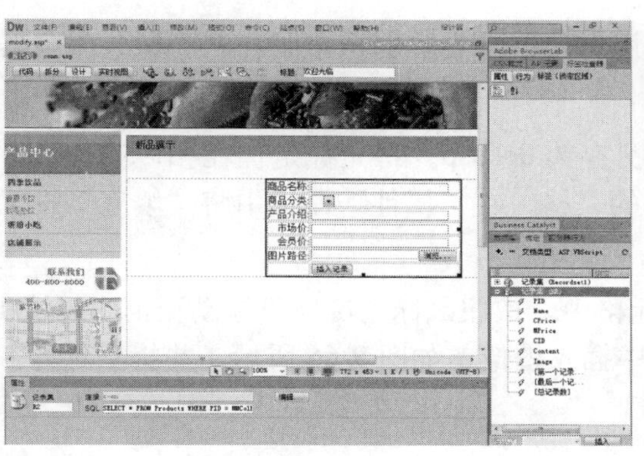

图 9-60

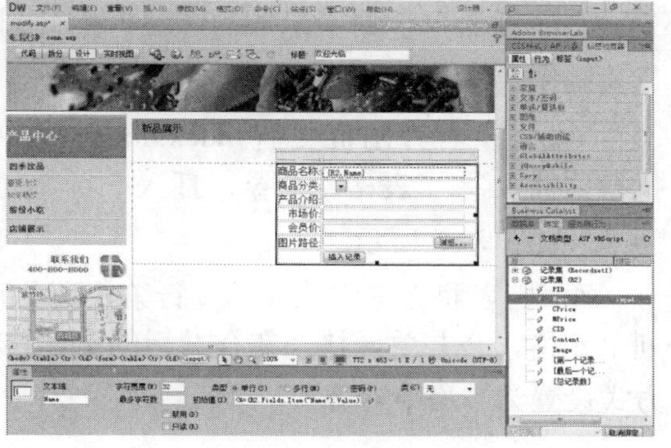

图 9-61

STEP 05 按照步骤 4 的方法，分别将 CPrice、MPrice、Content 和 Image 字段绑定，如图 9-62 所示。

STEP 06 单击“服务器行为”面板中的+按钮，在弹出的菜单中选择“更新记录”命令，弹出“更新记录”对话框，在“连接”下拉列表框中选择 conn，在“要更新的表格”下拉列表框中选择 Products，如图 9-63 所示。

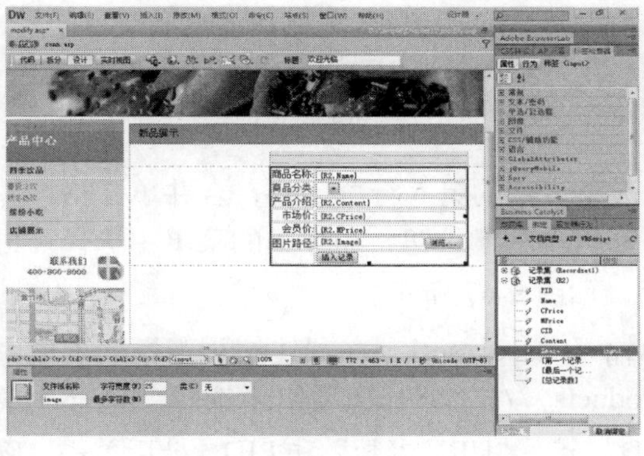

图 9-62

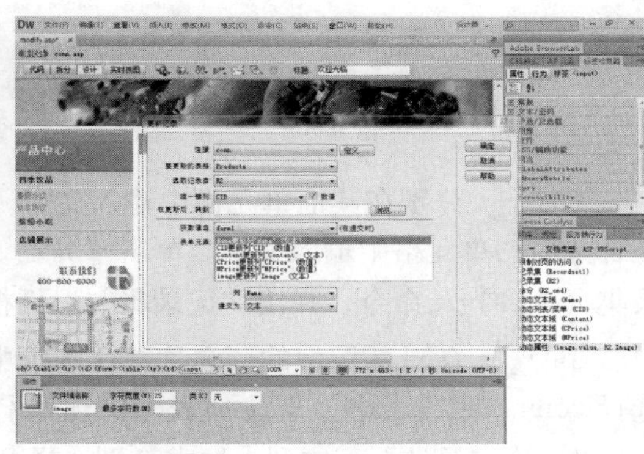

图 9-63

STEP 07 在“选取记录自”下拉列表框中选择 R2，在“唯一键列”下拉列表框中选择 ProductsID，在“在更新后，转到”文本框中输入 modifyok.htm，在“获取值自”下拉列表框中选择 form1，如图 9-64 所示。

STEP 08 打开网页文档 index.htm，将其另存为 modifyok.htm。输入“修改成功”文字后，保存文档完成操作。

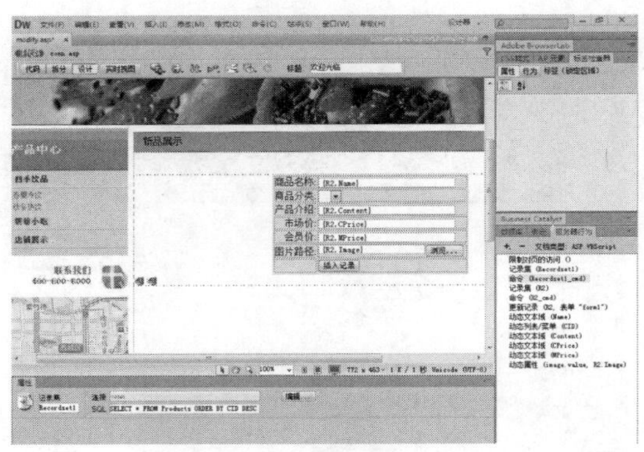

图 9—64

9.4.5 设计删除页面

删除页面用于删除添加的商品，主要利用创建记录集、绑定字段和删除记录服务器行为制作。

STEP 01 打开网页文档 index.htm，将其另存为 del.asp。将光标定位在相应的位置，执行“插入”|“表格”命令，插入 5 行 2 列的表格，在“属性”面板中将“填充”设置为 5，如图 9-65 所示。

STEP 02 将光标定位在第 1 行第 1 列单元格中，按住鼠标左键向下拖动至第 3 行第 1 列单元格，合并单元格。在合并后的单元格中插入图像，如图 9-66 所示。并将“对齐”方式设置为“居中对齐”。

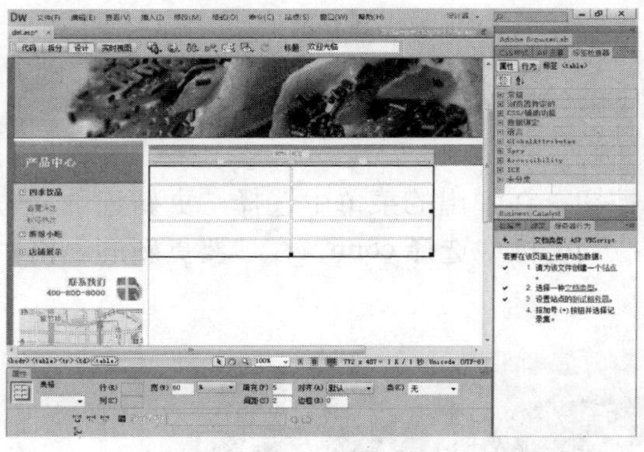

图 9—65

图 9—66

STEP 03 分别在其他单元格中输入文字。选中表格的第 5 行单元格，合并单元格，并在合并后的单元格中输入文字。单击“绑定”面板中的 + 按钮，在弹出的菜单中选择“记录集（查询）”命令，弹出“记录集”对话框，如图 9-67 所示。

STEP 04 在对话框中的“名称”文本框中输入 Recordset1，在“连接”下拉列表框中选择 conn。在“表格”下拉列表框中选择 Products，在“列”选项组中选择“全部”单选按钮，在“筛选”下拉列表框中分别选择 PID、=、“URL 参数”和 PID。最后单击“确定”按钮，创建记录集，如图 9-68 所示。

图 9—67

图 9—68

STEP 05 分别将 Name、CPrice、MPrice、Content 和 Image 字段绑定到相应的位置，如图 9-69 所示。

STEP 06 将光标定位在表格的右边，执行“插入”|“表单”|“表单”命令，插入表单，如图 9-70 所示。

图 9—69

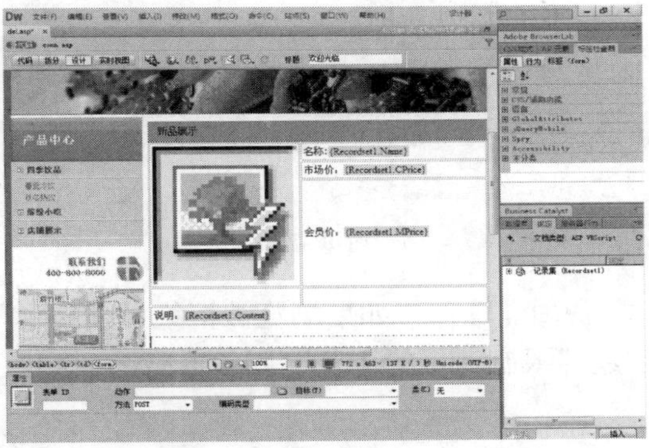

图 9—70

STEP 07 将光标定位在表单中，执行“插入”|“表单”|“按钮”命令，插入按钮，在“属性”面板中的“值”文本框中输入“删除商品”，将“动作”设置为“提交表单”，如图 9-71 所示。

STEP 08 单击“服务器行为”面板中的+.按钮，在弹出的菜单中选择“删除记录”命令，弹出“删除记录”对话框，在“连接”下拉列表框中选择 conn，在“从表格中删除”下拉列表框中选择 Products，在“选取记录自”下拉列表框中选择 R1，如图 9-72 所示。

STEP 09 在“唯一键列”下拉列表框中选择 PID，在“提交此表单以删除”下拉列表框中选择 form1，在“删除后，转到”文本框中输入 admin.asp。单击“确定”按钮，创建“删除记录”服务器行为，如图 9-73 所示。

STEP 10 单击“服务器行为”面板中的+.按钮，在弹出的菜单中执行“用户身份验证”|“限制对页的浏览”命令，弹出“限制对页的浏览”对话框，如图 9-74 所示。

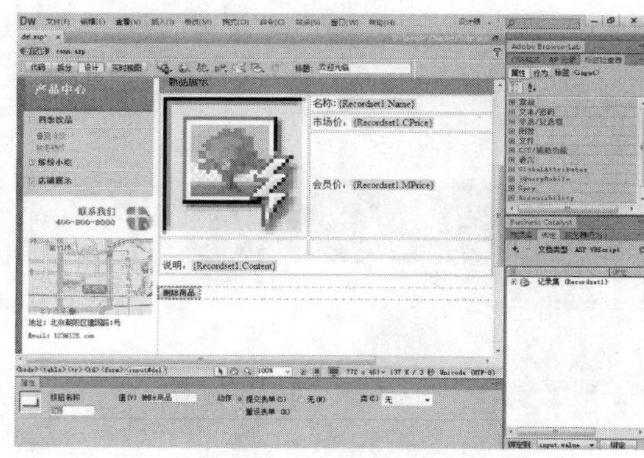

图 9−71

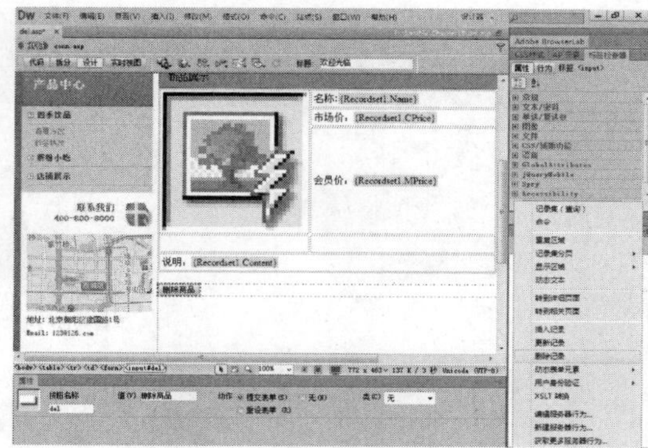

图 9−72

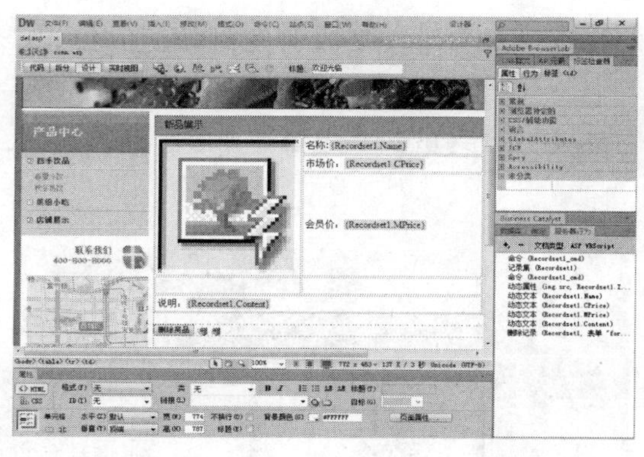

图 9−73

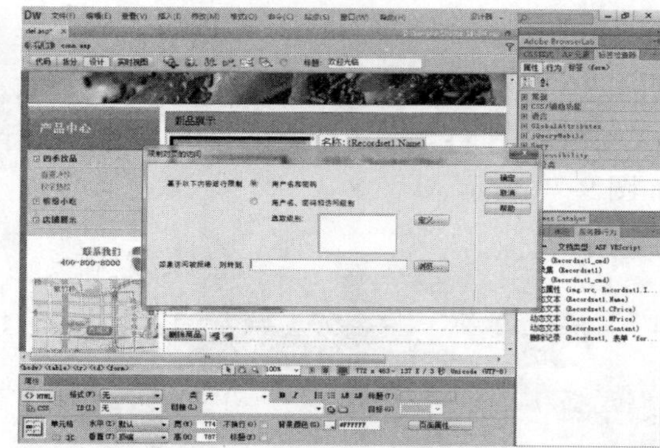

图 9−74

STEP 11 在“如果浏览被拒绝，则转到”文本框中输入 login.asp，单击“确定”按钮，创建“限制对页的浏览”服务器行为，如图 9-75 所示。至此，完成操作。

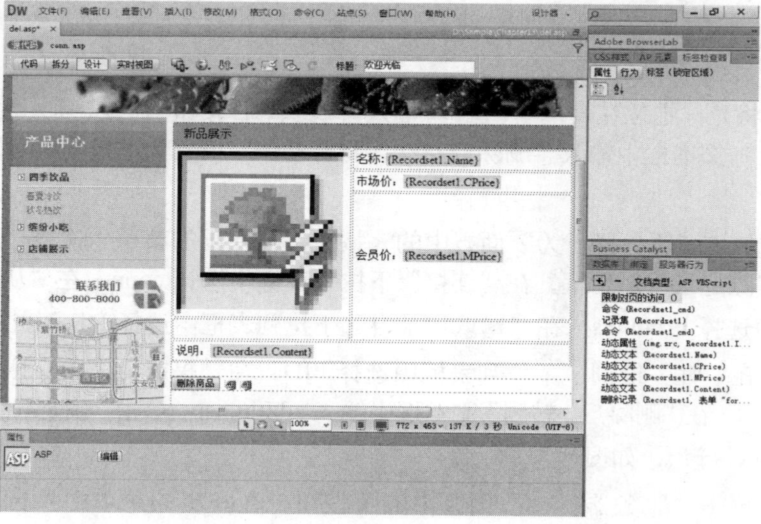

图 9−75

附录

认识 HTML 语言

HTML 语言即超级文本标记语言，是通用标记语言下的一个应用，也是一种规范，一种标准，它通过标记符号来标记要显示的网页中的各个部分。网页的本质就是 HTML，通过结合使用其他的 Web 技术（如脚本语言、CGI、组件等），可以创建功能强大的网页。HTML 是 Web 编程的基础，但又不同于编程语言，下面我们就来认识一下这种特殊的语言。

1. 认识 HTML 语言

HTML 是目前因特网上用于编写网页的主要语言。但它并不是一种程序设计语言。HTML 文件是一种可以用任何文本编辑器创建的 ASCII 码文档。常见的文本编辑器如记事本、写字板等都可以编写 HTML 文件，在保存时以 .htm 或 .html 作为文件扩展名保存，当使用浏览器打开这些文件时，浏览者就可以从浏览器窗口中看到页面内容。

浏览器按顺序阅读网页文件，然后根据标记符解释和显示其标记的内容，对书写出错的标记将不指出其错误，且不停止其解释执行过程，编制者只能通过显示效果来分析出错原因和出错部位。需要注意的是，对于不同的浏览器，对同一标记符可能会有不同的解释，因此，可能会有不同的显示效果。

（1）标记和属性。

HTML 文件由标记和被标记的内容组成。标记是被封装在“<”和“>”所构成的一对尖括号中，如 <P>，在 HTML 中表示段落。标记分为单标记和双标记，双标记就是用一对标记对所标识的内容进行控制，包括开始标记符和结束标记符。而单标记则不需要成对出现。这两种标记的格式如下：

单标记格式：< 标记 > 内容

双标记格式：< 标记 > 内容 </ 标记 >

标记规定的是信息内容，但这些文本、图片等信息内容将怎样显示，还需要在标记后面加上相关的属性。标记的属性是用来描述对象特征的、控制标记内容的显示和输出格式的，标记通常都有一系列属性。属性的一般格式为：

< 标记 属性 1= 属性值 属性 2= 属性值…> 内容 </ 标记 >

例如要将页面中段落文字的颜色设置为红色，则设置其 color 属性的值为 red，具体格式是：<p color=red> 文本内容 </p>

不过，并不是所有的标记都有属性，例如换行标记
 就没有属性。一个标记可以有多个属性，在实际使用时根据需要设置其中一个或多个属性，这些属性之间没有先后顺序之分。

（2）HTML 文档结构。

HTML 文档必须以 <html > 标记开始，</html> 标记结束，其他标记都包含在这里面。在这两个标记之间，HTML 文件主要包括文件头和文书体两个部分。以一个简单的网页为例：

打开记事本，输入以下内容：

```
<html>
<head>
<title>欢迎光临本网站！</title>
</head>
<body>
<left> <font size= 5 color= blue >我们除了学会律己，宽容别人，成全别人之外，还要学会成全自己，宽容自己，给自己更多的时间和空间，来不断发展和完善自己。
</font> </center>
</body>
</html>
```

如图 A-1 所示。

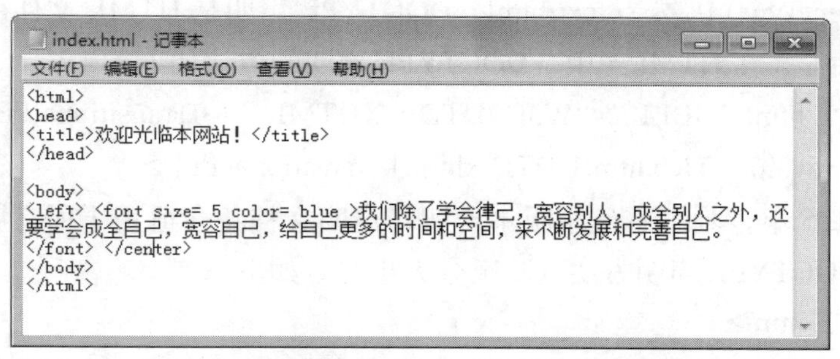

图 A—1

执行“文件”｜“另存为”命令，此时会弹出“另存为”对话框，在“保存类型”右边的下拉菜单中选择“所有文件”选项。否则，它将被保存为文本文档，而不是 HTML 文档。将文档保存为 index.htm 或 index.html，并设置保存路径。

整个文档包含在 HTML 标记中，<html> 和 </html> 成对出现，<html> 处于文件的第一行，表示文档的开始，</html> 位于文件最后一行，表示文档的结束。

文件头部分用 <head> 标记表示，处于第二层，<head> 和 </head> 成对出现，包含在 <html> 和 </html> 中。<head> 和 </head> 之间包含的是文件标题标记，它处于第三层。网页的标题内容“欢迎光临本站”写在 <title></title> 之间。文件头部分是对网页信息进行说明，在文件头部分定义的内容通常不在浏览器窗口中出现。

文件体部分用 <body> 标记表示，它也处于第二层，包含在 <html> 内，在层次上和文件头标记并列。网页的内容如文字、图片、动画等就写在 <body> 和 </body> 之间，它是网页的核心。可以看到浏览器顶端标题栏中显示的文字就是网页的标题，是 <title> 和 </title> 之间的内容。而源代码 <body> 和 </body> 间的内容显示在浏览器窗口之中。

（3）HTML5 语法概要。

HTML5 是 HTML 下一个主要修订版本，HTML5 实际指的是包括 HTML、CSS 和 JavaScript 在内的一套技术组合。和以前的版本不同，HTML5 并非仅仅用来表示 Web 内容，它的新使命是将 Web 带入一个成熟的应用平台。

HTML5 中，语法发生了很大的变化。但是，HTML5 的“语法变化”和其他编程语言的语法变更意义有所不同。HTML 是通过 SGML(Standard Generalized Markup

Language）元语言来规定语法的。但是由于 SGML 的语法非常复杂，文档结构解析程序的开发也不太容易，多数 Web 浏览器不作为 SGML 解析器运行。因此，HTML 规范中虽然要求“应遵循 SGML 的语法”，但实际情况是 HTML 的执行在各浏览器之间并没有一个统一的标准。在 HTML5 中，提高 Web 浏览器间的兼容性是 HTML5 要实现的重大的目标。要确保兼容性，必须消除规范与实现的背离。因此，HTML5 需要重新定义新的 HTML 语法，即实现规范向实现靠拢。

在新版本的 FireFox 和 WebKit（Nightly Builder 版）中，已经内置了遵循 HTML5 规范的解析器。

HTML 5 的文件扩展符与内容类型保持不变。也就是说，扩展名仍然为 .html 或 .htm，内容类型 (ContentType) 仍然为 text/html。DOCTYPE 声明是 HTML 文件中必不可少的，它位于文件第一行。在 HTML 4 中，DOCTYPE 声明的方法如下。

<!DOCTYPE html PUBLIC"-//W3C//DTD XHTML 1.0Transitional//EN""
http：//www.w3.org/TR/xhtml1/DTD/xhtml1-transitional.dtd">

而在 HTML 5 中，刻意不使用版本声明，声明文档将会适用于所有版本的 HTML。HTML 5 中的 DOCTYPE 声明方法（不区分大小写）如下。

<!DOCTYPE html>

当使用工具时，也可以在 DOCTYPE 声明方式中加入 SYSTEM 识别符，声明方法如下面的代码所示。

<!DOCTYPE HTML SYSTEM"about：legacy-compat">

另外，字符编码的设置方法也有些新的变化。在以往设置 HTML 文件的字符编码时，要用到如下 <meta> 元素。

<meta http-equiv="Content-Type" content="text/html;charset=UTF-8">

在 HTML5 中，可以使用 <meta> 元素的新属性 charset 来设置字符编码，如下面的代码所示。

<meta charset="UTF-8">

以上两种方法都有效。因此也可以继续使用前者的方法（通过 content 属性来设置）。但注意不能同时使用。

（4）HTML5 新增元素。

在 HTML5 中，新增了以下元素。

① Section 元素。

section 元素表示页面中如章节、页眉、页脚或页面中其他部分的一个内容区块。

语法格式：<section>· · · </section>

示例：<section> 欢迎进入 HTML5 的世界 </section>

② article 元素。

article 元素表示页面中的一块与上下文不相关的独立内容，例如博客中的一篇文章或报纸中的一篇文章。

语法格式：<article>· · · </article>

示例：<article>HTML5 其实也很简单 </article>

③ aside 元素。

aside 元素用于表示 article 元素内容之外的，并且与 article 元素的内容相关的一些辅助信息。

语法格式：<aside>· · · </aside>

示例：< aside>HTML5 将会开创一个新的时代 </aside >

④ header 元素。

header 元素表示页面中一个内容区块或整个页面的标题。

语法格式：<header>· · · </header>

示例：<header> 手把手教您 HTML5</header>

⑤ hgroup 元素。

hgroup 元素用于组合整个页面或页面中一个内容区块的标题。

语法格式：<hgroup>· · · </hgroup>

示例：< hgroup > 公司简介 </hgroup >

⑥ footer 元素。

footer 元素表示整个页面或页面中一个内容区块的脚注。

语法格式：<footer></footer>

示例：

```
< footer> 老猎人 <br />
        189*******1<br />
        2014-6-1
</ footer >
```

⑦ nav 元素。

nav 元素用于表示页面中导航链接的部分。

语法格式：<nav></nav>

⑧ figure 元素。

figure 元素表示一段独立的流内容，一般表示文档主体流内容中的一个独立单元。

示例：

```
<figure >
<figcaption>HTML5</figcaption>
<p> 再不学习，你就 Out 了！ </p>
</figure>
```

⑨ video 元素。

video 元素用于定义视频，例如电影片段或其他视频流。

示例：

<video src="movie.ogv"，controls="controls"> 这是一段视频 </video>

⑩ audio 元素。

在 HTML 5 中，audio 元素用于定义音频，例如音乐或其他音频流。

示例：<audio src="someaudio.wav">audio 这是一段音频 </audio>

⑪ embed 元素。

embed 元素用来插入各种多媒体，其格式可以是 Midi、Wav、AIFF、AU 和 MP3 等。

示例：<embed src="horse.wav"/>

⑫ mark 元素。

mark 元素主要用来在视觉上向用户呈现那些需要突出显示或高亮显示的文字。

语法格式：<mark></mark>

示例：<mark>HTML5 技术的应用 </mark>

⑬ progress 元素。

progress 元素表示运行中的进程，可以使用 progress 元素来显示 JavaScript 中耗费时间函数的进程。

语法格式：<progress></progress>

⑭ meter 元素。

meter 元素表示度量衡。仅用于已知最大值和最小值的度量。

语法格式：<meter></meter>

⑮ time 元素。

time 元素表示日期或时间，也可以同时表示两者。

语法格式：<time></time>

⑯ wbr 元素。

wbr 元素表示软换行。wbr 元素与 br 元素的区别是，br 元素表示此处必须换行；而 wbr 元素的意思是浏览器窗口或父级元素的宽度足够宽时（没必要换行时），不进行换行，而当宽度不够时，主动在此处进行换行。

示例：

<p>To learn AJAX，you must be fami<wbr>liar with the XMLHttp<wbr>Request Object.</p>

⑰ canvas 元素。

canvas 元素用于表示图形，例如图表和图像。元素本身没有行为，仅提供一块画布，但它可以把一个绘图 API 展现给客户端 JavaScript，使脚本能够把想绘制的图像绘制到画布上。

示例：

<canvas id="myCanvas"width="200"height="200"></canvas>

⑱ command 元素。

command 元素表示命令按钮，例如单选按钮或复选框。

示例：<command onclick=cut()"label="cut">

⑲ details 元素。

details 元素通常与 summary 元素配合使用，表示用户要求得到并且可以得到的细节信息。summary 元素提供标题或图例。标题是可见的，用户点击标题时，会显示出细节信息。summary 元素是 details 元素的第一个子元素。

语法格式：<details>　</details>

示例：

<details>

<summary>HTML5 就该这么学 </summary>

本节将教您如何学习和使用 HTML5

</details>

⑳ datalist 元素。

datalist 元素用于表示可选数据的列表，datalist 元素通常与 input 元素配合使用，可以制作出具有输入值的下拉列表。

语法格式：<datalist></datalist>

除了以上这些之外，还有 datagrid、keygen、output、source、menu 等元素，这里就不再一一讲解了，有兴趣的朋友可以购买 HTML5 专业书籍进行学习。

2. 文本标记

在 HTML 中，通过 <hn> 标记来标识文档中的标题和副标题，n 代表 1~6 的数字，数字越大所标记的标题字越小。

用 <hn> 标记设置标题示例，代码显示如下。

```
<html>
<head>
<title>网页设计</title>
</head>

<body>
<h1>我是标题h1</h1>
<h2>我是标题h2</h2>
<h3>我是标题h3</h3>
<h4>我是标题h4</h4>
<h5>我是标题h5</h5>
<h6>我是标题h6</h6>
</body>
</html>
```

显示效果如图 A-2 所示。

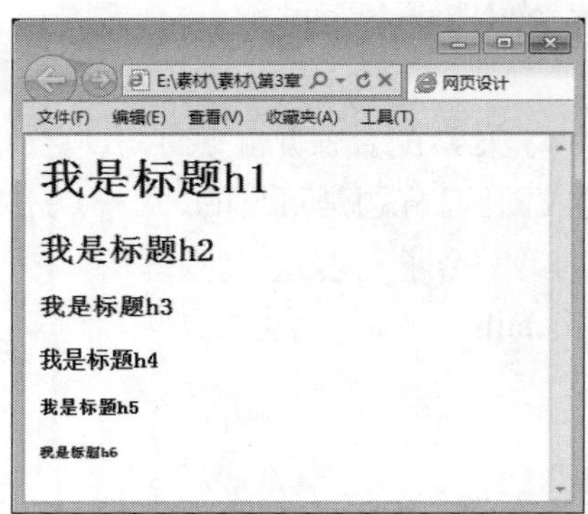

图 A—2

3. 文本格式标记

文本显示的格式通过 <font> 标记来标识。<font> 标记常用的属性有 3 个，size 用来设置文本字号大小，取值是 0 ~ 7；color 用来设置文本颜色，取值是十六进制 RGB 颜色；face 用来设置字体，取值可以是宋体、黑体等。

用 <font> 标记设置文本格式示例，代码如下。

```
<html>
<head>
<title>文本格式标记</title>
</head>

<body>
<font size="6">这是size="6"的文本</font><br />
<font size="3">这是size="3"的文本</font><br />
<font color="#0000ff">这是color="#0000ff"的文本</font><br />
<font color="red">这是color="red"的文本</font><br />
<font face="宋体">这是face="宋体"的文本</font><br />
</body>
</html>
```

显示效果如图 A-3 所示。

为了让文字有变化，或者为了强调某部分文字，可以设置一些其他的文本格式标记。这些单独的文本格式标记有以下几种：

<b> </b>	文本以加粗形式显示
<i> </i>	文本以斜体形式显示
<u> </u>	文本加下划线显示
<strong> </strong>	文本加重显示通常黑体加粗

其他文本格式标记示例，代码如下。

```
<html >
<head>
<title>文本格式标记</title>
</head>

<body>
<b>我是被加粗的</b><br />
<i>我是斜体字</i><br />
<u>我被加了下划线</u><br />
<strong>强调文本：我是Strong，不是虚胖</strong>
</body>
</html>
```

显示效果如图 A-4 所示。

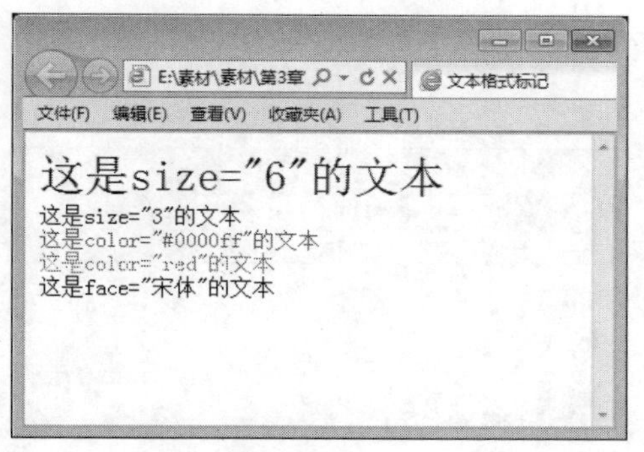

图 A—3

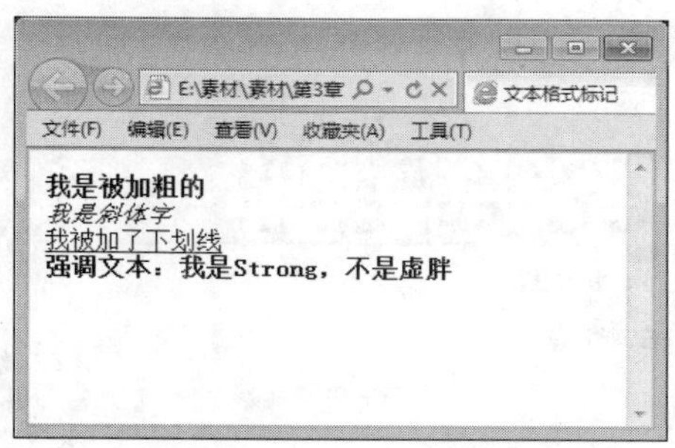

图 A—4

4. 段落标记

段落文本是通过 <p> 标记定义的，文本内容写在开始标记 <p> 和结束标记 </p> 之间。属性 align 可以用来设置段落文本的对齐方式，属性值有 3 个，分别是 left（左对齐）、center（居中对齐）和 right（右对齐）。当没有设置 align 属性时，默认为左对齐。

用 <p> 标记设置段落文本示例，代码如下。

```
<html>
<head>
<title>段落文字的对齐方式</title>
</head>

<body>
<p >参考我的位置</p>
<p align="left">左对齐</p>
<p align="center">居中对齐</p>
<p align="right">右对齐</p>
</body>
</html>
```

显示效果如图 A-5 所示。

可以用来进行段落处理的还有强制换行标记
，
 标记放在一行的末尾，可以使后面的文字、图片、表格等显示在下一行。它和 <p> 标记的区别是，用
 标记分开的两行之间不会有空行，而 <p> 标记却会有空行。

如以下代码：

```
<html>
<head>
<title>强制换行标记</title>
</head>

<body>
<p>段落文本</p>
<p>段落文本</p>
虽然看从代码上看着我们在一行<br />但我还是被强制换行了！
</body>
</html>
```

显示效果如图 A-6 所示。

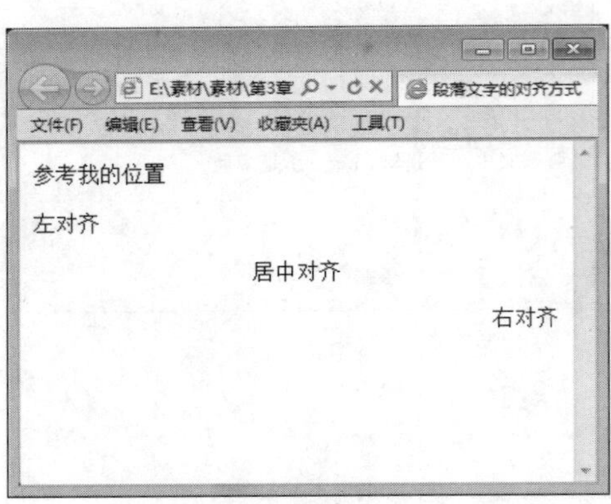

图 A—5

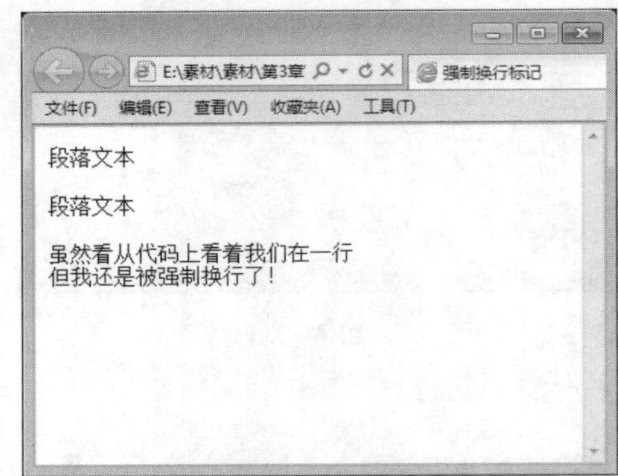

图 A—6

5. 图像标记

在页面中插入图片用 <img> 标记，<img> 是单向标记，不成对出现，如：<img src="image01.jpg">。src 属性用来设置图片所在的路径和文件名。图片标记常用的属性还有 width 和 height，用来设置图片的宽和高。另外 alt 也是常见属性设置，用来设置替代文字属性，当浏览器尚未完全读入图片时，或浏览器不支持图片显示时，此时，会在图片位置显示这些文字。

图像标记的使用示例，代码如下。

```
<html>
<head>
<title>图像标记</title>
</head>
```

```
<body>
<img src="pg.jpg" alt="image3" width="300" height="200" />
<img src="images/cz.jpg" alt="image2" width="300" height="200" />
</body>
</html>
```

显示效果如图 A-7 所示。

图 A—7

在上述示例中图 pg.jpg 和网页保存在同一目录下，所以可以在属性 src 后面的引号内直接输入图像名。图 cz.jpg 和网页没有保存在同一目录下，属性 src 后面的引号内要输入图像的完整地址。

6. 列表标记

列表分为有序列表、无序列表和定义列表。有序列表是指带有序号标志（如数字）的列表，没有序号标志的列表为无序列表，定义列表则可对列表项做出解释。

（1）有序列表。

有序列表的标记是 <ol>, 其列表项标记是 <li>。具体格式是：

```
<ol type=" 序号类型 ">
  <li> 列表项 1 </li>
  <li> 列表项 2 </li>
  <li> 列表项 3 </li>
</ol>
```

type 属性可取的值有以下几种。

1：序号为数字；

A：序号为大写英文字母；

a：序号为小写英文字母；

I：序号为大写罗马字母；

i：序号为小写罗马字母。

有序列表示例，代码如下。

```
<html>
<head>
<title>有序列表</title>
</head>

<body>
<P>您最喜欢下列哪个直辖市：</P>
<ol>
  <li>北京 </li>
  <li>上海 </li>
  <li>天津 </li>
  <li>重庆 </li>
</ol>
<P>您对本次服务是否满意：</P>
<ol type="A">
  <li>非常满意 </li>
  <li>满意 </li>
  <li>一般 </li>
  <li>简直无语 </li>
</ol>
</body>
```

显示效果如图 A-8 所示。

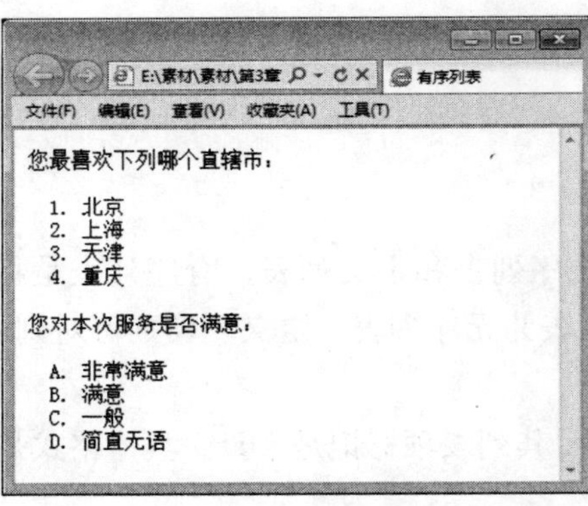

图 A—8

（2）无序列表。

无序列表的标记是 <ul>, 其列表项标记是 <li>。具体格式是：

```
<ul type=" 符号类型 ">
  <li> 列表项 1 </li>
  <li> 列表项 2 </li>
  <li> 列表项 3 </li>
 </ul>
```

type 属性控制的是列表在排序时所使用的字符类型，可取的值有以下几种：

disc：符号为实心圆；

circle：符号为空心圆；

square：符号为实心方点。

无序列表示例，代码如下。

```
<html>
<head>
<title>无序列表</title>
</head>

<body>
<ul type="circle">
  <li>别看我，看前面的标记 </li>
  <li>别看我，看前面的标记  </li>
  <li>别看我，看前面的标记  </li>
</ul>
<ul type="disc">
  <li>别看我，看前面的标记  </li>
  <li>别看我，看前面的标记  </li>
  <li>别看我，看前面的标记  </li>
</ul>
<ul type="square">
  <li>别看我，看前面的标记  </li>
  <li>别看我，看前面的标记  </li>
  <li>别看我，看前面的标记  </li>
</ul>
</body>
</html>
```

显示效果如图 A-9 所示。

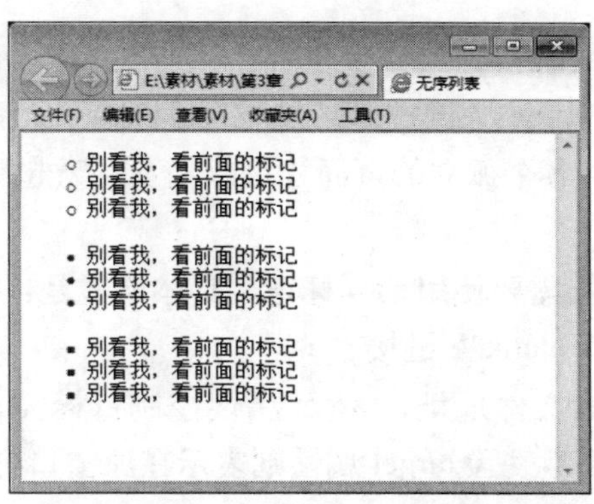

图 A—9

（3）定义列表。

定义列表用在对列表项目进行简短说明的情况下。具体格式：

```
<dl>
<dt></dt>
<dd></dd>
</dl>
```

定义列表在 HTML 中的标签是 <dl>，列表项的标签是 <dt> 和 <dd>。<dt> 标签所包含的列表项目标识一个定义术语，<dd> 标签包含的列表项目是对定义术语的定义说明。定义列表示例如下。

```
<dl>
   <dt>www</dt>
          <dd>World Wide Web的缩写</dd>
   <dt>Internet</dt>
          <dd>也叫国际互联网</dd>
</dl>
```

显示效果如图 A-10 所示。

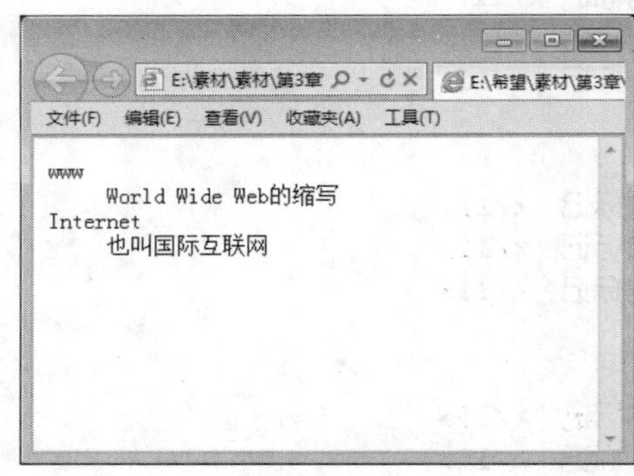

图 A—10

7. 超链接标记

超链接是指从一个页面跳转到另一个页面，或者是从页面的一个位置跳转到另一个位置的链接关系，它是 HTML 的关键技术。链接的目标除了页面还可以是图片、多媒体、电子邮件等，有了超链接，各个孤立的页面才可以相互联系起来。

（1）页面链接。

在 HTML 中创建超链接需要使用 <a> 标记，具体格式是：

<a href="URL" target="_blank"> 链接 </a>

href 属性控制链接到的文件地址，target 属性控制目标窗口，target="_blank" 表示在新窗口打开链接文件，如果不设置 target 属性则表示在原窗口打开链接文件。在 <a> 和 </a> 之间可以用任何可单击的对象作为超链接的源，如文字或图像。

常见的超链接是指向其他网页的超链接，如果超链接的目标网页位于同一站点，则可以使用相对 URL；如果超链接的目标网页位于其他位置，则需要指定绝对 URL。例如，以下的 HTML 代码显示了创建超链接的方式。

<a href="http://www.sina.com" > 新浪网 </a>

<a href="xcpage.htm" > 公司宣传 </a>

（2）锚记链接。

如果要对同一网页的不同部分进行链接，则需要建立锚记链接。

设置锚记链接，首先为页面中要跳转到的位置命名。命名时使用 <a> 标记的 name 属性，此处 <a> 与 </a> 之间可以包含内容，也可以不包含内容。

例如，在页面开始处用以下语句进行标记：

<a name="top" > 顶部 </a>

对页面进行标记后，可以用 <a> 标记设置指向这些标记位置的超链接。如果在页面开始处标记了 top，则可以用以下语句进行链接：

<a href="#top" > 返回顶部 </a>

这样设置后用户在浏览器中单击文字“返回顶部”时，将显示“顶部”文字所在的页面部分。

要注意的是，应用锚记链接要将其 href 的值指定为符号 # 后跟锚记名称。如果将值指定为一个单独的 #，则表示空链接，不做任何跳转。

（3）电子邮件链接。

如果将 href 属性的取值指定为“mailto: 电子邮件地址”，可以获得指向电子邮件的超链接。例如，使用以下 HTML 代码可以设置电子邮件超链接：

<a href="mailto:love888@126.com" > 给我发邮件吧 </a>

当浏览用户单击该超链接后，系统将自动启动邮件客户程序，并将指定的邮件地址填写到“收件人”栏中，用户可以编辑并发送邮件。

8. 表格标记

表格的主要用途是显示数据，它是进行信息管理的有效手段。通常表格由 3 部分组成，即行、列和单元格。使用表格会用到 3 个标签，即 <table>、<tr>、<td>。<table> 表示表格对象，<tr> 表示表格中的行，<td> 表示单元格，<td> 必须包含在 <tr> 标签内。具体格式是：

<table >

<tr><td> 表项目 1</td>……<td> 表项目 n</td></tr>

……

<tr><td> 表项目 1</td>……<td> 表项目 n</td></tr>

</table>

表格的属性设置如宽度、边框等包含在<table>标记内，如果要在页面中创建一个 3 行、3 列，宽度为 500，边框为 1 的表格。其代码如下：

```
<table width="500" border="1">
    <tr>
     <td> </td>
```

```
    <td> </td>
    <td> </td>
  </tr>
  <tr>
    <td> </td>
    <td> </td>
    <td> </td>
  </tr>
  <tr>
    <td> </td>
    <td> </td>
    <td> </td>
  </tr>
</table>
```

显示效果如图 A-11 所示。

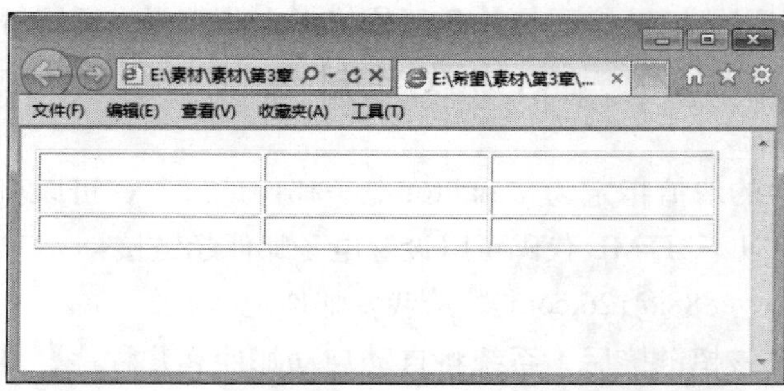

图 A—11

<table>、<tr> 和 <td>3 者是组成表格最基本的标签，另外，还有一些其他标签可用于控制表格。

（1）caption。

caption 标签用于定义表格标题。它可以为表格提供一个简短说明。把要说明的文本插入在 caption 标签内，caption 标签必须包含在 table 标签内，可以在任何位置。显示的时候表格标题显示在表格的上方中央。

（2）th。

th 标签用于设定表格中某一表头的属性，适当标出表格中行或列的表头可以让表格更有意义。th 标签必须在 tr 标签内，使用 th 标签替代 td 标签。制作一个值班表表格，代码如下：

```
<html>
<head>
<title>表格标记</title>
</head>

<body>
<table width="500" border="3">
<caption>值班表</caption>
  <tr>
```

```
    <td> </td>
    <td>星期一</td>
   <td>星期二</td>
   <td>星期三</td>
   <td>星期四</td>
   <td>星期五</td>
</tr>
<tr>
    <th>上午</th>
    <td>张明</td>
    <td>李会</td>
    <td>陈一道</td>
    <td>刘楚生</td>
    <td>赵一杰</td>
</tr>
<tr>
     <th>下午</th>
    <td>王维思</td>
    <td>李佳明</td>
    <td>侯晓华</td>
    <td>叶佳佳</td>
    <td>刘晓明</td>
</tr>
</table>
```

显示效果如图 A-12 所示 。

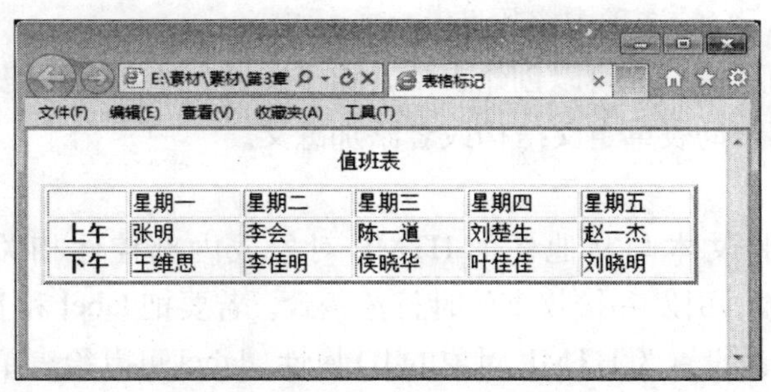

图 A—12

9. 表单标记

表单在网络中的应用范围非常广，可以实现很多功能，如网站登录、账户注册等。表单是网页上的一个特定区域，这个区域是由一对 <form> 标记定义的。<form> 标记声明表单，定义了采集数据的范围，就是 <form></form> 里面包含的数据将被提交到服务器。表单的元素有很多，包括常用的输入框、文本框、单选项、复选框和按钮等。大多的表单元素都由 input 标记定义，表单的构造方法则由 type 属性声明。不过下拉菜单和多行文本框这两个表单元素例外。常用的表单元素有下面几种。

（1）文本框。

文本框用来接受任何类型的文本的输入。文本框的标记为 <input>，其 type 属性为 text。

（2）复选框。

复选框用于选择数据，它允许在一组选项中选择多个选项。复选框的标记也是 <input>，它的 type 属性为 checkbox。

（3）单选按钮。

单选按钮也是用于选择数据，不过在一组选项中只能选择一个选项。单选按钮的标记是 <input>，它的 type 属性为 radio。

（4）提交按钮。

提交按钮在单击后将把表单内容提交到服务器。提交按钮的标记是 <input>，它的 type 属性为 submit。除了提交按钮，预定义的还有重置按钮。

（5）多行文本框。

多行文本框的标记是 <textarea>，它可以创建一个对数据的量没有限制的文本框。通过 rows 属性和 cols 属性定义多行文本框的宽和高，当输入内容超过其范围，该元素会自动出现一个滚动条。

（6）下拉菜单。

下拉菜单在一个滚动列表中显示选项值，用户可以从滚动列表中选择选项。下拉菜单的标记是 <select>，它的选项内容用 option 标记定义。

有了上面介绍的这些标记可以创建表单，除了普通表单元素标记，XHTML 中还有一些其他表单标记可以帮助表单定义结构或者添加意义。

（1）label。

使用 label 标记将文本与其他任何 HTML 对象或内部控件相关联。无论用户单击 label 或者 HTML 对象，引发和接收事件时行为一致。若要把 label 和 HTML 对象相关联，需要将 label 的 for 属性设置为 HTML 对象的 ID 属性。label 可以给表单组件增加可访问性。

在页面中创建一个表单域，插入文本框、多行文本框和提交按钮 3 个表单元素。在每个表单元素的前面插入一个 label 标记，label 标记内的文本为其后对应的表单元素的文字解释。设置每个 label 标记的 for 属性为对应的表单元素的 id。具体代码如下：

```
<html>
<head>
<title>表单标记</title>
</head>

<body>
<form  method="post">
   <label  for="name">请输入姓名</label>
        <input  name="name"  type="text"  id="name"   /><br />
   <label  for="comment">请输入评论</label>
         <textarea  cols="30"  rows="5"  name="comment"  id="comment"  >
```

```
</textarea><br />
    <label for="submit"></label>
        <input name="submit" type="submit" id="submit" value="提交" />
</form>
</body>
</html>
```

显示效果如图 A-13 所示。使用 label 标记文本和表单元素相关联，单击文本和单击表单元素，引发的事件相同。

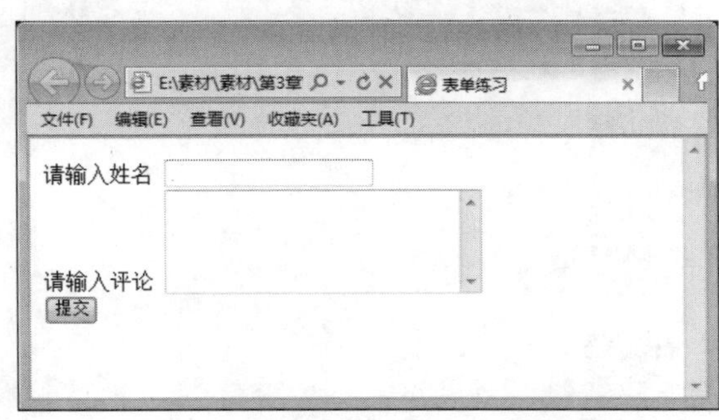

图 A—13

（2）fieldset。

fieldset 元素可以给 form 标记内的表单元素分组。一般情况下在 CSS 中容器的创建需要一个 div 标记，但使用 fieldset 标记可以在表单域内创建一个完美的容器。默认情况下 fieldset 标记在内容周围画一个简单的边框，以定义分组的表单内容。

在页面中创建一个表单，插入两对 fieldset 标记将表单内容分成两组。代码如下：

```
<html>
<head>
<title>表单练习</title>
</head>

<body>
<form  method="post">
<fieldset class="fieldset">
      <label for="name">请输入姓名</label>
        <input name="name" type="text"  id="name"  /><br />
      <label for="comment">请输入评论</label>
         <textarea cols="30" rows="5" name="comment" id="comment" >
</textarea><br />
   </fieldset>
<fieldset class="fieldset">
      <label for="name">请输入姓名</label>
        <input name="name" type="text" class="text1"  id="name"  /><br />
      <label for="comment">请输入评论</label>
         <textarea cols="30" rows="5" name="comment" id="comment" >
</textarea><br />
   </fieldset>
 <label for="submit"></label>
```

```
        <input name="submit" type="submit" id="submit" value="提交" />
    </form>
    </body>
    </html>
```

查看浏览效果，如图 A-14 所示。两对 fieldset 标签将表单内容分成两组，两个组周围分别画一个简单的边框。

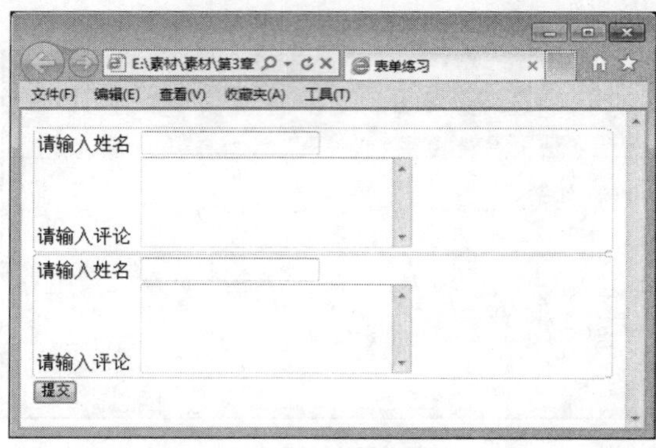

图 A—14

（3）legend。

legend 标签的功能和表格中 caption 标记的功能相似，可以用来描述它的父元素 fieldset 标记内的内容。一般情况下，浏览器会将 legend 标记内的文本放置在 fieldset 对象边框的上方。

在上面例子的基础上，在两对 fieldset 标记内插入 legend 标记，将描述文本放置在 legend 标记内。代码如下：

```
    <html>
    <head>
    <title>表单练习</title>
    </head>

    <body>
    <form  method="post">
    <fieldset class="fieldset">
    <legend>评论1</legend>
            <label for="name">请输入姓名</label>
               <input name="name" type="text"  id="name"  /><br />
            <label for="comment">请输入评论</label>
                <textarea cols="30" rows="5" name="comment" id="comment" >
</textarea><br />
       </fieldset>
    <fieldset class="fieldset">
    <legend>评论2</legend>
            <label for="name">请输入姓名</label>
               <input name="name" type="text" class="text1"  id="name"  /><br />
            <label for="comment">请输入评论</label>
                <textarea cols="30" rows="5" name="comment" id="comment" >
```

```
</textarea><br />
      </fieldset>
    <label for="submit"></label>
        <input name="submit" type="submit" id="submit" value="提交" />
    </form>

    </body>
    </html>
```

查看浏览效果，如图A-15所示。两对fieldset标记将表单内容分成两组，legend标记内的描述文本放置在fieldset对象边框的上方。

图 A—15

为了方便读者学习，特意将HTML的标记及其含义制作成了表格，如表A-1所示。

表A-1　HTML标记及其功能描述

标　记	描　述
<!--...-->	定义注释
<!DOCTYPE>	定义文档类型
<a>	定义超链接
<abbr>	定义缩写
<address>	定义地址元素
<area>	定义图像映射中的区域
<article>	定义 article
<aside>	定义页面内容之外的内容
<audio>	定义声音内容
<b>	定义粗体文本
<base>	定义页面中所有链接的基准 URL
<bdo>	定义文本显示的方向
<blockquote>	定义长的引用
<body>	定义 body 元素
 	插入换行符

续表

标　记	描　述
<button>	定义按钮
<canvas>	定义图形
<caption>	定义表格标题
<cite>	定义引用
<code>	定义计算机代码文本
<col>	定义表格列的属性
<colgroup>	定义表格列的分组
<command>	定义命令按钮
<datagrid>	定义树列表 (tree-list) 中的数据
<datalist>	定义下拉列表
<datatemplate>	定义数据模板
<del>	定义删除文本
<details>	定义元素的细节
<dialog>	定义对话（会话）
<div>	定义文档中的一个部分
<dfn>	定义自定义项目
<dl>	定义自定义列表
<dt>	定义自定义的项目
<dd>	定义自定义的描述
<em>	定义强调文本
<embed>	定义外部交互内容或插件
<event-source>	为服务器发送的事件定义目标
<fieldset>	定义 fieldset
<figure>	定义媒介内容的分组，以及它们的标题
<footer>	定义 section 或 page 的页脚
<form>	定义表单
<h1> - <h6>	定义标题 1 到标题 6
<head>	定义关于文档的信息
<header>	定义 section 或 page 的页眉
<hr>	定义水平线
<html>	定义 html 文档
<i>	定义斜体文本
<iframe>	定义行内的子窗口（框架）

续表

标 记	描 述
<img>	定义图像
<input>	定义输入域
<ins>	定义插入文本
<kbd>	定义键盘文本
<label>	定义表单控件的标注
<legend>	定义 fieldset 中的标题
<li>	定义列表的项目
<link>	定义资源引用
<m>	定义有记号的文本
<map>	定义图像映射
<menu>	定义菜单列表
<meta>	定义元信息
<meter>	定义预定义范围内的度量
<nav>	定义导航链接
<nest>	定义数据模板中的嵌套点
<object>	定义嵌入对象
<ol>	定义有序列表
<optgroup>	定义选项组
<option>	定义下拉列表中的选项
<output>	定义输出的一些类型
<p>	定义段落
<param>	为对象定义参数
<pre>	定义预格式化文本
<progress>	定义任何类型的任务的进度
<q>	定义短的引用
<rule>	为升级模板定义规则
<samp>	定义样本计算机代码
<script>	定义脚本
<section>	定义 section
<select>	定义可选列表
<small>	定义小号文本
<source>	定义媒介源
<span>	定义文档中的 section

续表

标 记	描 述
<strong>	定义强调文本
<style>	定义样式定义
<sub>	定义上标文本
<sup>	定义下标文本
<table>	定义表格
<thead>	定义表头
<tbody>	定义表格的主体
<tr>	定义表格行
<th>	定义表头
<td>	定义表格单元
<tfoot>	定义表格的脚注
<textarea>	定义 textarea
<time>	定义日期 / 时间
<title>	定义文档的标题
<ul>	定义无序列表
<var>	定义变量
<video>	定义视频

参 考 文 献

1. 新视角文化行 . Flash CS6 动画制作实战从入门到精通 [M]. 北京：人民邮电出版社，2013.

2. 马丹 . Dreamweaver CC 网页设计与制作标准教程 [M]. 北京：人民邮电出版社，2016.

3. 姜洪侠、张楠楠 . Photoshop CC 图形图像处理标准教程 [M]. 北京：人民邮电出版社，2016.

4. 汤京花，宋园 . Dreamweaver CS6 网页设计与制作标准教程 [M]. 北京：人民邮电出版社，2016.

高等院校职业技能实训规划教材

- 平面设计与应用 综合案例技能实训教程
- Adobe Photoshop CS6 图像设计与制作案例技能实训教程
- Adobe Illustrator CS6 图形设计与制作案例技能实训教程
- Adobe InDesign CS6 版式设计与制作案例技能实训教程
- Adobe Flash CS6 动画设计与制作案例技能实训教程
- Adobe Dreamweaver CS6 网页设计与制作案例技能实训教程
- Adobe Premiere Pro CS6 影视编辑设计与制作案例技能实训教程
- AutoCAD 2016 辅助设计与制作案例技能实训教程
- 3ds Max/VRay 室内效果图制作案例技能实训教程

扫 我 有 惊 喜

ISBN 978-7-302-48190-4

定价：49.00元

专项职业能力考核培训教材

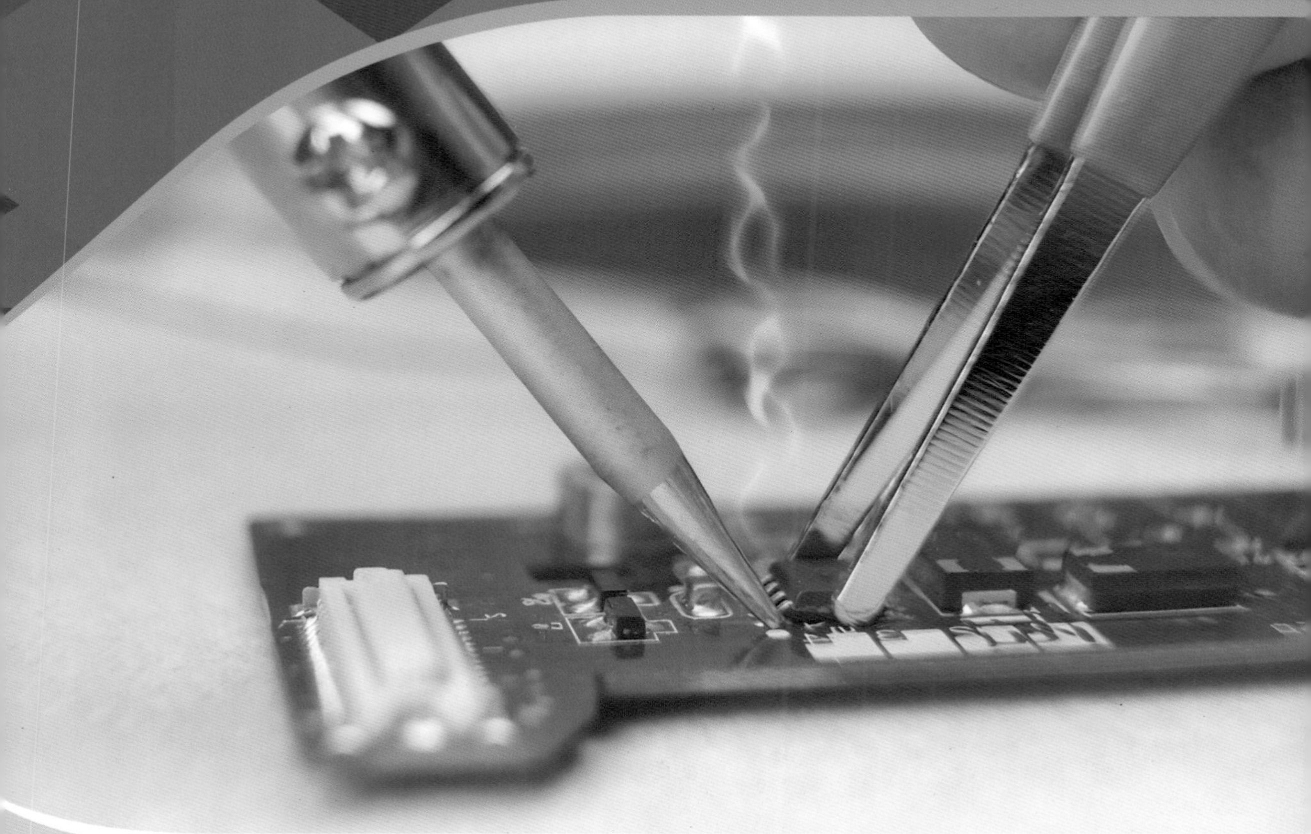

电子元件焊接

重庆市职业技能鉴定指导中心　组织编写

中国劳动社会保障出版社